工业汉语系列丛书

冶金生产技术

Metallurigical Production Technology

Teknologi Produksi Metalurgi

主　编　黄　卉　徐　征　张凇源
副主编　刘振楠　保思敏　蒋国祥　刘　聪
　　译　杨俊飞　洪金菊

图书在版编目(CIP)数据

冶金生产技术:汉文、英文、印度尼西亚语/黄卉,徐征,张凇源主编;刘振楠等副主编;杨俊飞,洪金菊译.—武汉:中国地质大学出版社,2023.6

(工业汉语系列丛书)

ISBN 978-7-5625-5602-2

Ⅰ.①冶…　Ⅱ.①黄…　②徐…　③张…　④刘…　⑤杨…　⑥洪…　Ⅲ.①冶金学-教材-汉语、英语、印度尼西亚语　Ⅳ.①TF

中国国家版本馆 CIP 数据核字(2023)第 118305 号

黄　卉　徐　征　张凇源　**主　编**
刘振楠　保思敏　蒋国祥　刘　聪　**副主编**
冶金生产技术
杨俊飞　洪金菊　**译**

责任编辑:何　煦　　选题策划:张　琰　何　煦　段　勇　周　阳　　责任校对:徐蕾蕾

出版发行:中国地质大学出版社(武汉市洪山区鲁磨路 388 号)　　邮政编码:430074
电　话:(027)67883511　　传　真:(027)67883580　　E-mail:cbb@cug.edu.cn
经　销:全国新华书店　　http://cugp.cug.edu.cn

开本:787 毫米×1092 毫米 1/16　　字数:385 千字　　印张:15
版次:2023 年 6 月第 1 版　　印次:2023 年 6 月第 1 次印刷
印刷:湖北睿智印务有限公司

ISBN 978-7-5625-5602-2　　定价:79.00 元

前言

目前在职业教育领域尚没有汉语、英语、印度尼西亚语"三语"的冶金类教材。本书编者从冶金生产必须掌握的专业基础知识入手，构建生产场景，带领读者系统地认识和学习金属及金属的生产方法，并配有丰富的动画、视频资源，以培养既懂冶金专业技术，又能进行国际交流的海内外复合型高技能人才为主要目的，助力国内外冶金生产企业的发展。

本教材立足于相应层次专业学习者应具备的知识结构，力求突出冶金生产单元的基础知识和特点，兼顾专业性、实用性与普适性，适用于高等职业院校学生、国内企业培训外派技术人员、海外企业培训当地员工、社会学习者等。

本教材由昆明冶金高等专科学校黄卉、徐征、张淞源担任主编，刘振楠、保思敏、蒋国祥、刘聪担任副主编。蒋国祥、刘聪参与第1章的编写，刘振楠参与第2、第7章的编写，张淞源参与第3、第7章的编写，保思敏参与第7章的编写，黄卉、徐征完成第4、第5、第6章的编写。全书由黄卉统稿。

编者在多年的冶金专业教学相关工作中，得到了许多专家、老师、同事、朋友的帮助与支持，在此表示衷心感谢。

由于编者水平有限，书中不足之处恳求读者批评指正，以利今后修订完善。

编　者

2022年4月

Foreword

At present, there is no trilingual textbook (Chinese, English and Indonesian) for metallurgy in the vocational education field. In this textbook, we start with the professional basic knowledge that must be mastered in metallurgical production, set up many production scenes to lead readers to understand systematically and learn metals and their production methods, and provide rich animation and video resources to cultivate comprehensive high-skilled talents at home and abroad who can understand metallurgical professional technologies and carry out international communication, so as to promote the development of metallurgical production companies in the world.

Based on the knowledge structure of professional learners at the corresponding level, focused on the basic knowledge and characteristics of metallurgical production units, and taking into account professionalism, practicality and universality, this textbook is suitable for students in higher vocational colleges, domestic companies to train expatriate technicians, overseas companies to train local employees, social learners, etc.

Huang Hui, Xu Zheng and Zhang Songyuan of Kunming Metallurgy College served as the editors of this textbook, Liu Zhennan, Bao Simin, Jiang Guoxiang and Liu Cong served as the deputy editors. Task 1 was prepared by Jiang Guoxiang and Liu Cong, Task 2 was prepared by Liu Zhennan, Task 3 was prepared by Zhang Songyuan, Task 4, 5 and 6 were prepared by Huang Hui and Xu Zheng, and Task 7 was prepared by Liu Zhennan, Zhang Songyuan and Bao Simin. The whole textbook was compiled by Huang Hui.

The editors have received help and support from many experts, teachers, colleagues and friends in the related teaching tasks in metallurgical specialty for many years, and hereby express heartfelt thanks.

Due to the limited capacities of editors, it is inevitable that there are some shortcomings in this textbook, which are invited sincerely for comments and corrections, in order to facilitate future revision and improvement.

All Editors

April, 2022

Prakata

Sampai kini, di bidang pendidikan kejuruan masih belum ada buku ajar metalurgi "tiga bahasa" (Bahasa Mandari-Inggris-Indonesia). Agar membantu pengembangan perusahaan metalurgi dalam dan luar negeri, dengan tujuan utama mengembangkan sumber dava manusia berketerampilan tinggi lintas disiplin ilmu yang tidak hanya menguasai keahlian teknik metalurgi, tetapi juga dapat melakukan pertukaran internasional, para editor buku ini memandu pembaca untuk secara sistematis memahami dan mempelajari logam serta metode produksi logam dengan mulai dari pengetahuan dasar profesional yang harus dikuasai dalam produksi metalurgi hingga membangun skenario produksi, serta menyediakan sumber daya animasi dan video yang kaya.

Buku ajar ini disusun berdasarkan pada struktur pengetahuan yang harus dimiliki oleh pelajar profesional dari tingkat yang sesuai, berusaha untuk menyoroti pengetahuan dasar dan karakteristik unit produksi metalurgi, dan dengan mempertimbangkan profesionalisme, kepraktisan, dan keuniversalan, sehingga cocok untuk pembelajaran mahasiswa sekolah kejuruan tinggi, pelatihan tenaga teknis oleh perusahaan domestik, pelatihan karyawan lokal oleh perusahaan luar negeri, pembelajaran pelajar sosial, dll.

Buku ajar ini diedit oleh Huang Hui, Xu Zheng dan Zhang Songyuan dari Perguruan Tinggi Metalurgi Kunming sebagai ketua penyunting, dan Liu Zhennan, Bao Simin, Jiang Guoxiang dan Liu Cong sebagai wakil ketua penyunting. Di antaranya, Tugas Ⅰ ditulis oleh Jiang Guoxiang dan Liu Cong, Tugas Ⅱ ditulis oleh Liu Zhennan, Tugas Ⅲ ditulis oleh Zhang Songyuan, Jiang Guoxiang, Tugas Ⅳ, Ⅴ dan Ⅵ ditulis oleh Huang Hui dan Xu Zheng, Liu Zhennan, Zhang Songyuan dan Bao Simin berpartisipasi dalam penulisan Tugas Ⅶ. Penyeragaman isi seluruh buku ditanggung jawab oleh Huang Hui.

Dalam pekerjaan yang berkaitan dengan pengajaran teknik metalurgi selama bertahun-tahun ini, saya telah menerima bantuan dan dukungan dari banyak ahli, guru, kolega, dan teman. Pada kesempatan ini, saya ingin mengucapkan terima kasih yang tulus kepada mereka.

Buku ini pasti masih memiliki kekurangan karena kemampuan saya yang terbatas, harap para pembaca bisa memberikan kritik dan saran dari karya ini, agar memudahkan revisi dan perbaikan di masa depan.

Semua Editor

April, 2022

目　录
Contents
Daftar Isi

中国某集团公司是一家大型的冶金企业，在全世界很多地方都有生产基地，包括有色金属和钢铁生产公司。

A是一名在该公司工作的中国人，她所学的专业是冶金技术，已工作10年了，经验很丰富。B是一名刚刚入职的员工，他对冶金不是很了解。现在到了公司，公司人力资源部的主管把A介绍给他认识，希望她能帮助B尽快对冶金生产建立系统全面的认识。

接下来师姐A会先给B传授一些冶金的基础知识，她希望B尽快适应新的工作环境。

任务1　冶金的基础知识

任务及要求：简要了解冶金的发展历史，掌握金属的分类方法、金属资源的基本概念、金属基本的冶炼方法。

1.1 冶金简史

人类文明的发展离不开金属的使用，在历史中金属的使用、冶炼技术的改进不断推动着社会的进步。人类生产力发展经历的时代变迁中都有着使用金属的影子。古埃及在距今约7000年进入青铜时代，距今约3000年进入铁器时代；中国则在距今约5000年进入青铜时代，距今约2500年进入铁器时代。

历史上，中国对金属冶炼技术有着重大的贡献和创新。据考证，早在夏朝时期，中国就开始铸造青铜器，商周时期青铜冶铸水平已相当高超，制作了以后母戊鼎、四羊方尊等为典型代表的精美青铜器。此外，中国还是世界上最早使用煤和焦炭炼铁的国家，发明了"炒钢""灌钢"等当时世界领先的钢铁冶炼技术。

近代以来，西欧国家相继进行工业革命，冶金技术获得了突飞猛进的发展。以钢铁冶炼为例，自1740年英国人亨茨曼发明"坩埚法"炼钢以来，各国在改良高炉炼铁技术（高炉炼铁技术的改良主要体现在大量使用焦炭和热风炼铁方面）的同时，又陆续开发出平炉炼钢、转炉炼钢、电炉炼钢等技术。

在有色金属冶炼方面，中国古代在锡、铅、银、汞、锌等金属的冶炼技术上具有先进性：春秋战国时期已经能够利用氧化铜矿、硫化铜矿熔炼铜锍来生产金属铜；秦朝时期就开始大量采用木炭火法炼制金属汞。近代以来，世界上的冶金研究者陆续开发出熔炼、浸出、溶液电解、熔盐电解等技术，推动冶金工业快速发展。

目前，全球面临矿产资源日趋减少的现状，而各国对环境保护的要求越来越高，因此在冶金生产中对各种低品位矿石、冶炼渣、烟尘中有价金属的综合回收利用成为新技术发展的重要方向。

1.2 金属的分类

A:B,你能说出多少种金属?

B:很多啊,元素周期表里面的元素大半都是金属元素,比如金、银、铜、铁、铝、锌等。

A:哈哈,是的。金属在自然界中是广泛存在的,在生活中的应用极为普遍,是现代工业中非常重要和应用最多的材料。但是如果泛泛而谈,我们没法将这些金属的特点说明白,也没有办法找出冶炼它们的基本方法和规律,所以我们先来学习金属的分类。

B:好的。

A:金属一般分为两个大类:有色金属和黑色金属。有色金属又分为重金属、轻金属、贵金属、稀有金属,还有一类很特殊的半金属。

B:分类之后更容易理解和记忆了,师姐你具体给我讲一下吧。

A:黑色金属主要包括铁、铬、锰,因为铬和锰的生产与铁及铁合金关系密切。其他金属都属于有色金属。之所以称之为黑色金属,是因为这类金属及其合金表面常有灰黑色的氧化物。

有色金属中的重金属是指密度大于 $6g/cm^3$ 的金属,如铜、铅、锌、镍、钴、锡、锑、汞、镉等;轻金属是指密度小于 $4.5g/cm^3$ 的金属,如铝、镁、钠、钾、钙、锶、钡等。轻金属的化学性质比重金属活泼,提取更为困难。在中国,10 种常用的有色金属(铜、锌、铅、铝、锡、镍、镁、锑、钛、汞)中有 9 种是重金属和轻金属,因为它们的产量大、用途广、价格相对较低,又被称为常用有色金属或贱金属。

贵金属包括金、银和铂族金属(锇、铱、铂、钌、铑、钯),因在地壳中含量少、提取困难和价格较高而得名。贵金属的特点是密度大、熔点高、化学性质稳定。

B:那么稀有金属就是在地球上含量非常少的金属,对吗?

A:这种理解不全面。稀有金属,通常指那些发现较晚、在工业中应用较迟,在自然界中赋存状态分散,不容易被提取或不易分离成单质的金属。在 90 多种有色金属中,大约有 50 种是稀有金属。稀有金属这一名称其实是历史上遗留下来的一种习惯性的称谓,事实上,有些稀有金属在地壳中的含量比普通金属要多得多。比如稀有金属钛在地壳中的含量占第九位,比铜、银、镍以及许多其他元素都多;稀有金属锆、锂、钒、铈也比铅、锡、汞多。所以含量少并不是稀有金属的共同特征。现在随着新技术的发展,稀有金属包含的金属种类也在变化,比如钛,有的时候也被列入轻金属。

而半金属元素在元素周期表中处于金属向非金属过渡的位置,其物理性质和化学性质介于金属和非金属之间。性脆,呈金属光泽,广泛用作半导体材料。通常指硼、硅、砷、碲、砹等。

B:我听别人说“中东出石油,中国出稀土”。那么稀土属于哪类金属呢?

A:稀土其实属于稀有金属。工业上,稀有金属根据密度、熔点、分布及其他物理化学特性,可以分为稀有轻金属、稀有高熔点金属、稀散金属、稀土金属和放射性稀有金属五类。①稀有轻金属的特点是密度小,如锂、铷、铯、铍。②稀有高熔点金属的共同特点是熔点高

(钛的熔点为1660℃,钨为3400℃),具有良好的抗腐蚀性,如钛、锆、铪、钒、铌、钽、钼、钨、铼。③稀散金属的共同特点是极少独立成矿,如镓、铟、铊、锗、碲,它们大多富集在有色金属生产的副产品、烟尘和尾渣中,可以通过综合回收加以利用。④稀土金属的共同特点是物理化学性质非常相似,在矿物中多共生,分离困难,如钪、钇及镧系金属。⑤放射性稀有金属的共同特点是具有放射性,包括锕系元素和天然存在的镭、钋,它们多共生或伴生在稀土矿物中,或由人工制取得到。

B:明白了,我对金属的认识又更进了一步,不会再认为金属就是铜、铁、铅这些了。

1.3 金属的地位

金属材料是人类社会向前发展的基础材料,它是国民经济、国防工业、科技进步的重要战略物资。世界上许多工业发达的国家,都将大宗商品金属的产量当作衡量本国经济和工业发展水平的一项重要指标。作为国家基础产业的冶金工业,是整个原材料工业体系中的重要组成部分。

在所有金属中,钢铁的使用最为广泛,占金属使用量的90%以上,素有"工业粮食"之称,是机械制造业、交通运输业、航空航天业、军工业的主要原材料,也是建筑业、民用品生产的基础材料。在一个国家的工业化发展过程中,需要有发达的钢铁工业作为支撑,它不仅可以为建立门类齐全的工业体系打下基础,同时也为重大工程和项目提供保障。

而有色金属,虽然产量比钢铁少很多,但是由于具有的特殊优良性能,而成为电力、机械、化工、电子、国防、通信等领域的基础材料和重要战略物资。有色金属及相关元素是当今高科技发展必不可少的新材料的重要组成部分,如飞机、导弹、火箭、卫星、核潜艇、原子能、雷达、电子计算机等尖端武器和尖端技术所需的构件大都由有色轻金属和稀有金属制成;镍、钨、钒等有色金属是合金钢的重要组成部分。

随着科学技术的进步,我们需要提高效率、降低成本、节能降耗,充分利用好金属资源,生产多品类、高质量的金属材料,推动社会生产的进步。

1.4 金属的资源

1.4.1 专业名词

矿石:由有用矿物和无用脉石组成的,在当前技术水平条件下人们能够经济地利用其中有用矿物的岩石和土壤。

矿物:具有一定化学成分和物理性质的天然元素和化合物。

有用矿物:能够被人类利用的矿物。

脉石:不含有用矿物或者有用矿物含量过少,不宜以工业规模进行加工的岩石和土壤统称为脉石。

矿床:具有一定规模,由一个或若干个矿体组成的矿石天然集合体。

矿石品位:矿石中有用成分的含量。

氧化矿:由包括氧化物、碳酸盐、硅酸盐等在内的广义的氧化物所构成的矿石。

硫化矿:指含有硫化物、砷化物等的矿石。

原矿:从矿山直接开采出来的矿石。原矿经过选矿得到精矿和尾矿两种产品。

精矿:经过选矿,有用矿物进一步富集后的产品。

尾矿:经过选矿获得的主要为脉石或有害杂质的产品。

1.4.2 资源

A:B,你知道生产金属的原料是什么吗?

B:是矿石。

A:生产金属的原料主要是矿物原料,也有一些二次资源。矿物原料指的就是从地壳中开采出来的矿石,它们绝大多数因为品位不高而不能直接用于冶炼,需要通过选矿提高其中有价金属的含量。

B:矿石是从地壳中挖掘出来的吗?

A:是的,矿石是天然存在的资源,也是不可再生的,包括有用矿物和无用脉石。冶金就是把其中有用的矿物提取出来,使之成为单独的金属来使用。按照金属存在的化学形态,矿石可以分自然矿、硫化矿、氧化矿和混合矿四种。黄铁矿($CuFeS_2$)、方铅矿(PbS)、闪锌矿(ZnS)是典型的硫化矿,赤铁矿(Fe_2O_3)、赤铜矿(Cu_2O)、锡石(SnO_2)是典型的氧化矿。

硫化矿多存在于地壳的中表层,属原生矿。氧化矿更多地存在于地壳表层,属次生矿。

B:冶金生产就是直接对矿石进行处理吗?

A:一般情况下矿石需要通过选矿,把其中的脉石作为尾矿除去,得到高品位的精矿供冶炼使用,不然将会大大提高冶炼的生产成本。有的时候一些特殊的工艺也可以用来处理低品位矿石,但不是常见金属的主流生产方法。冶金中大多使用的是硫化矿和氧化矿。

B:我们集团在不同地点设立不同的冶金厂,是不是因为不同的地区矿石资源有差异?

A:对。澳大利亚、巴西、智利、委内瑞拉等国,铁矿资源非常丰富,都是铁矿石出口国;智利、澳大利亚、秘鲁是世界铜矿储量最大的国家;澳大利亚和中国的锌资源总储量居世界第一和第二位;几内亚、澳大利亚、巴西、越南等保有丰富的铝土矿。拥有矿产资源的企业,在行业中具有绝对的优势。

1.5 金属冶炼方法的分类

1.5.1 专业名词

相:就是物质的状态,最常见的相有固相、液相和气相,俗称“物质三态”。

熔体:指在火法冶金过程中处于熔融状态的反应介质、反应产物(中间产品)。

金属熔体:指液态的金属或合金,比如铁水、钢水、粗铜液、铝液。

熔渣:在冶金过程中由脉石成分及杂质等熔合成的一种主要成分为氧化物的熔体。熔渣是火法冶金的必然产物,主要来自矿石、熔剂、燃料灰分中的造渣成分。

熔锍:是多种金属硫化物(如 FeS、Cu_2S、PbS、Ni_2S_3 等)的共熔体。

熔盐:通常指无机盐在高温下的液态熔体。冶金中最常见的熔盐有冰晶石熔盐。

1.5.2　金属的冶炼方法

A:金属的冶炼方法总的来说分为两大类:火法冶金和湿法冶金。火法冶金的温度高,一般控制在 1000℃以上,包括焙烧(烧结)、熔炼、精炼等单元过程。除了焙烧(烧结)只生成焙烧矿(烧结块)和烟气之外,熔炼和精炼都生成三种产物:主金属富集物(可以是锍、粗金属、精炼金属、产品金属等)、渣和烟气。而湿法冶金的温度一般控制在 80℃,在特殊条件下不超过 300℃,包括浸出、净化、水溶液电解精炼等单元过程。钢铁冶金主要用火法,而有色金属冶金则火法和湿法都有。

B:冶金生产以化学反应为基础,在火法冶金和湿法冶金的单元过程中又包含了具体的生产方法,是吗?

A:对。我们需要认识冶金的生产单元过程,并牢记它们承担的主要任务和生产目的。

焙烧:是将矿石或精矿置于适当的气氛(氧化、还原、硫酸化、氯化)下,加热至低于它们熔点的温度,使它们发生相应化学变化的过程。其目的在于改变原料中提取对象的化学组成,以满足下一单元过程(熔炼或者浸出)的要求,产物为焙烧矿或焙砂。焙烧属于原料准备过程。

锻烧:将碳酸盐或氢氧化物的矿物原料在空气中加热分解,除去二氧化碳或水分变成氧化物的过程,如将氢氧化铝锻烧为氧化铝。锻烧可以属于原料准备过程,也可以是一个单独的单元过程。

烧结(球团):粉矿或精矿经过加热焙烧,固结成为多孔的块状或球状物料,以满足下一单元过程(熔炼)的要求。烧结属于原料准备过程。

熔炼:指处理好的精矿、其他原料及辅料,在高温下发生化学反应,原料中金属组分和杂质分离,产出粗金属(或金属富集物)和炉渣的火法冶金单元过程。

火法精炼:在高温下进一步处理上一单元过程产出的粗金属,以提高其纯度。火法精炼属于火法冶金单元过程。

熔盐电解:既利用电能转化的热能维持熔盐所要求的高温,又利用直流电转换的化学能将熔盐中的金属离子还原为金属。熔盐电解属于火法冶金单元过程。

浸出:用适当的浸出剂(如酸、碱、盐等水溶液)选择性地与矿石、精矿、焙砂等矿物原料中的金属组分发生化学作用,使其溶解而与其他不溶组分初步分离。浸出属于湿法冶金单元过程。

净化:将浸出液中的杂质金属除去。净化属于湿法冶金单元过程。

固液分离:将浸出或净化后的溶液与渣进行分离。固液分离属于湿法冶金单元过程。

水溶液电解:将电能转化为化学能,使溶液中的金属离子还原为金属而析出,或者使粗金属阳极经由溶液完成精炼沉积于阴极。

B:师姐,也就是说金属的生产工艺由不同的生产单元构成,这些生产单元有的属于火法冶金,有的属于湿法冶金,按照顺序可一步一步将矿石里的金属提取出来。

A:对!我们一定要记住,金属冶炼必须根据矿物原料的性质、各金属本身的特性来进行生产。火法生产中要获得粗金属大体上可分为三种思路。①金属硫化矿物精矿造锍熔炼后吹炼获得粗金属。②金属硫化物精矿不需焙烧直接获得粗金属。③金属硫化矿物精矿焙烧或烧结后,再进行还原熔炼获得粗金属;氧化矿精矿经还原熔炼获得粗金属。得到的粗金属再进一步精炼可获得能满足使用要求的纯金属。图 1.1、图 1.2 分别为基本的火法生产原则流程和湿法生产原则流程。

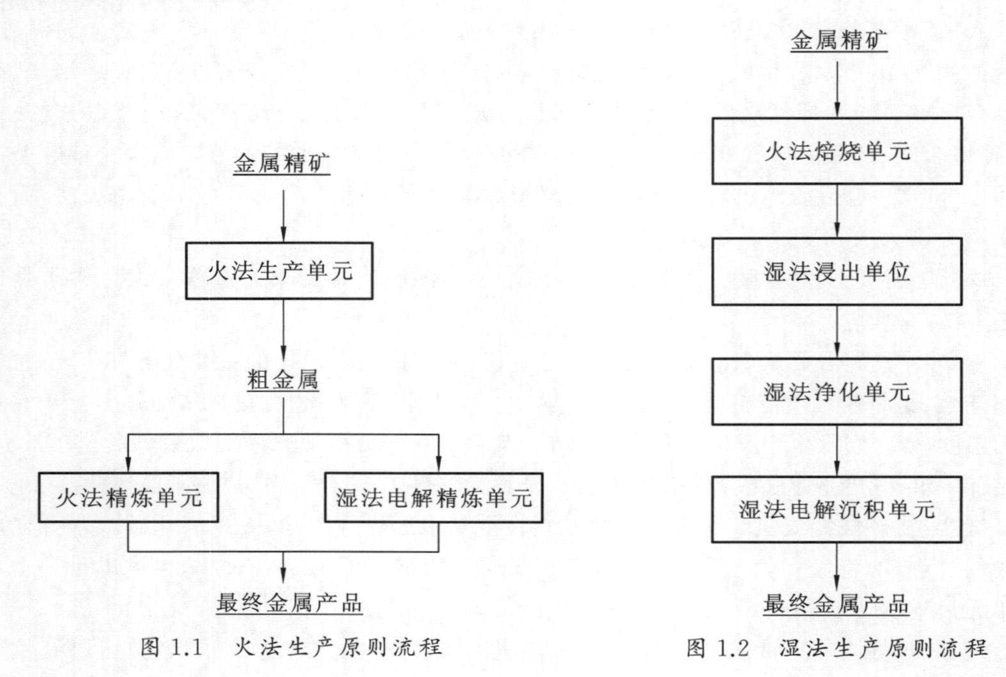

图 1.1 火法生产原则流程

图 1.2 湿法生产原则流程

1.6 金属材料的循环与再生

A:金属材料的循环与再生,是现代冶金生产的发展方向和必须解决的技术问题,主要涉及废旧金属材料的回收利用。从多角度来看,废旧金属材料的回收利用有很多好处,比如节约资源的同时,可实现金属的循环利用,降低生产成本,降低"三废"排放,减轻环境污染。

B:的确如此。金属材料的循环再生技术,与用矿石冶炼提取金属的技术差别是不是很大?

A:二者涉及的冶炼方法遵循基本的原理,冶炼工艺流程长短不同、复杂程度不同。

B:师姐,你给我举个简单的例子吧。

A:例如,废钢的循环与再生,所使用的技术主要是废钢重熔,具体就是用转炉或电弧炉重新熔炼废钢。一些废有色金属的回收也是通过重熔实现的。当然，若废旧金属材料的组分复杂，处理步骤和方法也复杂。

B：目前世界各主要工业国家在金属材料的循环再生方面的情况怎么样呢？

A：以钢铁、铜、铅三种大宗商品金属的循环利用为例。钢铁方面，美国、日本、欧盟等工业发达国家和地区的废钢回收率在 60%左右，中国的废钢回收率在 40%左右。有色金属方面，美国、日本、欧盟等工业发达国家和地区的废铜回收率与中国相当，约 80%；他们的废铅回收率超过 90%，而中国的废铅回收率仅为 40%。

×××Group Company of China is a large metallurgical company with production bases in many places of the world, including non-ferrous metals and steel production branches.

A is a China native who works for this company. She majors in metallurgical technology, has worked for 10 years and has rich experiences. B is a new employee who doesn't know much about metallurgy. Currently, B has joined the company, the director of the human resources department introduced A to B, and wanted A to help B to establish a systematic and comprehensive understanding of metallurgical production as soon as possible.

Next, the senior sister A would introduce the basic knowledge in metallurgy to B and hopes B can adapt to the new working environment as soon as possibe.

Task 1 Basic Knowledge of Metallurgy

Tasks and requirements: Briefly understand the development history of metallurgy, master the classification method of metals, the basic concept of metal resources, the basic smelting methods of metals.

1.1 Brief History of Metallurgy

The development of human civilization is inseparable from the usage of metals. In history, the usage of metals and the improvement of smelting technologies have continuously promoted the social progress and there is a shadow of usage of metals in the development of human productive forces. Ancient Egypt entered the Bronze Age about 7,000 years ago and the Iron Age about 3,000 years ago. China entered the Bronze Age about 5,000 years ago and the Iron Age about 2,500 years ago.

Historically, China has made great contributions and innovations to metal smelting technologies. Based on many researches, China began to cast bronzes as early as Xia Dynasty, and the smelting and casting levels of bronzes were quite mature in Shang and Zhou Dynasties, in which, some exquisite bronzes were produced, such as "Hou Mu Wu" Bronze Ding (food container) and Bronze Zun (wine vessel) with Four Rams. In addition, China was the first country in the world to use coal and coke to make iron, and invented the world-leading iron and steel smelting technologies such as "steel frying" and "steel pouring".

Since modern times, western European countries have successively carried out the industrial revolutions, and the metallurgical technology has developed quickly. In terms of iron and steel smelting technologies, after Huntsman, an Englishman, invented the "crucible process" in 1740, various countries developed open hearth steelmaking, converter steelmaking, electric furnace steelmaking and other technologies while improved the blast furnace ironmaking technology (the improvement of blast furnace ironmaking technology is mainly reflected in the extensive use of coke and hot air ironmaking).

In the smelting of non-ferrous metals, the ancient China was at the forefront of the world in smelting technologies of tin, lead, silver, mercury, zinc and other metals. In the Spring and Autumn Period and the Warring States Period, the copper matte was smelted from the copper oxide ores and copper sulfide ores to produce the metallic copper; in the Qin Dynasty, a large number of metal mercury was refined by charcoal process. Since modern times, many metallurgical researchers all over the world have successively developed smelting, leaching, solution electrolysis, molten salt electrolysis and other technologies to promote the rapid development of metallurgical industry.

At present, the world is facing the case that mineral resources are decreasing day by day, and the environmental requirements are getting higher and higher. In metallurgical production, the comprehensive recovery and utilization of valuable metals in various low grade ores, smelting slag and flue dust has become an important development direction of new technologies.

1.2 Classification of Metals

A: B, how many metals can you name?

B: A lot. Most of the elements in the periodic table of elements are metallic elements, such as gold, silver, copper, iron, aluminum and zinc.

A: Ha-ha, yes. Metals are widespread in nature and are widely used in daily life. They are very important and most widely used materials in modern industry. But if we talk in general terms, we cannot explain their characteristics, and also cannot find out the basic methods and laws of smelting them, so let's learn the classification of metals first.

B: OK.

A: Metals are generally divided into two categories: Non-ferrous metals and ferrous metals. Non-ferrous metals are divided into heavy metals, light metals, precious metals, rare metals, and a very special kind of semi-metals.

B: It's easier to understand and remember them after classification. Please tell me more about them, senior sister.

A: Ferrous metals mainly include iron, chromium and manganese, because the production of chromium and manganese is closely related to that of iron and ferroalloys.

Metals other than these three metals are non-ferrous metals. It is called ferrous metal because there are often gray-black oxides on the surfaces of such metals and their alloys.

In non-ferrous metals, heavy metals refer to those with a density of greater than 6 g/cm^3, such as copper, lead, zinc, nickel, cobalt, tin, antimony, mercury and cadmium; light metals refer to those with a density of less than 4.5 g/cm^3, such as aluminum, magnesium, sodium, potassium, calcium, strontium and barium. The chemical properties of light metals are more active than those of heavy metals, so it is more difficult to extract them. In China, nine of the ten commonly used non-ferrous metals (copper, zinc, lead, aluminum, tin, nickel, magnesium, antimony, titanium and mercury) are heavy metals and light metals, which are also called commonly used non-ferrous metals or base metals because of their large output, wide applications and relatively low costs.

Precious metals refer to gold, silver and metals in platinum family (osmium, iridium, platinum, ruthenium, rhodium and palladium), which are named because of their low contents in the Earth's crust, extraction difficulties and high costs. Precious metals are characterized by high density, high melting point and stable chemical properties.

B: So, rare metals are those with very low contents in the earth, right?

A: This understanding is not completed. Rare metals usually refer to those that are discovered late, applied late in industry, dispersed in nature, and difficult to be extracted or separated into simple substances. Among more than 90 non-ferrous metals, about 50 ones are considered as rare metals. The name of rare metals is actually a customary title derived in history. In fact, some rare metals are more abundant than ordinary metals in the Earth's crust. For example, titanium (a kind of rare metal) content ranks ninth in the Earth's crust, which is more than copper, silver, nickel and many other elements; other rare metals such as zirconium, lithium, vanadium and cerium are also more than lead, tin and mercury. Therefore, a low content is not a common feature of rare metals. With the development of new technologies, the types of metals contained in rare metals are also changing, such as titanium, which is sometimes included in light metals.

Semi-metallic elements are those in the transition position from metals to nonmetals in the periodic table of elements, and their physical and chemical properties are between metals and nonmetals, they are brittle, show metallic luster, and are widely used as semiconductor materials. They usually refer to boron, silicon, arsenic, tellurium and astatine.

B: I heard that "The oil is produced in Middle East and the rare earths are produced in China". So what kind of metals are rare earths?

A: Rare earths are actually rare metals. In industry, rare metals can be divided into five categories by their density, melting point, distribution and other physical and chemical characteristics as follows: rare light metals, rare high-melting-point metals, rare scattered metals, rare earth metals and radioactive rare metals. ① Rare light metals are characterized by low density, such as lithium, rubidium, cesium and beryllium. ② Rare high-melting-point metals are characterized by high melting point (such as, 1,660 ℃ for titanium and 3,400 ℃ for tungsten) and good corrosion resistance, such as titanium, zirconium, hafnium, vanadium, niobium, tantalum, molybdenum, tungsten and rhenium. ③ Rare scattered metals are commonly characterized by that they rarely form minerals independently, such as gallium, indium, thallium, germanium and tellurium, and most of them are enriched in by-products, dust and tailings of non-ferrous metal production, which can be utilized through comprehensive recovery. ④ Rare earth metals are commonly characterized by that they have very similar physical and chemical properties, coexist in minerals and are difficult to separate, such as scandium, yttrium and lanthanide metals. ⑤ Radioactive rare metals are commonly characterized by radioactivity, including actinide elements and natural radium and polonium, which mostly coexist or are associated with rare earth minerals or obtained artificially.

B: I see. I know more about metals. I won't think that metals are copper, iron and lead any more.

1.3 Status of Metals

The metal materials are the basis for the development of human society, and important strategic resources for national economy, national defense industry and scientific and technological progress. Many industrialized countries in the world regard the output of commodity metals as an important indicator to measure their economic and industrial development level. As a national basic industry, the metallurgical industry is an important part of the whole raw material industry system.

Among all metals, the steel is the most widely used, accounting for more than 90% of the metal consumption. It is known as "industrial grain" and is the main raw material for machinery manufacturing, transportation, aerospace and military industries, as well as the basic material for construction and civil production. In the process of industrialization development of a country, it needs a developed steel industry as a support, which cannot only lay the foundation for establishing a complete industrial system, but also provide the guarantee for major projects and programs.

Although the output of non-ferrous metals is much less than that of steel, they are also basic materials and important strategic resources in electric power, machinery, chemical, electronics, national defense, communication and other fields because of their special excellent properties. Non-ferrous metals and their related elements are an important part of new materials that are indispensable for the development of high technologies. Most of the components needed for cutting-edge weapons and cutting-edge technologies such as airplanes, missiles, rockets, satellites, nuclear submarines, atomic energy, radars and electronic computers are made of non-ferrous light metals and rare metals. Non-ferrous metals such as nickel, tungsten and vanadium are important components in steel alloys.

With the progress of science and technology, it is necessary to improve efficiency, reduce costs, save energy, reduce consumption and make full use of metal resources, to produce multi-category and high-quality metal materials, and promote the progress of social production.

1.4 Resources of Metals

1.4.1 Technical Terms

Ores: Refer to rock and soil composed of valuable minerals and useless gangues, in which valuable minerals can be economically utilized with the current technologies.

Minerals: Refer to natural elements and compounds with certain chemical composition and physical properties.

Valuable minerals: Refer to minerals that can be used by human beings.

Gangues: Refer to rock and soil without valuable minerals or with too little valuable minerals, which are not suitable for industrial processing.

Minerral deposits: Refer to natural aggregate of ores at a certain scale and consisting of one orebody or several orebodies.

Ore grade: Refers to content of valuable components in ores.

Oxide ores: Refer to ores composed of oxides in a broad sense, including oxides, carbonates, silicates, etc.

Sulfide ores: Refer to ores containing sulfide, arsenide, etc.

Raw ores: Refer to ores directly mined from a mine, which can be beneficiated into concentrates and tailings.

Concentrates: Refer to products that are beneficiated and valuable minerals are further enriched.

Tailings: Refer to products mainly consisting of gangues or harmful impurities from mineral processing.

1.4.2 Resources

A: B, do you know what raw materials are used to produce metals?

B: Ores.

A: The raw materials for metal production are mainly raw materials of mineral and some secondary resources. Raw materials of mineral refer to ores mined from the Earth's crust. Most of them cannot be directly used for smelting process because of their low grade, so it is necessary to improve the content of valuable metals through mineral processing.

B: Are ores excavated from the Earth's crust?

A: Yes, ores are natural resources, and they are also non-renewable. They contain valuable minerals and useless gangues. The metallurgy is to extract useful minerals from ores and make them into separate metals for use. By the chemical forms of metals, the minerals can be divided into natural minerals, sulfide minerals, oxidized minerals and mixed minerals. Pyrite ($CuFeS_2$), galena (PbS) and sphalerite (ZnS) are typical sulfide minerals, while hematite (Fe_2O_3), cuprite (Cu_2O) and cassiterite (SnO_2) are typical oxide minerals.

Sulfide ores mostly exist in the middle surface layer of the Earth's crust and belong to primary ores; oxidized ores exist mostly in the surface layer of the Earth's crust and belongs to secondary ores.

B: In metallurgical production, are the ores processed directly?

A: Generally speaking, the ores shall be subjected to the mineral processing, to remove the gangues as tailings and obtain high-grade concentrates for smelting, otherwise the production cost of smelting process will be greatly increased. Sometimes some special processes can also be used to process low-grade ores, but they are not the mainstream production methods of common metals. Sulfide ores and oxide ores are mostly used in metallurgy.

B: Our group has set up different metallurgical plants in different places. Is it because there are differences in ore resources in different regions?

A: Yes. Australia, Brazil, Chile, Venezuela and other countries are rich in iron ore resources and are all iron ore exporters; Chile, Australia and Peru have the largest copper reserves in the world; the total reserves of zinc resources in Australia and China rank first and second in the world; Guinea, Australia, Brazil and Vietnam are rich in bauxite ores. Companies with mineral resources have absolute advantages in the industry.

1.5 Classification of Metal Smelting Methods

1.5.1 Technical Terms

Phase: Refers the state of matter; the most common phases include solid phase, liquid phase and gas phase, commonly known as "three states of matter".

Melt: Refers to the reaction medium and reaction product (intermediate product) in the molten state in the pyrometallurgical process.

Metal melt: Refers to molten metal or alloy, such as molten iron, molten steel, molten crude copper and molten aluminum.

Slag: Refers to a kind of melt with oxides as the main component, which is synthesized by gangue components and impurities in metallurgical process. The slag is an inevitable product of pyrometallurgy and mainly comes from slagging components in ores, fluxes and fuel ash.

Molten matte: Refers to a eutectic of various metal sulfides (such as FeS, Cu_2S, PbS and Ni_2S_3).

Molten salt: Refers to the melt of inorganic salts at high temperature. The most common molten salt is cryolite molten salt in metallurgy.

1.5.2 Smelting Methods of Metals

A: Generally speaking, the smelting methods of metals can be divided into two categories as follows: Pyrometallurgy and hydrometallurgy. The pyrometallurgy has a high temperature (generally, above 1,000 ℃), including roasting (sintering), smelting, refining and other processes. Except that roasted ore (sintered block) and flue gas are only produced in roasting (sintering) process, three products can be produced in smelting and refining processes as follows: Main metal enrichment (matte, crude metal, refined metal, product metal), slag and flue gas. The temperature of hydrometallurgy is generally controlled at 80 ℃ and not more than 300 ℃ under special conditions, including leaching, purifying, liquor electrolytic refining and other processes. The pyrometallurgy is mainly used in iron and steel metallurgy, while the pyrometallurgy and hydrometallurgy are used in non-ferrous metallurgy.

B: The metallurgical production is based on chemical reactions, and specific production methods are included in the various unit processes of pyrometallurgy and hydrometallurgy, Is it right?

A: Yes. Various unit processes for the metallurgical production shall be known and their main tasks and production purposes shall be understood.

Roasting: Refers to a process of placing ores concentrates in a proper atmosphere (oxidation, reduction, sulfation and chlorination) and heating them to a temperature lower than their melting point, resulting in corresponding chemical reactions. It is designed to change the chemical composition of the object to be extracted in raw materials to meet the requirements of the next process (smelting or leaching), and its product is roasted ore or calcine. It is a raw material preparation process.

Calcinating: Refers to a process of heating and decomposing mineral raw materials of carbonate or hydroxide in air, to remove carbon dioxide or moisture and turn them into oxides, such as calcining aluminum hydroxide into alumina. It is a raw material preparation process or a separate unit process.

Sintering (pelletizing): Refers to a process of heating and roasting powder ores or concentrates and consolidate them into porous blocks or spherical materials to meet the requirements of the next process (smelting). It is a raw material preparation process.

Smelting: Refers to a pyrometallurgical unit process of making reactions of the processed concentrates, other raw materials and auxiliary materials at high temperature, to separate the metal components and impurities in the raw materials, and produce the crude metal (or metal enrichment) and slag.

Pyrorefining: Refers to a process of further processing the crude metal produced in the previous process at high temperature to improve its purity, which is a pyrometallurgical unit process.

Molten salt electrolysis: Refers to a process that not only maintain the high temperature required by molten salt with the heat energy converted by electric energy, but also reduce metal ions in molten salt to metal with the chemical energy converted by DC (direct current) power, which is a pyrometallurgical process.

Leaching: Refers to a process that allows an appropriate leaching agent (such as acid, alkali, salt and other aqueous solutions) to selectively react with metal components in raw materials of mineral such as ores, concentrates and calcines, so as to dissolve them and initially separate them from other insoluble components, which is a hydrometallurgical unit process.

Purifying: Refers to a process of removing impurity metals from the leaching solution, which is a hydrometallurgical unit process.

Solid-liquid separation: Refers to a process of separating the leached or purified solution from the slag, which is a hydrometallurgical unit process.

Aqueous solution electrolysis: Refers to a process of converting electric energy into chemical energy, to reduce metal ions of the solution to metal and precipitate it, or refine the crude metal anode and deposit it on the cathode through the solution.

B: Senior sister, it is to say, the metal production processes consist of different production units. Some of these production units are pyrometallurgical or hydrometallurgical ones, and used to extract metals in the ores step by step in certain sequence, is it right?

A: Yes. It must be noted that metal smelting must be based on the natures of raw materials of mineral and the characteristics of each metal itself. The crude metal can be obtained in pyrometallurgical production in three ways as follows. ① The metal sulfide concentrates are matte smelted and then converted to obtain the crude metal. ② The metal sulfide concentrates are directly smelted without roasting to obtain the crude metal. ③ The metal sulfide concentrates are roasted or sintered, reduced and smelted to obtain the crude metal or the oxidized ore concentrates are reduced and smelted to obtain the crude metal. The obtained crude metal can be further refined to obtain the pure metal that can meet the use requirements. The basic flowcharts of pyrometallurgical production principle and hydrometallurgical production principle are shown in Fig. 1.1 and Fig. 1.2, respectively.

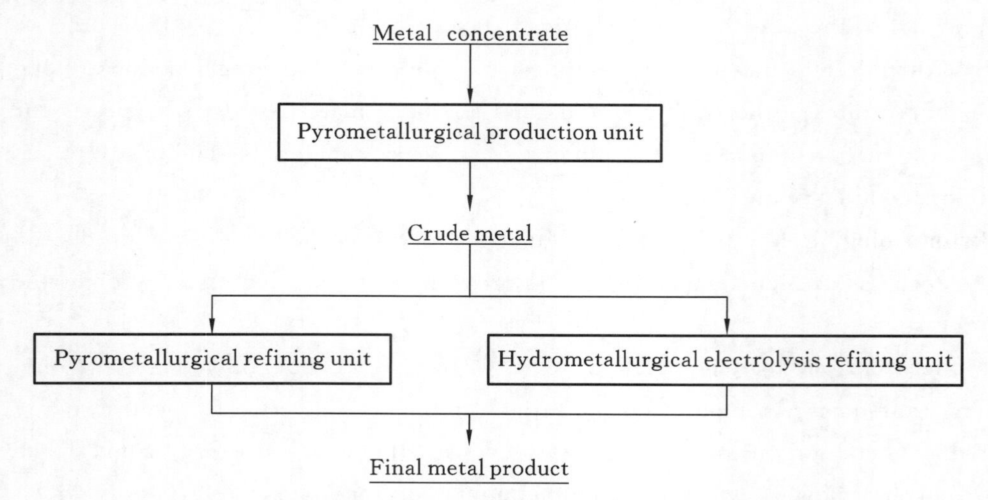

Fig. 1.1 Flowchart of pyrometallurgical production principle

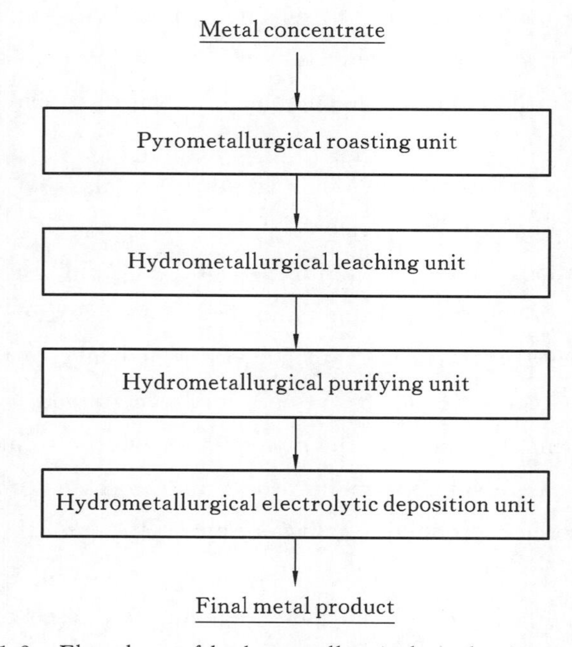

Fig. 1.2 Flowchart of hydrometallurgical production principle

1.6 Recycling and Regeneration of Metal Materials

A: The recycling and regeneration of metal materials is the development direction of modern metallurgical production and the technical problem that must be solved, mainly involving the recycling of waste metal materials. From many aspects, the recycling of waste metal materials has many advantages, such as saving resources, realizing metal recycling, reducing production costs, reducing the discharge of "Three Wastes" and reducing environmental pollution.

B: It is true. Is there a big difference between the recycling technologies of metal materials and the technologies of melting and extracting metals from ores?

A: The smelting methods involved in them follow the basic principles, but the smelting process flows are different in length and complexity.

B: Senior sister, please give me a simple example.

A: For example, in the recycling and regeneration of scrap steel, the remelting technology is mainly used, specifically, the scrap steel is remelted in a converter or arc furnace. The recovery of some scrap non-ferrous metals is also realized by remelting process. Of course, if the compositions in scrap metal materials are complex, the processing steps and methods are also complex correspondingly.

B: What is the current situation of recycling of metal materials in major industrial countries in the world?

A: The recycling of steel, copper and lead are exampled. In terms of steel, the recovery rate of scrap steel in the industrial developed countries and regions such as the United States, Japan and the European Union is up to about 60%, while it is only about 40% in China; in terms of non-ferrous metals, the recovery rate of scrap copper in these industrial developed countries and regions is equivalent to that in China (about 80%); the recovery rate of scrape lead in these industrial developed countries and regions is over 90%, while it is only 40% in China.

Suatu perusahaan grup di Tiongkok adalah perusahaan metalurgi berskala besar yang memiliki basis produksi di seluruh dunia, termasuk perusahaan produksi logam non-ferro dan baja.

Si Aadalah orang Tiongkok yang bekerja di perusahaan tersebut, dia lulus dari jurusan teknologi metalurgi, dan telah bekerja selama 10 tahun sehingga memiliki pengalaman yang kaya. Sedangkan si B adalah seorang karyawan yang baru saja bergabung dengan perusahaan ini, dia belum familier dengan bidang metalurgi. Setelah dia masuk kerja, direktur SDM memperkenalkan si A kepadanya, berharap si A dapat membantu si B membangun pemahaman yang sistematis dan komprehensif tentang produksi metalurgi secepat mungkin.

Selanjutnya si A akan memperkenalkan kepada si B pengetahuan dasar metalurgi terlebih dahulu, agar menghindari si B tidak dapat memahami apa pun setelah memasuki pabrik.

Tugas 1 Pengetahuan Dasar Metalurgi

Tugas dan persyaratan: Pemahaman singkat tentang sejarah metalurgi, pengetahuan tentang metode klasifikasi logam, konsep dasar sumber daya logam, metode dasar peleburan logam.

1.1 Sejarah Singkat Ilmu Metalurgi

Perkembangan peradaban manusia tidak terlepas dari penggunaan logam. Dalam sejarah, kemajuan masyarakat terus didorong oleh penggunaan logam dan peningkatan teknologi. Perubahan zaman yang dialami oleh perkembangan produktivitas manusia semuanya didampingi dengan penggunaan logam. Misalnya, Mesir Kuno memasuki Zaman Perunggu sekitar 7.000 tahun yang lalu, dan memasuki Zaman Besi sekitar 3.000 tahun yang lalu; Tiongkok memasuki Zaman Perunggu sekitar 5.000 tahun yang lalu, dan memasuki Zaman Besi sekitar 2.500 tahun yang lalu.

Secara historis, Tiongkok telah memberikan kontribusi dan inovasi yang signifikan dalam teknologi peleburan logam. Menurut kritik teks, Tiongkok sudah mulai membuat benda perunggu sejak Dinasti Xia, dan mencapai tingkat peleburan dan pengecoran perunggu yang cukup matang selama Dinasti Shang dan Zhou, sehingga karya seni perunggu yang unggul seperti Houmu Wuding dan Siyang Fangzun diproduksi. Selain itu, Tiongkok adalah negara pertama di dunia yang menggunakan batu bara dan kokas untuk membuat besi, dan menemukan teknologi peleburan besi dan baja terkemuka di dunia, seperti teknologi "penggorengan baja" dan "penuangan baja".

Sejak zaman modern, negara-negara Eropa Barat secara berturut-turut telah melakukan revolusi industri, dan teknologi metalurgi telah berkembang pesat. Mengambil teknologi peleburan besi dan baja sebagai contoh, sejak Benjamin Huntsman menemukan "proses wadah (*crucible process*)" untuk pembuatan baja pada tahun 1740, negara-negara lainnya telah terus meningkatkan teknik pembuatan besi dengan tanur tinggi (yang terutama ditunjukkan oleh penggunaan banyak kokas dan udara panas dalam pembuatan besi), dan teknologi seperti pembuatan baja dengan tungku perapian terbuka, pembuatan baja dengan tungku konverter, dan pembuatan baja dengan tanur listrik telah dikembangkan secara berurutan.

Dalam bidang peleburan logam non-ferro, Tiongkok kuno sudah berkembang maju dalam teknologi peleburan timah, timbel, perak, raksa, seng, dan logam lainnya, misalnya: Sudah dapat membuat logam tembaga dengan memperoleh matte tembaga dari peleburan bijih tembaga oksida dan bijih tembaga sulfida sejak Zaman Chunqiu dan Zhanguo (770 SM-221 SM); dan sudah mulai banyak menggunakan proses arang (*charcoal process*) dalam pembuatan logam raksa. Sejak zaman modern, peneliti teknik metalurgi dari berbagai negara telah secara berturut-turut mengembangkan teknologi seperti peleburan, pelindian, elektrolisis larutan, dan elektrolisis leburan garam (*melton salt electrolysis*), yang mendorong industri metalurgi berkembang pesat.

Saat ini, karena semakin kurangnya sumber daya mineral di seluruh dunia, dan semakin tingginya persyaratan untuk perlindungan lingkungan, dalam produksi metalurgi, pemulihan dan pemanfaatan secara komprehensif logam berharga dalam berbagai bijih kadar rendah, terak peleburan, dan debu telah menjadi arah penting dalam pengembangan teknologi baru.

1.2 Klasifikasi Logam

A: B, berapa banyak logam yang bisa kamu sebutkan?

B: Adabanyaknya. Sebagian besar unsur dalam tabel periodik adalah unsur logam, seperti emas, perak, tembaga, besi, aluminium, seng, dll.

A: Haha, ya betul, logam mempunyai penyebaran yang sangat luas di alam, dan sangat umum digunakan dalam kehidupan sehari-hari, sudah menjadi bahan yang sangat penting dan paling banyak digunakan dalam industri modern. Namun, jika hanya berbicara secara umum, kami tidak bisa menjelaskan ciri-ciri logam secara gamblang, apalagi mengetahui cara dasar dan hukum peleburannya, maka mari kami pelajari dulu klasifikasi logam.

B: Oke!

A: Logam secara umum dibagi menjadi dua kategori: Logam non-ferro dan logam ferro (atau logam hitam), dimana logam ferro dibagi lagi menjadi logam berat, logam ringan, logam mulia, logam langka, dan semi-logam yang sangat istimewa.

B: Memang lebih mudah dipahami dan diingat setelah klasifikasi, Kak, tolong kasih tahu lebih detailnya.

A: Logam ferro termasuk besi, Kromium, dan mangan, karena produksi kromium dan mangan terkait erat dengan besi dan paduan besi. Logam-logam selain ketiga logam tersebut adalah logam non-ferro. Logam ferro disebut juga logam hitam karena seringkali terdapat oksida hitam keabu-abuan pada permukaan logam tersebut dan paduannya.

Dalam logam non-ferro, logam berat mengacu pada logam dengan kerapatan lebih besar dari 6 g/cm^3, seperti tembaga, timbel, seng, nikel, kobalt, timah, antimon, raksa, kadmium, dll.; logam ringan mengacu pada logam dengan kerapatan kurang dari 4,5 g/cm^3, seperti aluminium, magnesium, natrium, kalium, kalsium, stronsium, barium. Logam ringan memiliki lebih sifat kimia yang lebih aktif daripada logam berat, yang membuat ekstraksinya menjadi lebih sulit. Di Tiongkok, sembilan dari sepuluh logam non-ferro yang biasa digunakan (tembaga, seng, timbel, aluminium, timah, nikel, magnesium, antimon, titanium, raksa) merupakan logam berat dan ringan, dan karena produksi yang besar, penggunaan yang luas, dan harga yang relatif rendah, mereka juga dikenal sebagai logam non-ferro umum atau logam dasar.

Logam mulia dinamai karena kandungannya di kerak bumi kecil, sulit diekstraksi, dan harga yang tinggi, terutama meliputi emas, perak, dan logam golongan platina (platina, iridium, osmium, ruthenium, rodium, paladium). Logam mulia dicirikan dengan kepadatan tinggi, titik lebur tinggi, dan sifat kimia yang stabil.

B: Jadi, logam jarang adalah logam yang kandungannya sangat kecil di bumi kan?

A: Pemahaman semacam ini tidak menyeluruh. Logam jarang biasanya merujuk pada logam-logam yang ditemukan dan diterapkan lebih lambat dalam industri, tersebar di alam, dan sulit diekstraksi atau dipisahkan menjadi zat unsur. Sekitar 50 dari lebih dari 90 jenis logam non-ferro dianggap sebagai logam jarang. "Logam jarang" adalah nama adat yang tersisa dalam sejarah, sebenarnya beberapa logam jarang jauh lebih berada di kerak bumi daripada logam biasa. Misalnya, kandungan logam jarang titanium di kerak bumi menempati tempat kesembilan, yang jauh lebih banyak daripada tembaga, perak, nikel, dan banyak unsur lainnya; dan kandungan logam jarang zirkonium, litium, vanadium, dan serium juga lebih banyak daripada timbel, timah, dan raksa. Oleh karena itu, kandungan rendah bukanlah ciri umum dari logam jarang. Sekarang seiring berkembangnya teknologi baru, jenis logam yang termasuk dalam logam jarang juga mengalami perubahan, seperti titanium yang terkadang termasuk dalam logam ringan.

Unsur semi logam adalah unsur-unsur yang berada di posisi transisi dari logam ke non-logam dalam tabel periodik, dan sifat fisik dan kimianya berada di antara logam dan non-logam. Mereka bersifat rapuh dan memiliki kilau logam, dan banyak digunakan sebagai bahan semikonduktor. Biasanya mengacu pada boron, silikon, arsen, telurium, astatin.

B: Saya pernah dengar orang mengatakan bahwa "Timur Tengah menghasilkan minyak bumi, tiongkok menghasilkan tanah jarang", jadi tanah jarang termasuk dalam logam jenis apa?

A: Tanah jarang sebenarnya termasuk dalam logam langka. Dalam industri, menurut kepadatan, titik lebur, penyebaran, dan karakteristik fisik dan kimia lainnya, logam jarang dapat dibagi menjadi lima jenis: Logam ringan jarang, logam titik lebur tinggi jarang, logam tersebar jarang, logam tanah jarang dan logam radioaktif jarang. ① Logam ringan jarang dicirikan dengan kerapatan rendah, seperti lithium, rubidium, sesium, dan berilium. ② Logam titik lebur tinggi jarang dicirikan dengan titik lebur tinggi (titik lebur titanium adalah 1.660 ℃, dan titik lebur wolfram adalah 3.400 ℃), dan memiliki ketahanan korosi yang baik, seperti titanium, zirkonium, hafnium, vanadium, niobium, tantalum, molibdenum, wolfram, dan renium. ③ Ciri umum dari logam tersebar jarang adalah jarang terbentuk secara terpisah, seperti galium, indium, talium, germanium, dan telurium, sebagian besarnya diperkaya dalam produk sampingan, asap dan *tailing* dari produksi logam non-ferro, dan dapat didaur ulang secara komprehensif untuk penggunaan lagi. ④ Ciri umum dari logam tanah jarang adalah memiliki sifat fisik dan kimia yang sangat mirip, seringkali bersimbiosis dalam mineral dan sulit dipisahkan, seperti logam skandium, Ytrium, dan lantanida. ⑤ Ciri umum dari logam radioaktif jarang adalah bersifat radioaktif, sebagian besarnya bersimbiosis atau berasosiasi dengan mineral tanah jarang, atau diperoleh secara artifisial.

B: Oh, begitu, pemahaman saya tentang logam sudah selangkah lebih maju, dan tidak lagi saya berpikir bahwa logam hanya adalah tembaga, besi, timbel dan serupanya.

1.3 Kedudukan Logam

Bahan logam merupakan bahan dasar bagi perkembangan masyarakat manusia, dan merupakan bahan strategis penting bagi perekonomian nasional, industri pertahanan nasional, dan kemajuan ilmu pengetahuan dan teknologi (IPTEK). Banyak negara industri maju di dunia mengambil produksi komoditas logam sebagai indikator penting untuk mengukur tingkat perkembangan ekonomi dan industri mereka. Sebagai industri dasar nasional, industri metalurgi merupakan bagian penting dari sistem industri bahan baku.

Bajaadalah logam yang paling banyak digunakan, menyumpang hampir lebih dari 90% dari jumlah penggunaan logam, sehingga dikenal sebagai "makanan industri". Baja merupakan bahan baku utama untuk industri pembuatan mesin, industri transportasi, industri penerbangan dan antariksa dan industri militer, dan juga sebagai bahan dasar industri konstruksi dan produksi produk sipil. Dalam proses industrialisasi suatu negara, industri besi dan baja yang maju diperlukan sebagai penopangnya, yang tidak hanya dapat meletakkan dasar bagi pembentukan sistem industri dengan kategori lengkap, tetapi juga memberikan jaminan untuk teknik dan proyek besar.

Meskipun produksi logam non-ferro jauh lebih sedikit daripada baja, karena sifat logam non-ferro yang istimewa dan unggul, mereka telah menjadi bahan dasar dan bahan strategis penting bagi bidang tenaga listrik, mesin, kimia, elektronik, pertahanan nasional, dan komunikasi. Logam non-ferro dan unsur-unsur terkaitnya merupakan bagian penting dari bahan baru yang sangat diperlukan untuk pengembangan teknologi tinggi saat ini, misalnya, senjata canggih seperti pesawat terbang, rudal, roket, satelit, kapal selam nuklir, energi atom, radar, komputer elektronik, dan komponen-komponen yang diperlukan dalam teknologi mutakhir sebagian besar terbuat dari logam ringan non-ferro dan logam jarang; dan logam non-ferro seperti nikel, wolfram, dan vanadium adalah unsur penyusun penting bagi baja paduan.

Dengan berkembangnya ilmu pengetahuan dan teknologi, kita perlu meningkatkan efisiensi, mengurangi biaya, menghemat energi, mengurangi konsumsi, memanfaatkan sumber daya logam dengan sepenuhnya, dan menghasilkan lebih banyak jenis bahan logam yang bermutu tinggi, sehingga mendorong kemajuan produksi sosial.

1.4 Sumber Daya Logam

1.4.1 Istilah-istilah

Bijih: Batuan dan tanah yang terdiri dari mineral berharga dan *gangue* yang tidak berharga, di mana mineral yang berguna dapat dimanfaatkan secara ekonomis di bawah tingkat teknologi saat ini.

Mineral: Unsur alami dan senyawa yang memiliki komposisi kimia dan sifat fisik tertentu.

Mineral berharga: Mineral yang dapat dimanfaatkan oleh manusia.

Gangue: Batuan dan tanah yang tidak mengandung mineral berharga atau kandungan mineral berharganya terlalu sedikit sehingga tidak cocok untuk diproses secara skala industri.

Endapan bijih: Kumpulan bijih alami dengan skala tertentu yang terdiri dari satu atau lebih tubuh bijih.

Kadar bijih (***ore grade***): Kandungan komposisi yang berharga dalam bijih.

Bijih oksida: Bijih yang terdiri dari oksida- oksida dalam arti luas, termasuk oksida, karbonat, silikat, dll.

Bijih sulfida: Bijih yang mengandung sulfida, arsenida, dll.

Bijih mentah: Bijih yang langsung digali dari tambang. Bijih mentah dapat menghasilkan konsentrat dan tailing setelah pengolahan (benefisiasi).

Konsentrat: Produk pasca-pengayaan lebih lanjut mineral berharga setelah pengolahan.

Tailing: Produk yang diperoleh melalui pengolahan, yang sebagian besar berupa *gangue* atau pengotor berbahaya.

1.4.2 Sumber Daya

A: B,tahukah Anda apa itu bahan baku untuk pembuatan logam?

B: Bahan bakunya adalah bijih.

A: Bahan baku untuk pembuatan logam sebagian besar adalah mineral mentah, dan ada juga berasal dari sumber daya sekunder. Mineral mentah mengacu pada bijih yang ditambang dari kerak bumi, yang kebanyakannya tidak dapat langsung digunakan untuk peleburan karena kadarnya yang rendah, dan perlu dilakukan pengolahan untuk ditingkatkan kandungan logam berharga.

B: Bijih digali dari kerak bumi?

A: Ya, bijih adalah sumber daya alam yang tidak dapat diperbarui, termasuk mineral berharga dan *gangue* yang tidak berharga. Metalurgi adalah proses untuk mengekstraksi mineral berharga dan membuatnya menjadi logam yang terpisah untuk digunakan. Menurut bentuk kimia logam, bijih dapat dibagi menjadi empat jenis: bijih alami, bijih sulfida, bijih oksida, dan bijih campuran. Bijih sulfida tipikal meliputi pirit ($CuFeS_2$), galena (PbS), dan sfalerit (ZnS), dan bijih oksida tipikal meliputi hematit (Fe_2O_3), cuprit (Cu_2O), dan kasiterit (SnO_2).

Bijih sulfida sebagian besar berada di lapisan tengah dan permukaan kerak bumi dan merupakan bijih primer, sedangkan bijih oksida lebih banyak terdapat di lapisan permukaan kerak bumi dan merupakan bijih sekunder.

B: Apakah proses metalurgi adalah mengolah bijih secara langsung?

A: Umumnya, bijih perlu diolah untuk menghilangkan *gangue* dalam bentuk tailing, agar mendapatkan konsentrat kadar tinggi untuk peleburan, jika tidak, biaya produksi peleburan akan sangat besar. Kadang-kadang beberapa proses khusus juga dapat digunakan untuk mengolah bijih kadar rendah, tetapi itu bukan proses umum untuk produksi logam. Bijih-bijih yang sebagian besar digunakan dalam metalurgi adalah bijih sulfida dan bijih oksida.

B: Perusahaan kamitelah mendirikan berbagai pabrik metalurgi di lokasi yang berbeda, apakah ini karena perbedaan sumber daya bijih di daerah yang berbeda?

A: Ya.Misalnya, Australia, Brasil, Chili dan Venezuela adalah pengekspor bijih besi karena mereka kaya akan sumber daya bijih besi; Chili, Australia, dan Peru adalah negara memiliki cadangan bijih tembaga yang terbesar di dunia; Australia dan Tiongkok menempati urutan pertama dan kedua di dunia sebagai negara dengan total cadangan sumber daya seng terbesar; dan Guinea, Australia, Brasil, dan Vietnam kaya akan bijih bauksit. Perusahaan yang menguasai sumber daya mineral memiliki keunggulan mutlak dalam industri.

1.5 Klasifikasi Proses Peleburan Logam

1.5.1 Istilah-istilah

Fase: Adalah keadaan zat. Fase yang paling umum adalah fase padat, fase cair, dan fase gas, yang umumnya disebut "tiga fase zat".

Leburan: Adalah media reaksi dan produk reaksi (produk antara) yang dalam keadaan melebur selama proses pirometalurgi.

Leburan logam: Adalah logam atau paduan cair, seperti besi cair, baja cair, tembaga wantah cair, aluminium cair.

Leburan terak: Adalah ampas leburan yang komposisi utamanya adalah oksida yang dibentuk dari komposisi *gangue* dan pengotor yang melebur dalam proses metalurgi. Terak adalah produk pirometalurgi yang tak terhindarkan, terutama berasal dari komposisi pembentuk terak dalam bijih, fluks, dan kandungan abu bahan bakar.

Leburan matte: Adalah leburan kongruen dari berbagai sulfida logam (seperti FeS, Cu_2S, PbS, Ni_2S_3, dll.).

Leburan garam: Biasanya mengacu pada leburan cair garam anorganik pada suhu tinggi. Leburan garam yang paling umum dalam metalurgi adalah leburan garam kriolit.

1.5.2 Metode Peleburan Logam

A: Metode peleburan logam umumnya dibagi menjadi dua: pirometalurgi dan hidrometalurgi. Pirometalurgi dilakukan pada suhu tinggi, umumnya dikontrol di atas 1.000 ℃, proses ini termasuk unit-unit seperti pemanggangan (penyinteran), peleburan, dan pemurnian (*refining*). Selain unit proses pemanggangan (penyinteran) yang hanya menghasilkan bijih terpanggang (gumpalan sinter) dan gas buang, baik proses peleburan maupun pemurnian menghasilkan tiga produk, yaitu: Hasil pengayaan logam induk (yang dapat berupa matte, logam wandah, konsentrat, logam produk, dll.), terak, dan asap. Suhu hidrometalurgi umumnya dikontrol pada 80 ℃, dan tidak melebihi 300 ℃ dalam kondisi khusus, proses ini termasuk unit-unit seperti pelindian, pemurnian, dan pemurnian elektrolisis larutan berair, dll. Hidrometalurgi terutama digunakan untuk metalurgi besi dan baja, sedangkan pirometalurgi dan hidrometalurgi semuanya cocok untuk metalurgi non-ferro.

B: Artinya produksi metalurgi didasarkan pada reaksi kimia, dan unit-unit proses pirometalurgi dan hidrometalurgi meliputi metode produksi yang spesifik kan?

A: Betul! Jadi kami perlu mengenali unit-unit proses produksi metalurgi dan mengingat tugas utama dan tujuan produksi yang ditanggung oleh mereka.

Pemanggangan: Adalah proses menempatkan bijih atau konsentrat di lingkungan gas yang sesuai (oksidasi, reduksi, sulfasi, klorinasi) dan memanaskannya hingga suhu yang lebih rendah dari titik leburnya untuk mengalami perubahan kimia yang sesuai. Tujuannya adalah untuk mengubah komposisi kimia bahan baku sehingga memenuhi persyaratan unit proses selanjutnya (peleburan atau pelindian), dan produknya adalah bijih terpanggang atau kalsin. Proses ini termasuk dalam proses persiapan bahan baku.

Kalsinasi: Adalah proses memanaskan dan menguraikan bahan mentah mineral karbonat atau hidroksida di udara untuk menghilangkan CO_2 atau H_2O dan mengubahnya menjadi oksida. Misalnya, aluminium hidroksida dikalsinasi menjadi alumina. Proses ini bisa termasuk dalam proses persiapan bahan baku, atau bisa juga merupakan unit proses yang terpisah.

Penyinteran/pembuatan pelet (*pelletizing*): Adalah proses memanaskan dan memanggang bijih halus atau konsentrat untuk dikonsolidasikan menjadi bahan berpori atau berbentuk bulat sehingga memenuhi persyaratan unit proses selanjutnya (peleburan). Proses ini termasuk dalam proses persiapan bahan baku.

Peleburan: Adalah unit proses pirometalurgi untuk memisahkan komposisi logam melalui reaksi kimia pada suhu tinggi dari pengotor dalam konsentrat olahan, bahan baku lainnya atau bahan penolong untuk menghasilkan logam wantah (atau hasil pengayaan logam) dan terak.

Pemurnian piro (*pyrorefining*): Adalah unit proses pirometalurgi untuk mengolah lebih lanjut logam mentah yang dihasilkan dari unit proses sebelumnya pada suhu tinggi untuk meningkatkan kemurniannya.

Elektrolisis leburan garam (*melton salt electrolysis*): Adalah unit proses pirometalurgi untuk mempertahankan suhu tinggi yang dibutuhkan oleh leburan garam dengan memanfaatkan panas listrik yang dikonversi dari energi listrik, dan menggunakan energi kimia yang dikonversi dari arus searah untuk mereduksi ion-ion logam dalam leburan garam menjadi logam.

Pelindian: Adalah unit proses hidrometalurgi yang menggunakan reagen pelindian (seperti asam, basa, garam) yang sesuai untuk bereaksi secara selektif dengan komposisi logam dalam mineral mentah (seperti bijih, konsentrat, kalsin) untuk melarutkannya, sehingga memisahkannya dari komposisi tak larut lainnya.

Pembersihan (*purifying*): Adalah unit proses hidrometalurgi yang menghilangkan logam pengotor dalam larutan pelindian.

Pemisahan padat-cair: Adalah unit proses hidrometalurgi yang memisahkan larutan pelindian pasca-pembersihan dari dari terak.

Elektrolisis larutan berair: Adalah proses mengubah energi listrik menjadi energi kimia, sehingga mereduksi ion-ion logam dalam larutan menjadi logam dan mengendapkannya, atau membuat anoda logam wantah (*crude metal*) mengendap pada katoda melalui pemurnian larutan.

B: Artinya proses produksi logam terdiri dari unit-unit produksi yang berbeda, ada yang merupakan proses pirometalurgi, dan ada yang termasuk dalam proses hidrometalurgi, yang bisa mengekstraksi logam dalam bijih selangkah demi selangkah sesuai urutan.

A: Betul! Dan kami harus ingat bahwa peleburan logam harus dilakukan sesuai dengan sifat mineral mentah dan karakteristik masing-masing logam itu sendiri. Cara memperoleh logam wantah dengan pirometalurgi pada dasarnya dapat dibagi tiga. ① Konsentrat sulfida logam mengalami peleburan matte dan pengonversian untuk mendapatkan logam wantah. ② Konsentrat sulfida logam dapat langsung dilebur tanpa dipanggang untuk mendapatkan logam wantah. ③ Konsentrat sulfida logam dipanggang atau disinter, kemudian mengalami peleburan reduksi untuk mendapatkan logam wantah; dan konsentrat bijih oksida mengalami peleburan reduksi untuk mendapatkan logam wantah; Logam wantah yang diperoleh dapat dimurnikan lebih lanjut untuk mendapatkan logam murni yang memenuhi syarat penggunaan. Yang ditunjukkan pada Gambar 1.1 dan Gambar 1.2 masing-masing adalah diagram aliran proses pirometalurgi dan diagram aliran proses hidrometalurgi yang dasar.

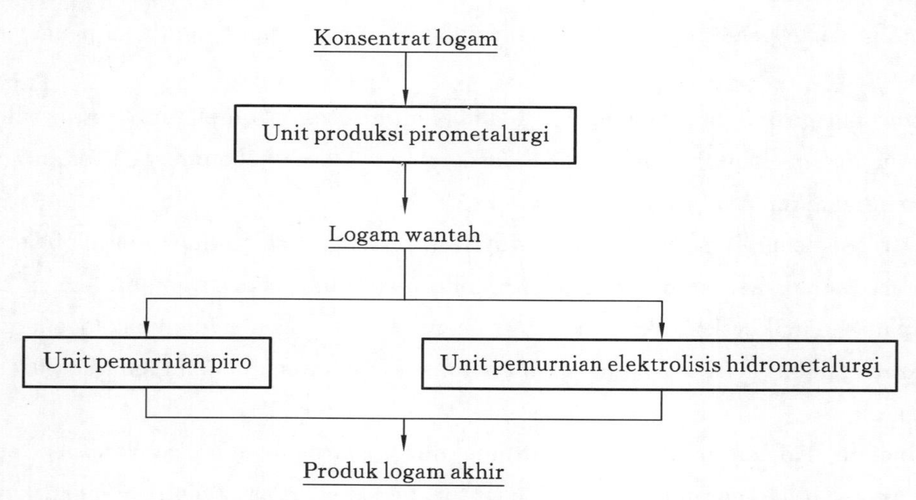

Gambar 1.1 Diagram aliran proses pirometalurgi

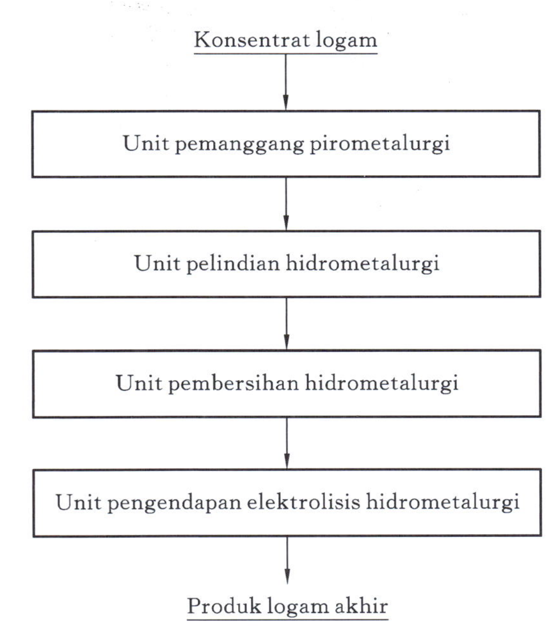

Gambar 1.2 Diagram aliran proses hidrometalurgi

1.6 Daur Ulang dan Regenerasi Bahan Logam

A: Sebagai arah pengembangan produksi metalurgi modern dan masalah teknis yang harus dipecahkan, daur ulang dan regenerasi bahan logam terutama melibatkan daur ulang bahan logam bekas. Terlihat dari berbagai perspektif, daur ulang bahan logam bekas memiliki banyak manfaat, seperti menghemat sumber daya, merealisasikan daur ulang logam, mengurangi biaya produksi, mengurangi emisi/pembuangan "tiga limbah" (gas buang, air limbah, terak), dan mengurangi pencemaran lingkungan.

B: Memang begitu. Jadi apakah teknologi daur ulang bahan logam sangat berbeda dengan teknologi ekstraksi logam dari peleburan bijih?

A: Metode peleburan yang terlibat dalam kedua teknologi ini mengikuti prinsip kerja yang dasar, dan aliran proses peleburannya memiliki durasi serta kerumitan yang berbeda.

B: Kak, tolong berikan contohnya.

A: Contohnya, daur ulang dan regenerasi baja bekas terutama menggunakan teknologi peleburan kembali, yaitu melakukan peleburan kembali baja bekas dengan tungku konverter atau tungku busur listrik. Daur ulang beberapa logam non-ferro bekas juga diwujudkan melalui peleburan kembali. Tentu saja, jika komposisi bahan logam bekas itu rumit, maka langkah dan metode pengolahannya juga rumit.

B: Bagaimana keadaan daur ulang bahan logam di negara-negara industri utama di dunia saat ini?

A: Ambildaur ulang tiga komoditas logam (baja, tembaga, dan timbel) sebagai contoh. Untuk baja, tingkat daur ulang baja bekas di negara dan wilayah industri maju seperti Amerika Serikat, Jepang, dan Uni Eropa adalah sekitar 60%, dan adalah 40% di Tiongkok. Dan untuk logam ferro, tingkat daur ulang tembaga bekas di negara dan wilayah industri maju seperti Amerika Serikat, Jepang, dan Uni Eropa adalah sebanding dengan Tiongkok, yaitu sekitar 80%; namun, tingkat daur ulang timbel bekas mereka melebihi 90%, dan hanya 40% di Tiongkok.

任务 2　原料准备

任务及要求：了解原料准备中的基本冶金过程；掌握破矿、磨矿、配料、干燥、烧结（焙烧）、球团的一般方法和主要设备。

2.1 专业名词

破碎：对大块物料施加外力使其变为小块的过程。

筛分：将物料按粒度分成两种或多种级别的作业。

干燥：利用热能除去固体物料中湿分的操作。

传导干燥：又称为间接加热干燥，载热体通常为热蒸汽，是将热能通过金属壁传给湿物料，使湿物料中的水分汽化，水汽被周围的气流带走。

对流干燥：又称为直接加热干燥，载热体通常为热空气，是将热能以对流的方式传给与直接接触的湿物料。

辐射干燥：热以电磁波的形式由辐射器发射，射至湿物料的表面被其吸收再转变为热能，将水分加热汽化。

焙烧：将矿石或精矿置于适当的气氛下，加热至低于它们熔点的温度，使它们发生氧化、还原等化学变化的过程。

焙砂：经过焙烧反应之后得到的粉状物料。

烧结：粉矿或精矿经过加热焙烧，发生反应的同时固结成块。

烧结块：经过烧结之后得到的物料。

2.2 认识“原料准备”

冶金生产是一个连续的过程，上一生产工序的产品进入下一工序即成为原料，从这个角度来说每一个单元过程都是下一单元的原料准备工序。但是从某个金属的整个生产工艺来说，原料准备即是备料过程，指将精矿或冶炼过程中配入的物料进行一定的处理，其主要目的就是根据后续工艺的要求对物料进行提前处理。不仅可以采用物理的方法改变物料的物理形态，还可以采用化学的方法改变物料的化学组分。常用的具体过程有破碎、干燥、焙烧、烧结、煅烧等。

2.3 备 料

2.3.1 破矿与磨矿

A:B,你做饭之前会做些什么事情呢?

B:买菜、洗菜、准备各种需要用到的东西。

A:对。我们在进入到一个金属的冶炼过程之前也会有原料的准备工作,目的是保证原料的粒度、水分、化学成分能够满足下一步工序的要求。我们现在看到的是破碎、磨制、筛分。

B:这个比较简单,就是把大块的矿用设备破碎成小块或者磨成小粒。

A:破碎通常和筛分配合进行,筛下物是粒度合格的,筛上物是粒度不合格的,不符合粒度要求的精矿会重新返回破碎机。破碎采用分段破碎,有粗碎、中碎、细碎过程。一般粗碎在矿山进行,中碎和细碎则在冶炼厂内进行。粗碎常采用颚式破碎机和旋回式圆锥破碎机,中碎采用标准型圆锥破碎机,细碎则多用短头型圆锥破碎机。

B:破碎之后的原料是不是就可以进入冶金生产了?

A:别着急。破碎之后的原料,粒度如果还是不能达到入炉的要求,就需要进行磨制了。碎矿和磨矿是不可分的两个阶段,破碎为磨矿做准备,磨矿使矿石中的有用矿物和脉石充分解离。磨矿通常和分级配合进行,以便及时分离出细粒产品。较为常见的磨矿设备有球磨机、棒磨机,它们原理相同,只是使用的研磨介质不同。分级可以用空气或烟道气作分离介质,即干法分级(风力分级);也可以用水作分离介质,即湿法分级。常见的设备有螺旋分级机、水力分级机。

为了保证高的破碎比,工厂会将适合处理各种粒度的破碎机、磨矿机以及筛子、分级设备依次串联,构成破碎和磨矿的流程。

B:我想了解碎矿、磨矿设备的具体工作过程。

A:没问题,我们来了解一下各种碎矿、磨矿设备(图 2.1—图 2.6)。

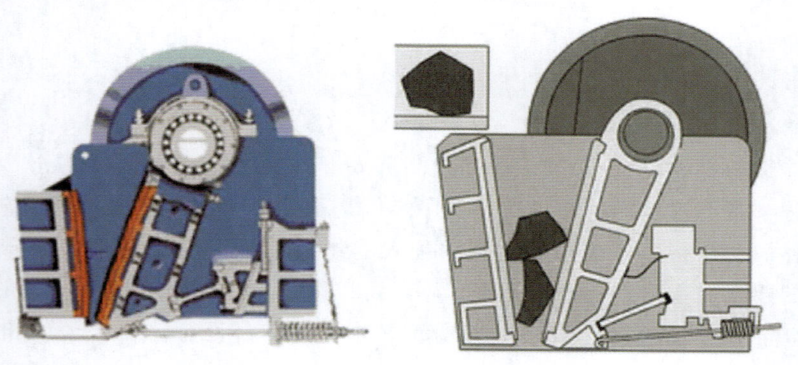

颚式破碎机

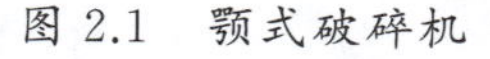

图 2.1 颚式破碎机

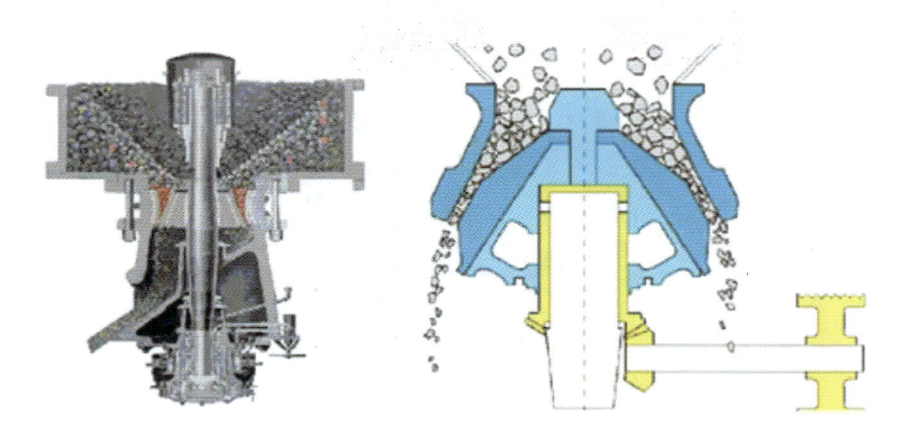

图 2.2 圆锥破碎机

圆锥破碎机

图 2.3 条筛

图 2.4 振动筛

直线振动筛

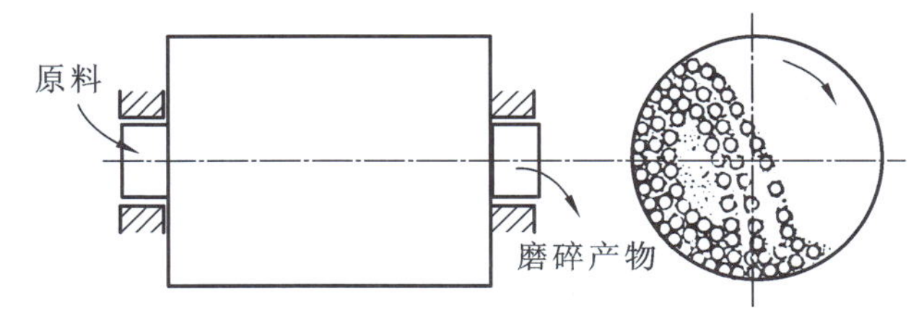

图 2.5 球磨机

球磨机

图 2.6　螺旋分级机

B:通过展示,我明白破碎、磨矿设备是怎么工作的了。

A:接下来我们通过这个完整的生产工艺过程来更直观地学习破碎和磨矿(图 2.7)。

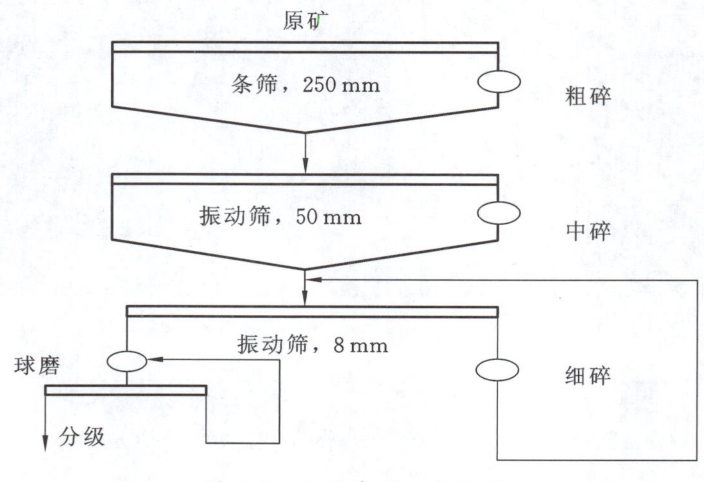

图 2.7　破碎磨矿工艺流程

2.3.2　配料

A:不同地区地壳中矿石的品位和金属含量不相同,但是冶金生产对入炉原料的要求是成分稳定、成本最低。这时我们需要进行配料操作。

B:是把不同产地的矿物原料混合在一起吗?

A:不仅仅是这样,根据生产过程中发生的反应可能需要加入其他辅助原料,比如石灰石、焦炭灰;我们也要提前把它们与精矿混合。所以配料就是通过冶金计算将各种精矿和物料按一定比例混合在一起,包含了配矿、配辅料等过程。

配矿是将成分有差异的几种矿石或精矿根据需要按比例混合均匀,调整主体金属及杂质的含量,配矿通常是配料工作的第一步。配辅料则是根据冶金计算,将冶金过程所需的各种辅料——熔剂、燃料及其他返料(如返渣、烟尘等)配入矿石或精矿中,然后混合均匀供给生产使用。

B:现代的冶金工厂,都是采用机械化、自动化的配料方法了吧。

A:是的。目前常用的配料方法有干式配料、湿式配料。干式配料又广泛采用仓式配料,也称皮带配料或圆盘配料,这种配料方式易于调整配料成分,不受物料粒度的限制。湿式配料多用于采用湿式进料的冶炼厂。

B:常用的配料设备有哪些?

A:堆取料机(图 2.8)、配料仓(图 2.9)、抓斗(图 2.10)、圆盘给料机、皮带运输机(图 2.11)等。

图 2.8　堆取料机

图 2.9　配料仓

配料

图 2.10　抓斗

图 2.11　皮带运输机

抓斗抓料

皮带运输机

2.3.3　干燥

A:另外,精矿等原料中往往水分含量比较高,如果直接进行冶炼将会给生产造成困难,比如使精矿结团失去透气性,造成块料表面焙烧而内部未能完全焙烧,黏结在输送、储存设备中,造成堵塞,因此需要提前进行原料的干燥,将多余水分脱除。

B:这个我能理解,我们天天晒太阳也是一个干燥过程,温度升高水分自然会蒸发。

A:风吹也会使物料失去水分。在对流干燥过程中,干燥介质也就是热气流将热能传至物料表面,再由表面传至物料的内部,这是一个传热过程;而水分在物料内部扩散,透过物料层而到达表面,然后水汽通过物料表面的气膜扩散到热气流的主体中,这是一个传质过程,所以干燥是一个传热和传质相结合的过程。

干燥不发生化学反应,物料为散状固体,产生大量水蒸气。如果干燥介质的温度高、气流速度快、蒸发面积大,那么干燥的速度就会快。工业中使用的干燥设备比较多,比如回转干燥窑、流态化干燥炉，这两个设备其实主要用于焙烧。

B：那么什么是焙烧呢？

A：我们现在就去学习。

2.3.4 烧结与焙烧

A：焙烧和烧结在概念上比较相似，它们都是在一定的气氛中，将精矿加热至低于其熔点的温度，使其发生氧化、还原或其他化学变化的过程，也就是过程中不产生新的熔体相，产物只有焙烧矿（烧结块）和烟气。两者的区别在于焙烧不发生物理形态上的变化，烧结除了化学变化还有结成块状的物理形态的变化。

B：师姐，请你给我解释一下吧。

A：金属的硫化物、碳酸盐通常不适合作为提取金属的原料，因为金属硫化物不能用最普通的碳还原剂来还原。而硫化物、碳酸盐大都不溶于水，因此也不适合用湿法冶金来进行处理。那么如果能把这些精矿转化成容易用碳或氢还原的氧化物，或者是转化成可溶于水或稀硫酸的硫酸盐，那么金属的提取将变得顺利。

所以按照过程中发生的化学反应，焙烧可以分为氧化焙烧、还原焙烧、硫酸化焙烧、氯化焙烧等。火法冶金中最常用的是氧化焙烧，这是一个使精矿在氧化气氛中进行氧化反应，最终生产出氧化物物料的过程。湿法冶金最常用的是氧化焙烧和硫酸化焙烧。比如铅的生产，原矿的主要成分是硫化铅，通过氧化焙烧使硫化铅转变成氧化铅，后续采用还原熔炼的方法就可以获得金属铅。但是要根据还原熔炼使用的设备决定焙烧方式。

B：为什么呢？

A：如果还原熔炼使用的是鼓风炉这样的竖炉，因为它要求入炉物料是块状的，所以就应该采用烧结焙烧，也就是既要让矿中的成分转变为氧化铅，也要让精矿结成块。设备可以使用烧结机（图 2.12）。如果还原熔炼使用的是艾萨炉，那么采用氧化焙烧，不用让精矿结块。

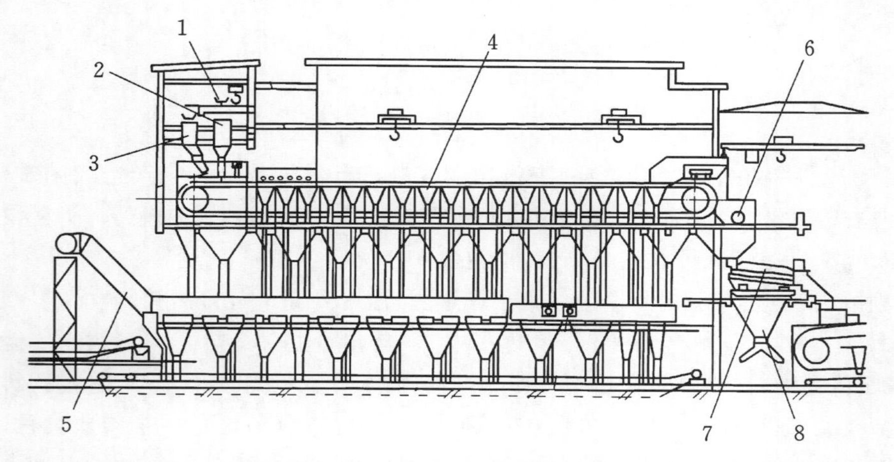

1.送料皮带；2.梭式布料；3.铺底料；4.烧结机构；5.烟气管；6.破碎机；7.热矿振动筛；8.返料斗。

图 2.12　抽风烧结机

带式烧结机
抽风烧结

再比如锌的生产，原矿的主要成分是硫化锌，通过硫酸化焙烧使硫化锌转变成硫酸锌，后续采用湿法冶金提取锌。焙烧可以使用沸腾焙烧炉（图 2.13），这是流态化技术，也就是通过鼓入一定压力的空气使炉内物料在一定高度内像水沸腾一样流动起来，使氧气和固体硫化锌充分接触，让焙烧反应快速进行。

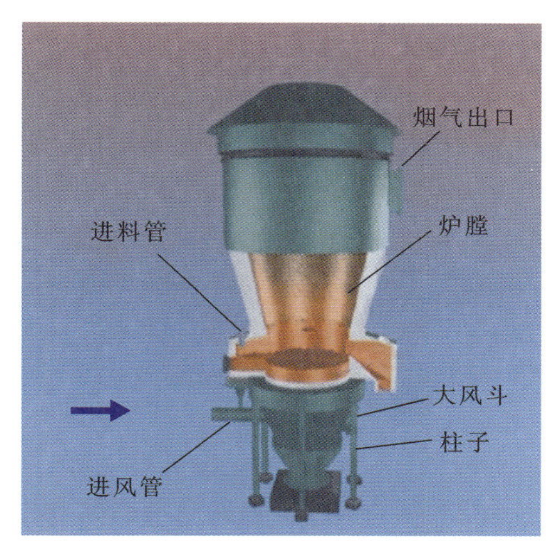

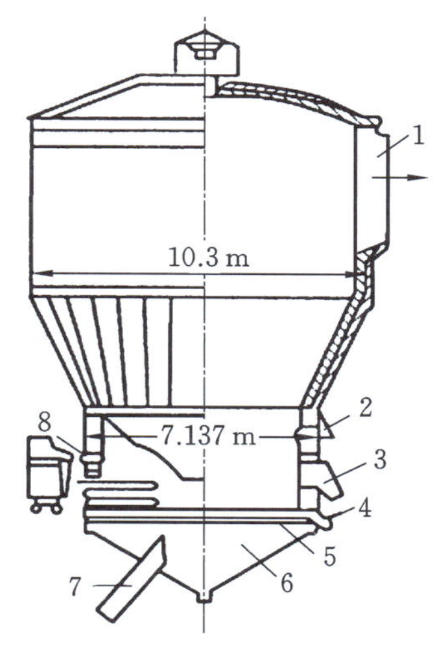

1.排气道；2.烧油嘴；3.焙砂溢流口；4.底卸料口；5.空气分布板；6.风箱；7.进风管；8.加料孔。

图 2.13　沸腾焙烧炉

沸腾炉

2.4 球　团

A：我们之前学习的原料准备工作主要是在有色冶金生产中使用的。在钢铁冶金中，除了通过烧结焙烧使原料氧化铁矿形成块度适宜的烧结块之外，还需要通过球团得到球状矿。它具有粒度均匀、还原性好、强度高等特点，将和烧结矿一并送入到高炉中冶炼。因此球团与烧结是冶金行业中粉矿造块的两种常用工艺。

B：球团就是把精矿粉或其他含铁粉料混合后，通过设备滚动成球，固结成为具有一定强度和冶金性能的球形原料，对吗？

A：对的。球团工艺适合处理细磨精矿，生产出来的成品矿形状更有利于钢铁冶金生产，因为烧结矿是形状不规则的多孔质块矿，而球团矿是形状规则的球（φ 为 10～25mm），有利于增强冶炼生产过程中的透气性。在球团过程无须添加燃料，造块的质量非常高。

B：在炼铁的高炉中需要同时加入烧结块和球团矿，是为了改善炉内的透气性、强化生产过程吗？

A：是的。球团生产包括造球和焙烧工序。造球就是将配好的物料（精矿粉、熔剂等）及返矿混匀，与润湿用的水一同加入到圆盘造球机（制粒机，图 2.14）或者圆筒造球机内，制成生球后用链篦机-回转窑进行焙烧，最终成为具有良好冶金性能的原料供高炉生产使用。

B：造球是什么样的过程？

A:有点像做汤圆。在中国,过元宵节的时候家家户户都要吃汤圆,象征着团圆。做汤圆就是把和好的面不断地滚动揉搓最后形成一个个球形的面团。造球时,圆盘制粒机有一定的工作转速,盘内原料颗粒依靠摩擦力(在滚动中逐渐长大),经点2、3、4的圆形轨迹到点5的位置,然后受重力作用(颗粒本身有重量)离开圆形轨迹中的点5,而成抛物线(从点5滚回至点1)。脱离点5到滚回点1的运动路线越长,成球的直径越大。所以大圆盘造球效果比小圆盘好。

但是当圆盘倾角和直径一定时,圆盘转速过大,物料颗粒的离心力也会大过料粒从点5滚回到点1的重力,料粒就无法从脱离点5滚回到点1,而沿着点6、7、8、1圆形轨迹做离心运动,起不到造球的作用。相反,如果圆盘转速过小,产生的摩擦阻力也小,物料无法由圆盘点1到脱离点5,而在前面点2、3、4处就滚下来了,由于从脱离点到滚回点的路程太短,造球作用也会变小。在生产实践中,圆盘造球机转速采用10.7r/min时造球效果较好。圆盘的倾角、直径和转速对造球效果均有影响。

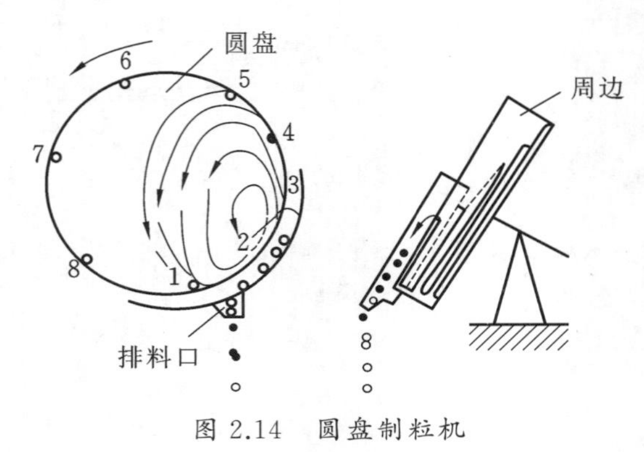

图2.14 圆盘制粒机

圆盘制粒机

B:我理解这个过程了,但是圆盘为什么要有倾角?倾角多少度呢?

A:物料在没有倾角(即水平位置)的圆盘内转动,造球作用是很小的,而如果倾角太大,物料在盘内的停留时间很短,同样也造不出所希望的球来。因此,圆盘倾角是非常必要的,以45°左右为宜。

B:哦,造球过程是连续进行的吗?

A:是的。圆盘制粒机由机座和载于机座上的倾斜圆盘构成,盘上设有喷水装置和刮料板。我们用皮带机把物料送到圆盘上方,将它们连续定量地加入到圆盘中,喷水装置喷出水以保证物料的湿润度,如果物料过干则摩擦系数小,产生的阻力不足以把料粒带至脱离点5,而只能在圆盘点2、3间做慢速滚动,缩小了圆盘的有效造球面积;而如果物料过湿,料粒产生黏结现象,阻力增大,将会跟随圆盘旋转,也起不到滚动造球的作用。工厂实践以含水5%~7%为好。当给料量、直径、倾角、转速、喷水量都一定时,我们还需要一个适宜的圆盘周边高度,造球机的周边越高,物料在盘内滚动的时间长,获得的球虽然大,但制粒效率下降;周边矮,则物料滚动的时间短,造出的球小,生产率上升。一般周边高度以300~500mm为宜。在圆盘内造好的球我们称为“生球”,通过出球口排出。

B:生球接下来就要进行焙烧了吧?

A:对。焙烧是在由链篦机、回转窑和冷却机联合组成的链篦机-回转窑中进行的

(图 2.15)。链篦机安装在衬有耐火砖的室内，蓖条下面有风箱，生球经布料器布在链蓖机上随篦条向前移动，在这个过程中生球被高温废气加热后进入回转窑焙烧。回转窑是一个约有5°倾角的长圆筒，用钢板焊成，内衬耐火砖。生产时球团随着窑体的旋转在窑内滚动，并向排料端移动，高温燃烧气体则由排料端进入，与球团形成逆向运动。窑内温度可达到1300～1350℃。由于回转窑内的球团是在滚动状态下焙烧的，所以受热均匀，焙烧效果良好。将从回转窑排出的热球团矿卸入冷却机进行冷却，温度降到150℃以下，至此球团生产结束。

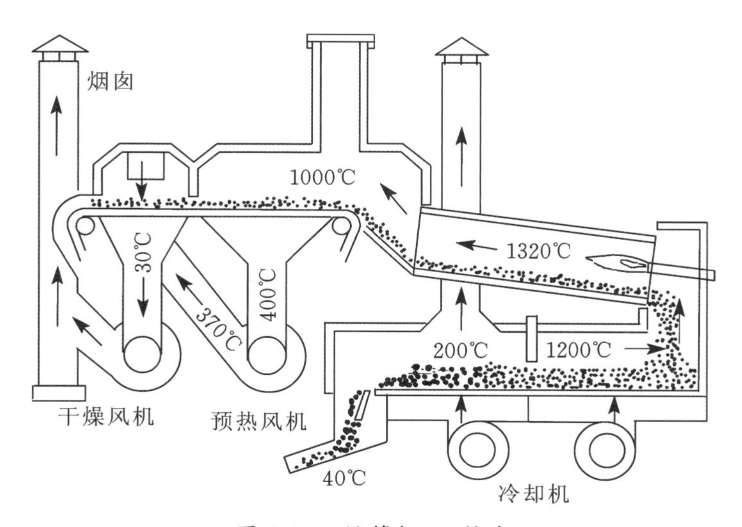

图 2.15　链篦机-回转窑

Task 2 Preparation of Raw Materials

Tasks and requirements: Understand the basic metallurgical processes in raw material preparation; master the general methods and main equipment of ore crushing, grinding, proportioning, drying, sintering (roasting) and pelletizing.

2.1 Technical Terms

Crushing: Refers to a process of crushing large materials into small pieces with an external force.

Screening: Refers to a process of dividing materials into two or more grades by particle size.

Drying: Refers to a process of removing moisture from solid materials with thermal energy.

Conductive drying: Also known as indirect heating drying, with which the heat carrier is usually hot steam that transfers heat energy to the wet material through the metal wall, so that the moisture is vaporized and then taken away by the surrounding airflow.

Convection drying: Also known as direct heating drying, with which the heat carrier is usually hot air that transfers heat energy to wet materials in direct contact by convection.

Radiation drying: Refers to a process that the heat is emitted by the radiator in the form of electromagnetic wave to the surface of wet materials and is absorbed by them and then converted into heat energy, to heat and vaporize the moisture.

Roasting: Refers to a process of placing ores or concentrates in a proper atmosphere and heating them to a temperature lower than their melting points, resulting in chemical changes such as oxidation and reduction.

Calcine: Refers to a powder material obtained in roasting reaction.

Sintering: Refers to a process of heating and roasting the powder ores or concentrates for reactions and solidifying them into blocks.

Sintered block: Refers to the material obtained in sintering process.

2.2 Understanding of "Preparation of Raw Materials"

The metallurgical production is a continuous process, and the products from the previous production process are the raw materials for the next process. From this perspective, each process is used for preparing the raw materials for the next process. However, from the all production processes of a metal, the preparation of raw materials is a preparation process, which means that the materials mixed in the concentrates or in smelting process are processed to some extent, and it is mainly designed to process the materials in advance according to the requirements of the next process. Not only physical methods can be used to change the physical form of materials, but also chemical methods can be used to change their chemical composition. Common processes include crushing, drying, roasting, sintering, calcinating and others.

2.3 Preparation of Materials

2.3.1 Crushing and Grinding of Ores

A: B, what do you do before cooking?

B: Buy vegetables, wash them and prepare all kinds of things needed.

A: Right. Before entering a metal smelting process, there is the preparation of raw materials to ensure that the particle size, moisture and chemical composition of raw materials can meet the requirements of the next process. What we are seeing is crushing, grinding and screening processes.

B: They are relatively simple, that is, crushing large pieces of ores into small pieces or grinding them into small particles with equipment.

A: The crushing process is usually carried out in cooperation with screening process. The materials under the screen is qualified in particle size, while the materials in the screen is unqualified in particle size and then returned to the crusher. The crushing process is a step-by-step process, including coarse crushing, medium crushing and fine crushing. Generally, the coarse crushing is carried out in mines, while the medium crushing and fine crushing are carried out in smelters. The jaw crusher and primary cone crusher are often used for coarse crushing, the standard cone crusher is used for medium crushing, and the short head cone crusher is used for fine crushing.

B: Can the crushed raw materials be delivered for metallurgical production?

A: No. If the particle size of the crushed raw materials still cannot meet the requirements of the furnace, they need to be ground. The crushing and grinding processes are two inseparable stages. The crushing process is used to prepare for the grinding process, while the latter is used to fully separate the valuable minerals and gangues in the ores. The grinding process is usually carried out in coordination with the classifying process in order to separate fine products in time. The common grinding equipment includes ball mill and rod mill with the same principle and different grinding media. The air or flue gas is used as separation medium for classifying, that is, dry classification (air classification); the water can also be used as the separation medium, that is, wet classification. Common classification equipment includes spiral classifier and hydraulic classifier.

In order to ensure high reduction ratio, the crushers, grinding mills, screens and classification equipment suitable for various particle sizes are always connected in series to form a crushing and grinding process.

B: I want to know the specific operating process of crushing and grinding equipment.

A: No problem. Let's learn about all kinds of breaking and grinding equipment (Fig. 2.1- Fig. 2.6).

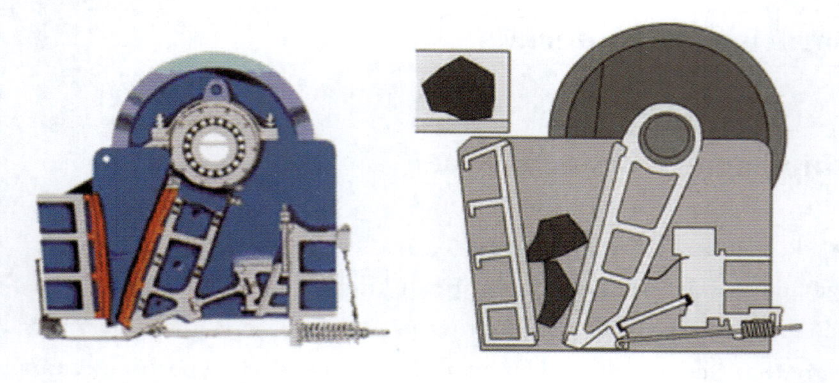

Fig. 2.1 Jaw crusher

Jaw crusher

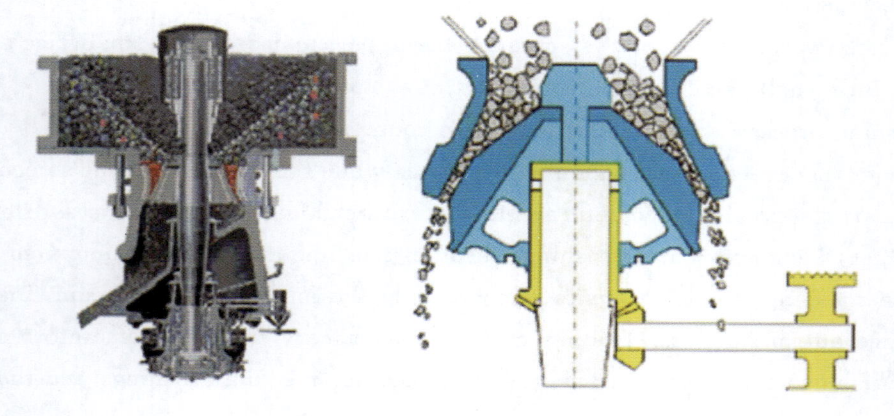

Fig. 2.2 Cone crusher

Cone crusher

Fig. 2.3 Bar screen

Fig. 2.4 Vibrating screen

Linear vibrating screen

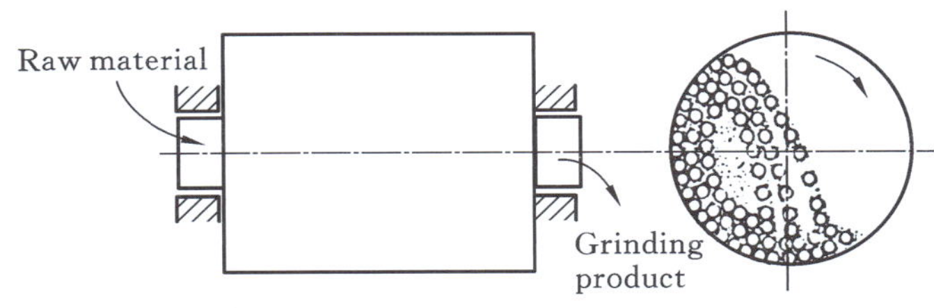

Fig. 2.5 Ball mill

Ball mill

Fig. 2.6 Spiral classifier

B: Based on the above demonstrations, I understand the operating principles of the crushing and grinding equipment.

A: Next, we can learn more visually through this complete production process (Fig. 2.7).

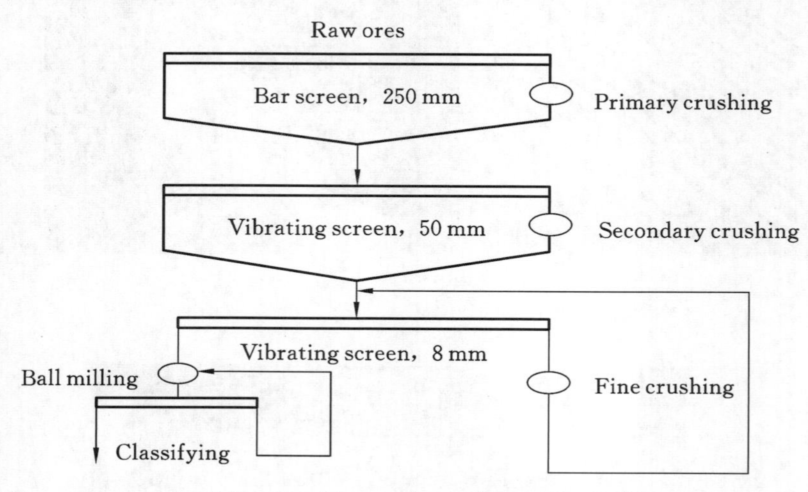

Fig. 2.7 Crushing and grinding process flow

2.3.2 Proportioning

A: The grades and metal contents of ores are different in the crust of different regions, but there are stable composition and lowest cost requirements for metallurgical production. therefore, the proportioning operation is required.

B: Proportioning is to mix the raw materials of mineral from different places together, is it right?

A: Not only that, other auxiliary raw materials, such as limestone and coke ash, may be added for the reactions required in the production process, and they shall also be mixed with the concentrates in advance. Therefore, the proportioning process is designed to mix all kinds of concentrates and materials in a certain proportion based on metallurgical calculation, including the proportioning process of ores and auxiliary materials.

The proportioning process is designed to mix several kinds of ores or concentrates with different compositions evenly according to the requirements, and adjust the contents of main metals and impurities. Proportioning ore is usually the first step of proportioning operation. The proportioning of auxiliary materials is designed to mix all kinds of auxiliary materials (flux, fuel and other returned materials, such as returned slag and dust) needed in metallurgical process into ores or concentrates based on metallurgical calculation, and then mix them evenly for production.

B: Are the mechanized and automatic proportioning methods used in modern metallurgical plants?

A: Yes. At present, the common proportioning methods include dry proportioning and wet proportioning. The dry proportioning is also widely used as warehouse proportioning, also known as belt proportioning or disc proportioning; with this proportioning method, the ingredients are adjusted easily and the particle size of materials is not limited. The wet proportioning is mostly used in smelters with wet feeding.

B: What are the common proportioning equipment?

A: Stacker-reclaimer (Fig. 2.8), proportioning bin (Fig. 2.9), grab (Fig. 2.10), table feeder, belt conveyor (Fig. 2.11), etc.

Fig. 2.8 Stacker-reclaimer

Fig. 2.9 Proportioning bin

Proportioning

Fig. 2.10 Grab

Fig. 2.11 Belt conveyor

Grab grabbing materials

Belt conveyor

2.3.3 Drying

A: In addition, the raw materials such as concentrates often contain higher moisture content, so they are difficult to smelt directly, for example, the agglomeration of concentrates and loss of permeability may result in incomplete roasting the blocks, sticking to transportation and storage equipment and even blockage. Therefore, the raw materials shall be dried in advance to remove excess moisture.

B: It can be understood. The daily sunbathing is also a drying process. When the temperature rises, the moisture will evaporate naturally.

A: The air blowing will also take away the moisture in materials. In the convective drying process, the drying medium, that is, hot air flow, can transfer heat energy to the surface and then the inside of the materials, which is a heat transfer process; while the moisture diffuses from the inside of the materials, permeates the material layer and reaches the surface, and then diffuses into the hot airflow through the air film on the surface, which is a mass transfer process; therefore, the drying process is a heat and mass transfer process.

There is no chemical reaction during drying process, and the materials are bulk solids, in which a lot of water vapor is produced. If the drying medium is at a high temperature, the airflow has a high speed and there is a large evaporation area, the drying speed will be fast. There are many kinds of drying equipment used in industry, such as rotary drying kiln and fluidized drying furnace, which are actually mainly used for roasting process.

B: What is the roasting process?

A: Let's study it now.

2.3.4 Sintering and Roasting

A: The roasting and sintering are similar in concept and they are both processes of heating the concentrates to a temperature below their melting point in a certain atmosphere for oxidation, reduction or other chemical changes, in which, no new melt phase is produced, and the products include only roasted ores (sintered blocks) and flue gas. Their difference is that there is no physical change in roasting process, but there are physical and chemical changes in sintering process.

B: Senior sister, please explain it to me.

A: The metal sulfides and carbonates are usually not used as raw materials for extracting metals, because metal sulfides cannot be reduced by the most common carbon reductant. The sulfides and carbonates are mostly insoluble in water, so they cannot be processed in hydrometallurgy. If these concentrates can be converted into oxides that can be easily reduced by carbon or hydrogen, or sulfates that can be dissolved in water or dilute sulfuric acid, the metals may be extracted smoothly.

Therefore, based on the chemical reactions in the process, the roasting process can be divided into oxidation roasting, reduction roasting, sulfation roasting, chlorination roasting and so on. The oxidation roasting is the most commonly used in pyrometallurgy, which is a process of oxidizing the concentrates in an oxidizing atmosphere and finally producing oxide materials. The oxidation roasting and sulfation roasting are most commonly used in hydrometallurgy. For example, in the production of lead, the main component of raw ores is the lead sulfide, which is transformed into the lead oxide by oxidation roasting process, and then the lead metal can be obtained by reduction smelting process. However, the roasting method shall be based on the equipment used in reduction smelting process.

B: Why?

A: If a shaft furnace such as blast furnace is used in the reduction smelting process, the sintering and roasting processes and a sintering machine (Fig. 2.12) shall be used because the blocky materials are required, in order to not only convert the components of the ores into the lead oxide, but also obtain the blocky concentrates. If an ISA furnace is used in the reduction smelting process, then the oxidation roasting process can be used, and the blocky concentrates are not required.

Another example is the production of zinc. The main component of the raw ores is the zinc sulfide, which is transformed into the zinc sulfate by sulfation roasting, and then the zinc is extracted in hydrometallurgy. A fluidized bed furnace can be used in the roasting process (Fig. 2.13), which is a fluidization technology, that is, the air with a certain pressure is blown, to make the materials boiling like water at a certain height in the furnace, so that the oxygen can fully contact with the solid zinc sulfide for quick roasting reaction.

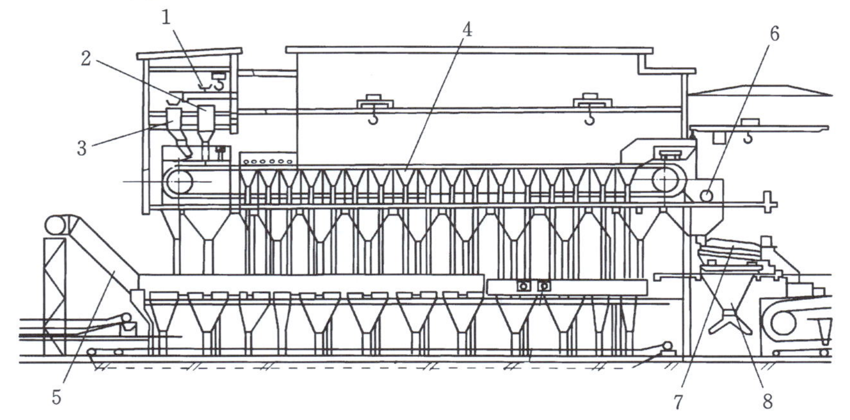

1.Feeding belt; 2.Shuttle distributor; 3.Hearth layer; 4.Sinter mechanism; 5.Flue gas tube; 6.Crusher; 7.Refractory vibrating screen; 8.Return hopper.

Fig. 2.12 Induced draft sintering machine

Belt sintering machine induced draft sintering

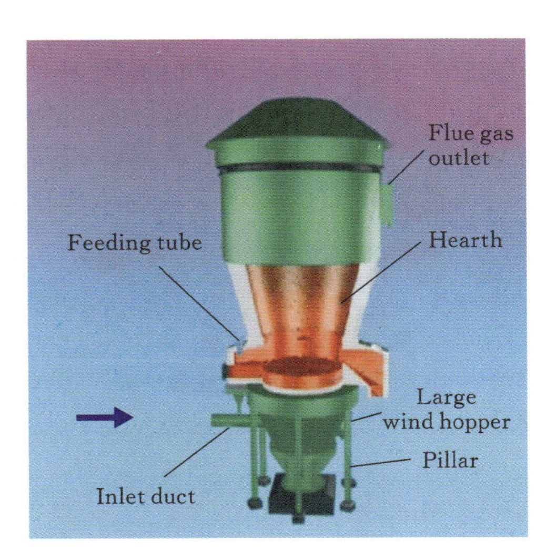

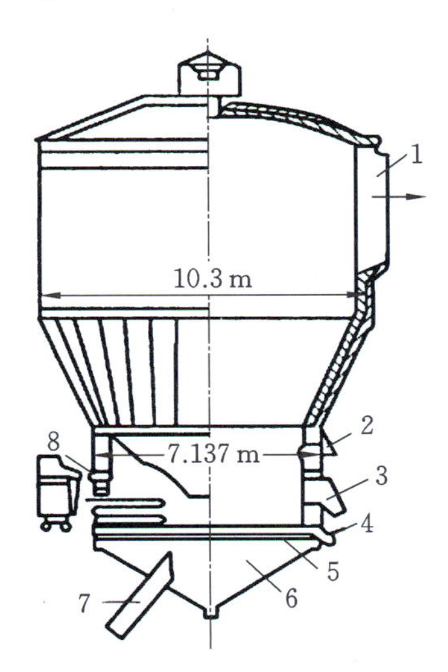

1.Exhaust duct; 2.Burning nozzle; 3.Calcine overflow port; 4.Bottom discharge port; 5.Air dispersion plate; 6.Bellows; 7.Inlet duct; 8.Charging hole.

Fig. 2.13 Fluidized bed furnace

Fluidized bed furnace

2.4 Pelletizing

A: The preparation of raw materials studied above is mainly used in non-ferrous metallurgical production. In iron and steel metallurgy, in addition to sintering and roasting process of making the iron oxide ores into sintered blocks with appropriate size, the pelletizing process is also required to obtain the spherical ores with uniform particle size, good reducibility, high strength and other properties, and they will be fed into the blast furnace for smelting together with the sintered ores. Therefore, the pelletizing and sintering processes are commonly used for pelletizing fine ores in metallurgical industry.

B: The pelletizing process refers to mixing concentrate powder or other iron-containing materials, rolling them into pellets through equipment, and consolidating them into spherical raw materials with certain strength and metallurgical properties. Is it right?

A: Yes. The pelletizing process is suitable for processing fine concentrates, to form the shape of the finished ores that is more conducive to iron and steel metallurgical production, because the sintered ores are porous, blocky and have irregular shapes, while the pelletized ores are regular ball shape (diameter 10 – 25 mm), which is conducive to enhancing the permeability in smelting production. There is no need of fuel in the pelletizing process, and the pelletizing quality is very high.

B: Is it necessary to add sintered blocks and pelletized ores into the blast furnace for ironmaking simultaneously, in order to improve the permeability in the furnace and strengthen the production process?

A: Yes. The pellet production includes pelletizing and roasting processes. The pelletizing process is designed to mix the prepared materials (concentrate powder, flux, etc.) and the returned fine evenly, and add them into the pelletizing disc (Fig. 2.14) or pelletizing drum together with the water to make green pellets, and then roast them in the grate-kiln, to finally obtain the raw materials with good metallurgical properties for blast furnace production.

B: What's the pelletizing process?

A: It's like making glutinous rice balls. In China, the glutinous rice balls are eaten in every family during the Lantern Festival, indicating reunion. Making glutinous rice balls is to roll and knead the mixed glutinous rice flour and finally produce spherical doughs. During pelletizing process, the pelletizing disc is operated at a certain speed, and the raw material particles in the disc along the circular trajectory through Points 2, 3, 4 and 5 under friction force (growing gradually during rolling process) and then are returned to Point 1 under the gravity in a parabola trajectory. The longer the rolling route from Point 5 to Point 1 is, the larger the diameter of the pellet is (Fig. 2.14). Therefore, the pelletizing effect of a large disc is better than that of small disc.

However, when the inclination and diameter of the disc are fixed, if the rotating speed of the disc is too high, the centrifugal force of the material particles will be greater than the gravity to roll the material particles from Point 5 to Point 1, so that they cannot roll from Point 5 to Point 1, but continue the centrifugal motion along the circular trajectory through Points 6, 7, 8 and 1, resulting in pelletizing failure. On the contrary, if the rotating speed of the disc is too low, the friction resistance will be small, and the material will not roll from Point 1 to Point 5, but will roll down at Points 2, 3 or 4; because the distance from the detachment point to the return point is too short, the pelletizing effect will also become smaller. In production practices, the pelletizing effect is better at the rotating speed of 10.7 r/min. The inclination, diameter and rotating speed of the disc all have influence on the pelletizing effect.

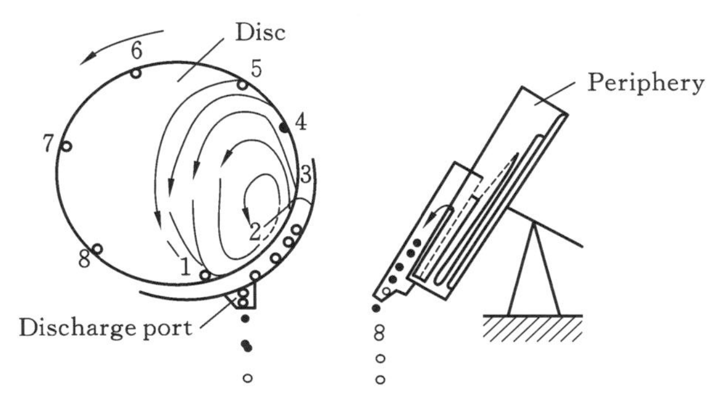

Fig. 2.14 Pelletizing disc

Pelleting disc

B: I understand the process. But, why does the disc have an inclination? What is the inclination?

A: When the material practices roll in a disc without inclination (at horizontal position), the pelletizing effect is very small; however, if the inclination is too large, the material practices can be only maintained in the disc for a short time, and the desired pellets cannot be produced. Therefore, the inclination of the disc is very necessary; generally at about 45°.

B: Oh. Is the pelletizing process continuous?

A: Yes. The pelletizing disc consists of a base and an inclined disc mounted on it, and the disc is provided with a water sprayer and a scraper. A belt conveyor is used to send the materials to the top of the disc, and feed them to the disc continuously and quantitatively. The water from the water sprayer is used to moist the materials. If the materials are too dry, the friction coefficient is small, and the generated resistance is not enough to bring the particles to Point 5, so they can only roll slowly between Points 2 and 3, which reduces the effective pelletizing area of the disc. However, if the material is too wet, the particles may be stuck together, the resistance will increase, the particles will follow the rotation of the disc and will also not play a role in pelletizing process. The water content of 5%-7% is preferred in factory practices. When the feeding amount, diameter, inclination, rotating speed and water spraying amount are all fixed, an appropriate height of the periphery of the disc is required. The higher the periphery of the pelletizing disc is, the longer the materials rolling distance in the disc is, and the larger the pellets obtained are, but the pelletizing efficiency will decrease. The lower the periphery is, the shorter the rolling time of the materials is, the smaller the pellets are, but the pelletizing efficiency will increase. Generally, the peripheral height is taken as 300 – 500 mm. The pellets produced in the disc is called "green pellets" and discharged through the pellet outlet.

B: The green pellets will be roasted next. Is it right?

A: Yes. The roasting process is carried out in a grate-kiln composed of a grate, a rotary kiln and a cooler (Fig. 2.15). The grate is installed in a chamber lined with refractory bricks, and there is a bellows under the grate bar. The green pellets are distributed on grate by a distributor and move forward with the grate bar. In this process, the green pellets are heated with high-temperature waste gas and then fed into the rotary kiln for roasting. The rotary kiln is a long cylinder with an inclination of about 5°, welded with steel plates and lined with refractory bricks. During production process, the pellets roll in the rotary kiln with the rotation of the kiln body and move to the discharge port, and the high-temperature combustion gas is fed from the discharge port to form a reverse movement with the pellets, and the temperature in the kiln can be up to 1,300 – 1,350 ℃. Because the pellets in the rotary kiln are roasted in rolling state, they are heated evenly, to ensure a good roasting effect. The hot pellets from the rotary kiln are discharged into a cooler for cooling to the temperature of below 150 ℃; at this moment, the pellet production is finished.

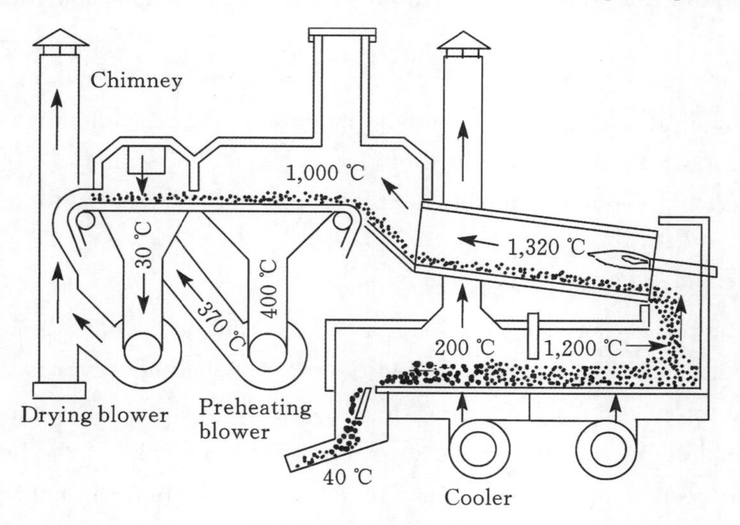

Fig. 2.15 Grate-kiln

Tugas 2 Persiapan Bahan Baku

Tugas dan persyaratan: Memahami proses metalurgi dasar dalam persiapan bahan baku; menguasai metode umum dan peralatan utama untuk pemecahan bijih, penggilingan, penakaran, pengeringan, sintering (pemanggangan), dan pelet.

2.1 Istilah-istilah

Penghancuran: Adalah proses menyerapkan gaya eksternal pada bahan bongkahan besar untuk memecahnya menjadi bongkah-bongkahan kecil.

Penyaringan: Adalah proses membagi bahan menjadi dua atau lebih tingkat sesuai dengan ukuran partikelnya.

Pengeringan: Adalah proses menggunakan energi panas untuk menghilangkan kelembaban dari bahan padat.

Pengeringan konduktif: Juga dikenal sebagai pengeringan dengan pemanasan tidak langsung, media pembawa panasnya biasanya adalah uap panas, yang mentransfer energi panas ke bahan basah melalui dinding logam, sehingga buat kandungan air dalam bahan basah itu menguap, dan uap air terbawa oleh aliran udara di sekitarnya.

Pengeringan konveksi: Juga dikenal sebagai pengeringan dengan pemanasan langsung, media pembawa panasnya biasanya adalah udara panas, yang mentransfer energi panas ke bahan basah yang bersentuhan langsung dengannya secara konveksi.

Pengeringan radiasi: Panas dipancarkan oleh radiator dalam bentuk gelombang elektromagnetik, dan diserap oleh permukaan bahan basah dan kemudian diubah menjadi energi panas, sehingga memanaskan dan menguapkan kandungan airnya.

Pemanggangan: Adalah proses menempatkan bijih atau konsentrat di lingkungan gas yang sesuai dan memanaskannya hingga suhu yang lebih rendah dari titik leburnya untuk mengalami oksidasi, reduksi, atau perubahan kimia lainnya.

Kalsin: Bahan bubuk yang diperoleh setelah pemanggangan dan reaksi.

Penyinteran: Adalah proses memanaskan dan memanggang konsentrat bubuk, buatnya mengalami reaksi sehingga dipadatkan menjadi gumpalan.

Gumpalan sinter: Adalah bahan yang diperoleh setelah penyinteran.

2. 2 Mengenali "Penyiapan Bahan Baku"

Produksi metalurgi merupakan proses yang berkesinambungan. Produk dari proses produksi sebelumnya dimasukkan ke proses berikutnya dan menjadi bahan bakunya. Dari sudut pandang ini, setiap unit proses sebagai proses penyiapan bahan baku untuk unit proses selanjutnya. Namun, jika dilihat dari keseluruhan proses produksi suatu logam, penyiapan bahan baku adalah proses penyiapan bahan yang mengolah konsentrat atau bahan tambahan untuk proses peleburan, tujuan utamanya adalah mengolah bahan terlebih dahulu sesuai dengan persyaratan proses selanjutnya. Proses ini tidak hanya dapat mengubah bentuk fisik bahan melalui metode fisik, tetapi juga dapat mengubah komposisi kimia bahan melalui metode kimia. Unit-unit proses yang umum digunakan meliputi penghancuran, pengeringan, pemanggangan, penyinteran, dan kalsinasi.

2. 3 Penyiapan Bahan

2.3.1 Penghancuran dan Penggilingan

A: B, apa yang kamu lakukan sebelum memasak?

B: Beli sayur, cuci sayur, dan siapkan bahan-bahan yang akan digunakan.

A: Betul. Sebelum memasuki proses peleburan logam, kami juga perlu menyiapkan bahan baku untuk memastikan bahwa ukuran partikel, kadar air, dan komposisi kimia bahan baku dapat memenuhi persyaratan proses selanjutnya. Apa yang kami lihat sekarang adalah proses penghancuran, penggilingan dan penyaringan bijih.

B: Prosespenghancuran dan penggilingan relatif sederhana, yaitu menggunakan peralatan untuk memecahkan bijih bongkahan besar menjadi bongkah-bongkahan kecil atau menggilingnya menjadi pratikel-pratikel kecil.

A: Prosespenghancuran biasanya dilakukan bersamaan dengan proses penyaringan, produk yang berada di lapisan atas memiliki ukuran partikel yang memenuhi syarat, sedangkan yang di lapisan bawah memiliki ukuran partikel yang tidak memenuhi syarat karena terlalu besar. Dan konsentrat yang ukuran partikelnya tidak memenuhi persyaratan akan dikembalikan ke penghancur. Proses penghancuran dilakukan secara bertahap, termasuk penghancuran kasar, penghancuran sedang dan penghancuran halus. Umumnya, penghancuran kasar dilakukan di tambang, sedangkan penghancuran sedang dan penghancuran halus dilakukan di *smelter*. Penghancuran kasar sering mengadopsi penghancur rahang dan penghancur kerucut berputar, penghancuran sedang sering mengadopsi penghancur kerucut standar, dan penghancuran halus sering mengadopsi penghancur kerucut kepala pendek.

B: Apakah bahan baku yang sudah dihancurkan bisa digunakan untuk produksi metalurgi?

A: Jangan terburu-buru. Bahan baku yang sudah dihancurkan perlu digiling lebih lanjut jika ukuran partikelnya masih belum memenuhi persyaratan untuk dimasukkan ke tungku. Penghancuran dan penggilingan adalah dua tahap yang tidak dapat dipisahkan, penghancuran merupakan proses persiapan untuk penggilingan, dan penggilingan sepenuhnya memisahkan mineral berharga dan gangue dalam bijih. Proses penggilingan biasanya dilakukan bersamaan dengan proses klasifikasi untuk memisahkan produk berpartikel halus pada waktunya. Peralatan penggiling yang lebih umum digunakan meliputi *ball mill* dan *rod mill*. Kedua proses ini memiliki prinsip kerja yang sama, cuma media penggilingan yang digunakan berbeda. Klasifikasi dapat menggunakan udara atau gas buang sebagai media pemisahan, yang disebut klasifikasi kering (klasifikasi angin); atau juga dapat menggunakan air sebagai media pemisahan, yang disebut klasifikasi basah. Peralatan yang umum digunakan untuk klasifikasi termasuk pengklasifikasi spiral dan pengklasifikasi hidrolik.

Untuk memastikan rasio reduksi (*reduction ratio*) yang tinggi, pihak pabrik akan menghubungkan peralatan-peralatan penghancur, penggiling, saringan, dan pengklasifikasi yang cocok untuk pengolahan berbagai ukuran partikel secara seri untuk mewujudkan aliran proses penghancuran dan penggilingan.

B: Sayaingin mengetahui cara kerja peralatan penghancur dan penggiling.

A: Tidak masalah, mari kami belajar tentang berbagai peralatan penghancur dan penggiling (Gambar 2.1 hingga Gambar 2.6).

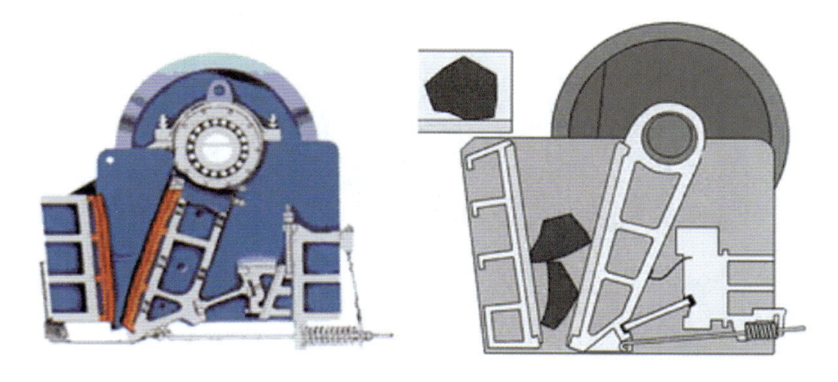

Gambar 2.1 Penghancur rahang

Penghancur rahang

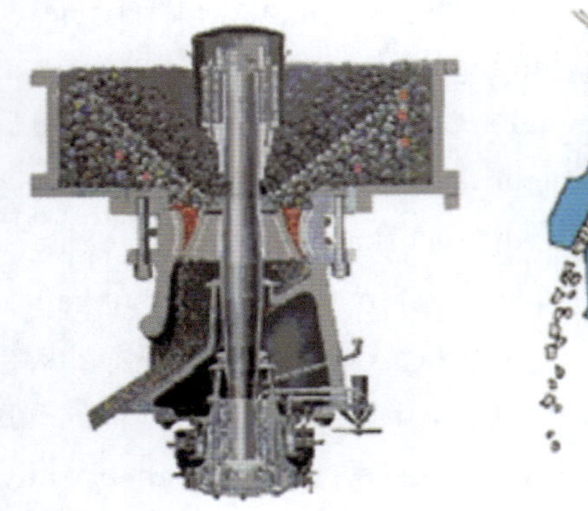

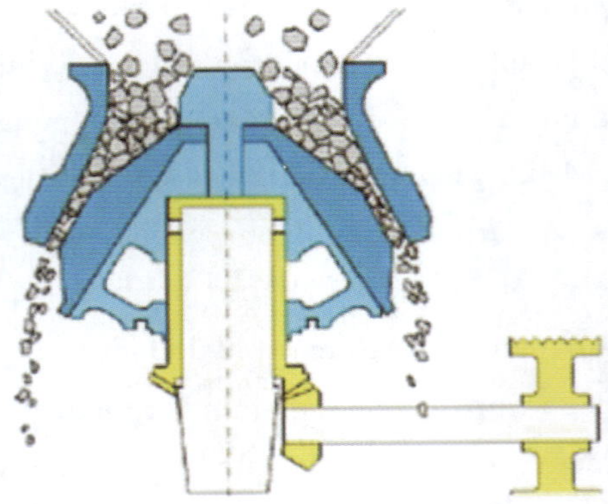

Gambar 2.2　Penghancur kerucut

Penghancur kerucut

Gambar 2.3　Saringan batang (*Bar Screen*)

Gambar 2.4　Saringan getar

Saringan getar linier

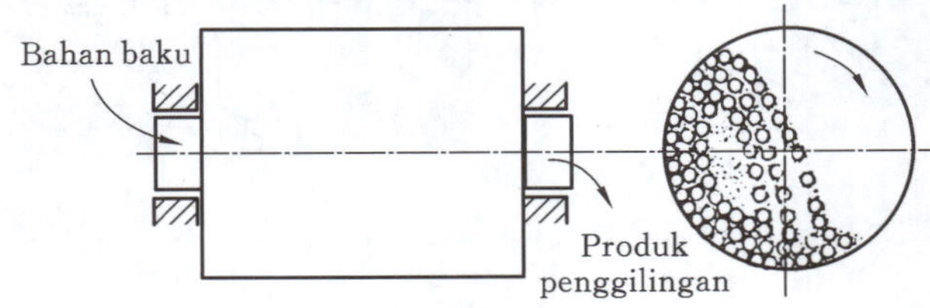

Gambar 2.5　*Ball mill*

Ball mill

Gambar 2.6 Pengklasifikasi spiral

B: Melalui demonstrasi tersebut, saya sudah memahami cara kerja peralatan penghancur dan penggiling.

A: Jadi selanjutnya, mari kami belajar secara lebih intuitif melalui proses produksi yang lengkap berikut ini (Gambar 2.7).

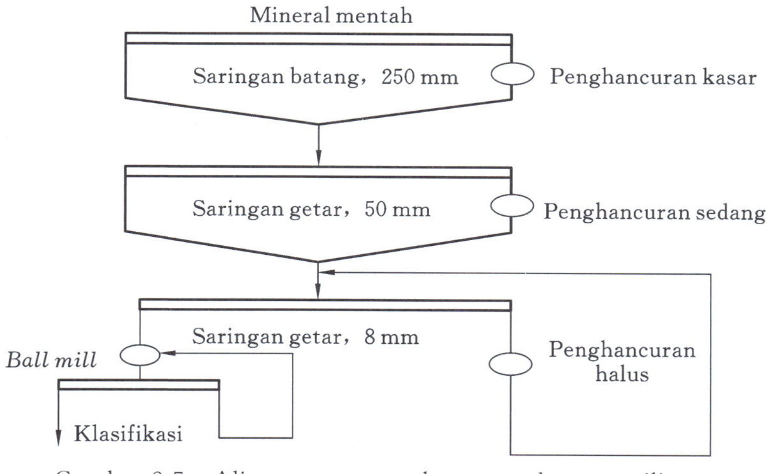

Gambar 2.7 Aliran proses penghancuran dan penggilingan

2.3.2 *Proportioning*

A: Bijih-bijihan di kerak bumi di berbagai daerah memiliki kadar dan kandungan logam yang berbeda, tetapi proses produksi metalurgi membutuhkan bahan baku yang memiliki komposisi yang stabil dan biaya terendah. Jadi kami perlu melakukan operasi *proportioning*.

B: Apakah mencampur mineral mentah yang berasal dari tempat yang berbeda menjadi satu?

A: Tidak hanya begitu. Menurut reaksi yang akan dialami dalam proses produksi, mungkin perlu ditambahkan pula bahan penolong lainnya, seperti batu kapur, abu kokas, yang perlu dicampur dengan konsentrat terlebih dahulu. Oleh karena itu, *proportioning* adalah proses mencampur berbagai konsentrat dan bahan dalam proporsi tertentu melalui perhitungan metalurgi, termasuk *proportioning* bijih dan *proportioning* bahan penolong.

Proportioning bijih adalah proses mencampur beberapa bijih atau konsentrat yang komposisinya yang berbeda secara proporsional dan merata sesuai dengan kebutuhan, sehingga menyesuaikan kandungan logam induk dan pengotor. *Proportioning* bijih biasanya merupakan langkah pertama operasi *proportioning*. *Proportioning* bahan penolong adalah proses memasukkan berbagai bahan penolong yang diperlukan untuk proses metalurgi, seperti fluks, bahan bakar dan bahan pengembalian lainnya (seperti terak yang dikembalikan, asap, dll.) ke dalam bijih atau konsentrat sesuai perhitungan metalurgi, dan kemudian mencampurnya secara merata untuk keperluan produksi.

B: Pabrik metalurgi modern semuanya mengadopsi metode *proportioning* mekanis dan otomatis kan?

A: Ya. Saat ini, metode *proportioning* yang umum digunakan meliputi *proportioning* kering dan *proportioning* basah. Proportioning kering banyak mengadopsi metode *proportioning* silo, juga dikenal sebagai *proportioning* sabuk atau *proportioning* piringan. Metode *proportioning* ini mudah untuk menyesuaikan komposisi produk hasil *proportioning* dan tidak dibatasi oleh ukuran partikel bahan. *Proportioning* basah banyak digunakan di smelter yang mengadopsi umpan basah.

B: Peralatan *proportioning* apa yang umum digunakan?

A: *Stacker-reclaimer* (Gambar 2.8), silo *proportioning* (Gambar 2.9), *grab* (Gambar 2.10), alat pengumpan piringan, konveyor sabuk (Gambar 2.11), dll.

Gambar 2.8 *Stacker-reclaimer*

Gambar 2.9 Silo *proportioning*

Proportioning

Bahan pengangon *grab*

Gambar 2.10 *Grab*

Gambar 2.11 Konveyor sabuk

Konveyor sabuk

2.3.3 Pengeringan

A: Selain itu, kadar air bahan baku seperti konsentrat seringkali relatif tinggi, peleburan langsungnya akan menyulitkan produksi, seperti pempeletan konsentrat akan menyebabkan permeabilitas udaranya hilang, membuat permukaan gumpalan bijih dipanggang tetapi bagian dalamnya tidak, dan akhirnya menempel di dalam alat pengangkutan dan penyimpanan, sehingga menyebabkan alat tersumbat. Oleh karena itu, bahan baku perlu dikeringkan terlebih dahulu untuk menghilangkan kadar air yang berlebih.

B: Saya bisamengerti ini. Seperti kami berjemur di bawah sinar matahari setiap hari, ini juga merupakan proses pengeringan, yaitu air menguap secara alami dengan naiknya suhu.

A: Hembusan angin juga akan membuat bahan kehilangan air. Dalam proses pengeringan konveksi, media pengering, yaitu aliran udara panas akan memindahkan energi panas ke permukaan bahan, dan kemudian dari permukaan bahan ke bagian dalamnya, inilah proses perpindahan panas; sedangkan kandungan air bahan berdifusi dari bagian dalam ke luar dan mencapai permukaan bahan, kemudian uap air melewati film udara di permukaan bahan dan berdifusi ke badan utama aliran udara panas, inilah proses perpindahan massa. Jadi, pengeringan merupakan proses gabungan perpindahan panas dan perpindahan massa.

Selama pengeringan, bahan tidak mengalami reaksi kimia dan berupa padatan curah, dan sejumlah besar uap air dihasilkan. Jika suhu media pengering tinggi, laju aliran udara cepat, dan area penguapan besar, maka laju pengeringan cepat. Ada banyak peralatan pengering digunakan di industri, seperti kiln pengering putar dan tungku pengering terfluidakan. Kedua peralatan ini sebenarnya lebih banyak digunakan untuk pemanggangan.

B: Jadiapa itu pemanggangan?

A: Mari kami belajar sekarang.

2.3.4 Penyinteran dan Pemanggangan

A: Pemanggangan dan penyinteran memiliki konsep yang mirip, semuanya merupakan proses memanaskan konsentrat hingga suhu di bawah titik leburnya di atmosfer gas tertentu untuk menyebabkannya mengalami oksidasi, reduksi atau perubahan kimia lainnya, yaitu tidak menghasilkan produk fase leburan, tetapi hanya menghasilkan bijih terpanggang (gumpalan sinter) dan gas buang.

B: Kak, tolong jelaskan padaku.

A: Umumnya, sulfida dan karbonat logam tidak cocok digunakan sebagai bahan baku untuk ekstraksi logam, karena sulfida logam tidak dapat direduksi dengan agen pereduksi karbon yang paling umum. Dan sebagian besar sulfida dan karbonat tidak larut dalam air, sehingga tidak cocok diolah dengan hidrometalurgi. Jadi jika konsentrat ini dapat diubah menjadi oksida yang mudah direduksi dengan karbon atau hidrogen, atau menjadi sulfat yang bisa larut dalam air atau asam sulfat encer, proses ekstraksi logam akan lancar.

Olehkarena itu, menurut reaksi kimia yang terjadi selama proses tersebut, proses pemanggangan dapat dibagi menjadi pemanggangan oksidasi, pemanggangan reduksi, pemanggangan sulfasi, pemanggangan klorinasi, dll. Pirometalurgi paling umum menggunakan pemanggangan oksidasi, yang merupakan proses di mana konsentrat mengalami oksidasi dalam atmosfer pengoksidasi untuk akhirnya menghasilkan bahan oksida. Hidrometalurgi paling umum menggunakan pemanggangan oksidasi dan pemanggangan sulfasi. Misalnya, untuk proses produksi timbel dengan mineral mentah yang komposisi utamanya adalah timbel sulfida, pemanggangan oksidasi bisa dilakukan untuk mengubah timbel sulfida menjadi timbel oksida, kemudian pemanggangan reduksi diadopsi untuk memperoleh logam timbel. Namun, metode pemanggangan harus ditentukan sesuai dengan peralatan yang digunakan untuk peleburan reduksi.

B: Kenapanya?

Sebabnya, jika tungku poros seperti tungku sembur (*blast furnace*) digunakan untuk peleburan reduksi, karena bahan yang diterima ke dalam tungku diharuskan dalam bentuk bongkahan, maka metode pemanggangan penyinteran (*sintering roasting*) perlu diadopsi, yaitu tidak hanya mengubah komposisi bijih menjadi timbel oksida, tetapi juga menggumpalkan konsentrat, dan peralatan yang dapat digunakan adalah mesin penyinteran (Gambar 2.12). Dan jika tungku ISA digunakan untuk peleburan reduksi, maka pemanggangan oksidasi bisa digunakan tanpa penggumpalan konsentrat.

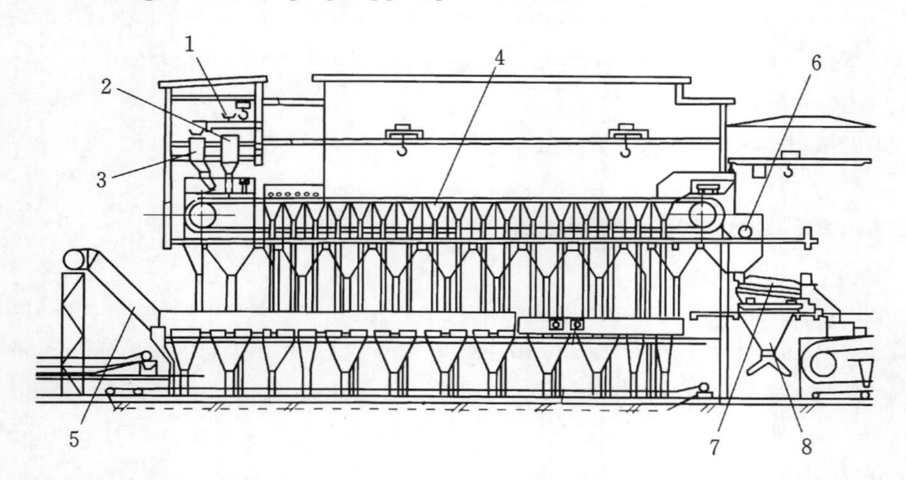

1.Sabuk pengangkut; 2.*Shuttle distributor*; 3.Lapisan *hearth*; 4.Mekanisme sinter; 5.Pipa gas buang; 6.Alat penghancur; 7.Saringan getar tahan api (*refractory vibrating screen*); 8.*Return hopper*.

Gambar 2.12 Mesin penyinteran *induced draft*

Mesin penyinteran sabuk *induced draft*

Contoh lain adalah proses produksi seng dengan mineral mentah yang komposisi utamanya adalah seng sulfida, pemanggangan sulfasi bisa dilakukan untuk mengubah seng sulfida menjadi seng sulfat, kemudian hidrometalurgi diadopsi untuk mengekstraksi seng. Peralatan pemanggangan yang digunakan dapat adalah tungku *fluidized bed* (Gambar 2.13), yang mengadopsi teknologi fluidisasi, yaitu dengan meniupkan udara bertekanan tertentu agar bahan-bahan yang ada di dalam tungku mengalir seperti air mendidih pada ketinggian tertentu, sehingga oksigen dan padatan seng sulfida berkontak sepenuhnya, dan memungkinkan reaksi pemanggangan berjalan dengan cepat.

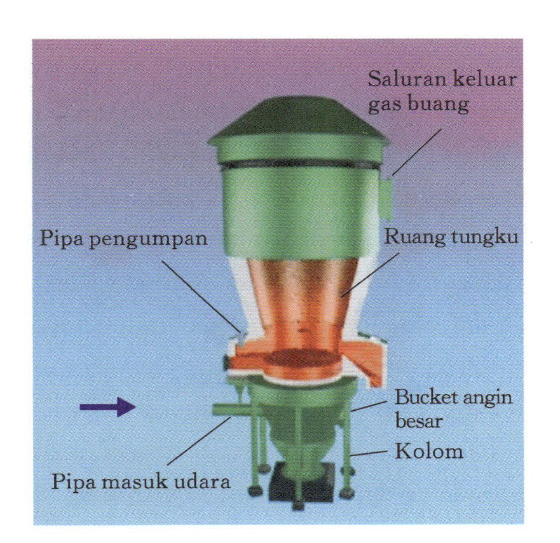

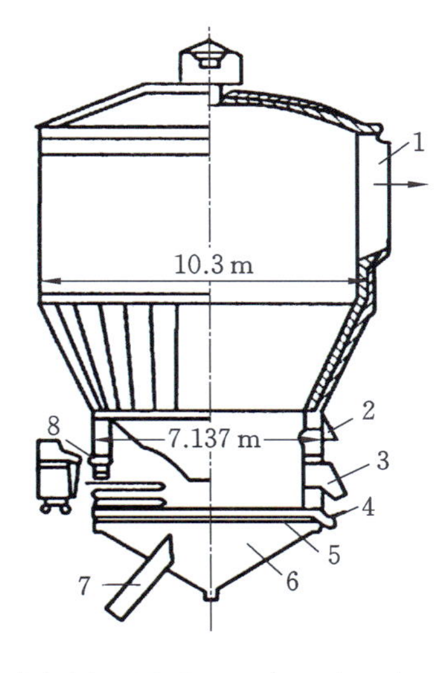

Tungku *fluidized bed*

1.Saluran gas buang; 2.Nosel pembakar; 3.Lubang pelimpah kalsin; 4.Lubang pelepas bawah; 5.Pelat distribusi udara; 6.Kotak angin; 7.Pipa masuk udara; 8.Lubang pengumpan.

Gambar 2.13 Tungku *fluidized bed*

2.4 Pempeletan Pelet

A: Pekerjaan persiapan bahan baku yang kami pelajari sebelumnya terutama digunakan dalam produksi metalurgi non-ferro. Tetapi untuk metalurgi besi dan baja, selain melakukan pemanggangan penyinteran pada bahan baku bijih besi oksida untuk membentuk gumpalan sinter dengan ukuran yang sesuai, juga diperlukan proses pempeletan untuk mendapatkan pelet bijih berbentuk bola, yang dicirikan dengan ukuran partikel yang seragam, kemampuan reduksi yang baik, kekuatan tinggi, dll, dan akan dikirim ke tungku sembur untuk dilebur bersama dengan sinter. Oleh karena itu, pempeletan dan penyinteran adalah dua proses yang umum digunakan untuk penggumpalan bijih halus dalam industri metalurgi.

B: Pelet adalah bahan mentah berbentuk bola dengan kekuatan dan sifat metalurgi tertentu yang digumpalkan dari campuran bubuk konsentrat atau bahan lain yang mengandung bubuk besi digulungkan menjadi bola melalui peralatan, kan?

A：Benar. Proses pempeletan cocok untuk mengolah konsentrat yang digiling halus，dan bentuk bijih produk jadi yang dihasilkan lebih kondusif untuk produksi metalurgi besi dan baja，karena sinter adalah bijih bongkahan berpori dengan bentuk tidak teratur，sedangkan pelet berbentuk teratur（*diameter* 10－25 mm），yang bermanfaat untuk meningkatkan permeabilitas udara selama proses produksi peleburan.

B：Apakah tujuan penambahan gumpalan sinter dan pelet secara bersamaan ke tanur tinggi pembuatan besi adalah untuk meningkatkan permeabilitas udara di tungku dan memperkuat proses produksi?

A：Ya. Produksi pelet meliputi proses pempeletan dan pemanggangan. Pempeletan adalah proses mencampur bahan yang sudah disiapkan（bubuk konsentrat，fluks，dll.）dan bijih yang dikembalikan，dan menambahkannya ke *pelletizing drum* atau *pelletizing disc*（Gambar 2.14）bersama dengan air kegunaan pembasahan，setelah dibuat menjadi pelet-pelet mentah（*green pellet*），mereka dipanggang dengan *grate-kiln*，dan akhirnya menjadi bahan baku dengan sifat metalurgi yang baik untuk digunakan dalam produksi tanur tinggi.

B：Bagaimana proses pempeletan pelet?

A：Proses pempeletan pelet seperti membuat Tang Yuan（bola-bola tepung ketan）. Di Tiongkok，selama Festival Lentera（atau Yuan Xiao Jie），setiap rumah tangga makan Tang Yuan yang melambangkan reuni. Pembuatan Tang Yuan adalah menggulung dan memutar tepung yang telah dicampur dengan air secara terus menerus hingga membentuk adonan yang bulat. Saat membuat pelet，*pelletizing disc* berjalan pada kecepatan kerja tertentu，dan partikel-partikel bahan baku dalam piringan menuju ke posisi titik 5 melalui lintasan melingkar dari titik 2，3 dan 4 dengan mengandalkan gaya gesek（membesar saat bergulir），lalu meninggalkan titik 5 dalam lintasan melingkar di bawah aksi gravitasi（partikel itu sendiri memiliki berat），sehingga membentuk parabola（berguling kembali dari titik 5 ke titik 1）. Semakin panjang lintasan berguling kembali dari titik 5 ke titik 1，diameter pelet yang terbentuk akan semakin besar. Oleh karena itu，piringan besar memilik efek pempeletan yang lebih baik daripada piringan kecil.

Namun，ketika sudut kemiringan dan diameter piringan konstan，jika kecepatan putaran piringan terlalu tinggi，gaya sentrifugal partikel-partikel bahan akan lebih besar daripada gaya gravitasi untuk partikel-partikel bahan berguling kembali dari titik 5 ke titik 1，maka partikel-partikel bahan tidak dapat berguling kembali dari titik terlepas 5 ke titik 1，tetapi melakukan gerakan sentrifugal sepanjang lintasan melingkar dari titik 6，7，8，dan 1，sehingga efek pempeletan gagal. Sebaliknya，jika kecepatan putaran piringan terlalu kecil，hambatan gesek yang dihasilkan juga kecil，sehingga bahan tidak dapat berpindah dari titik 1 ke titik terlepas 5，tetapi terjatuh dari titik 2，3 dan 4 sebelumnya，dan karena jarak dari titik terlepas ke titik pengembalian terlalu pendek，efek pempeletan juga gagal. Dalam praktik produksi，efek pempeletan lebih baik bila kecepatan *pelletizing disc* adalah 10，7 rpm. Dan sudut kemiringan，diameter dan kecepatan rotasi piringan semuanya berpengaruh pada efek pempeletan pelet.

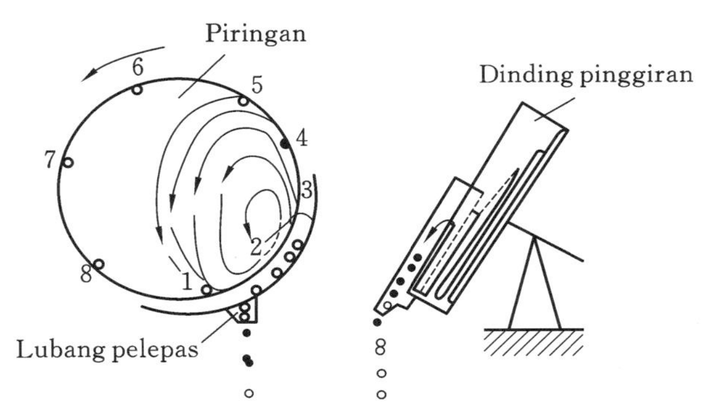

Gambar 2.14 *Pelletizing disc*

Pelletizing disc

B: Saya mengertilah proses itu, tetapi kenapa piringan itu memiliki sudut kemiringan? Dan berapa besar sudut kemiringannya?

A: Jikabahan berputar dalam piringan yang tidak miring (yaitu horizontal), efek pempeletan sangat kecil. Namun, jika sudut kemiringan terlalu besar, waktu tinggal bahan dalam piringan sangat singkat, pelet yang diinginkan juga tidak dapat diproduksi. Oleh karena itu, sudut kemiringan piringan sangat diperlukan, dan umumnya adalah sekitar 45°.

B: Oh begitu, jadi apakah proses pempeletan dilakukan secara terus menerus?

A: Ya.*Pelletizing disc* terdiri dari alas dan piringan miring di atasnya, dan piringan dilengkapi dengan alat penyemprot dan pengikis. Kami mengirim bahan dengan konveyor sabuk ke bagian atas piringan, dan menambahkannya ke piringan secara kuantitatif dan terus menerus. Alat penyemprot menyemprotkan air agar memastikan kelembapan bahan. Jika bahan terlalu kering, koefisien gesek agak kecil, dan hambatan yang dihasilkan tidak cukup untuk membawa pelet-pelet bahan ke titik terlepas 5, tetapi hanya dapat bergulir perlahan-lahan antara titik 2 dan 3, yang mengurangi area pempeletan piringan yang efektif; dan jika bahan terlalu basah, pelet-pelet akan menempel dan hambatan akan meningkat, sehingga pelet-pelet hanya berputar mengikuti piringan dan tidak bergulir, efek pempeletan gagal. Menurut praktik di pabrik, kadar air bahan lebih baik adalah 5%–7%. Ketika jumlah umpan, diameter, sudut kemiringan, kecepatan rotasi, dan jumlah penyemprotan air semuanya konstan, dinding pinggiran piringan dengan ketinggian yang sesuai juga diperlukan. Semakin tinggi dinding pinggiran, semakin lama waktu untuk bahan bergulir di dalam piringan, dan semakin besar pelet yang diperoleh, tetapi semakin rendahnya efisiensi pempeletan; sebaliknya, semakin rendah dinding pinggiran, semakin pendek waktu bergulir bahan, semakin kecil pelet yang dihasilkan, dan semakin tingginya produktivitasnya. Umumnya, ketinggian dinding pinggiran lebih baik antara 300 – 500 mm. Pelet-pelet yang dibuat dalam piringan disebut "pelet mentah", yang akan dikeluarkan melalui lubang pelepas.

B: Apakah pelet-pelet mentah itu akan dipanggang selanjutnya?

A: Ya. Pemanggangan dilakukan di *grate-kiln* yang terdiri dari *grate*, kiln putar, dan alat pendingin (Gambar 2.15). *Grate* rantai dipasang di ruang yang dilapisi dengan batu bata tahan api, dan memiliki kotak angin di bawah bar-bar *grate*. Pelet-pelet mentah dimuat ke *grate* rantai melalui distributor, kemudian bergerak maju seiring dengan bar-bar *grate*. Selama proses ini, pelet-pelet mentah dipanaskan oleh gas buang bersuhu tinggi lalu masuk ke kiln putar untuk dipanggang. Kiln putar adalah silinder panjang dengan sudut kemiringan sekitar 5°, yang dilas dengan pelat baja dan dilapisi dengan batu bata tahan api. Selama produksi, pelet-pelet bergulir di dalam kiln seiring badan kiln dan bergerak ke ujung pelepasan. Gas hasil pembakaran yang bersuhu tinggi masuk dari ujung pelepasan dan melakukan gerakan berlawanan arah dengan pelet. Suhu di kiln bisa mencapai 1.300 – 1.350 ℃. Karena pelet-pelet di kiln putar dipanggang dalam keadaan bergulir, sehingga dipanaskan secara merata dan tercapainya efek pemanggangan yang bagus. Pelet-pelet panas yang dilepas dari klin putar dimasukkan ke alat pendingin untuk pendinginan, sehingga suhunya turun di bawah 150 ℃, demikian proses pempeletan berakhir.

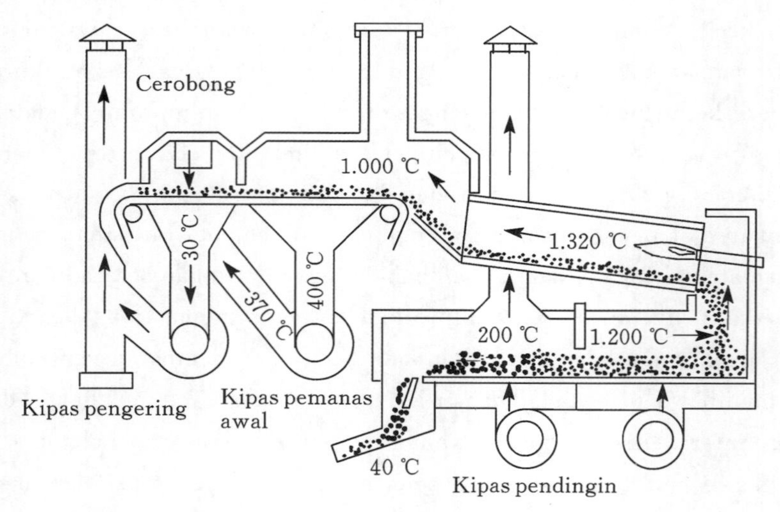

Gambar 2.15 *Grate-kiln*

任务 3 熔炼与精炼

任务及要求：掌握不同熔炼的基本过程、一般方法和主要设备；掌握火法精炼的基本过程，学习粗铅、粗铜火法精炼的一般方法和主要设备；了解氧势图。

3.1 专业名词

锍：金属硫化物的共熔体，也称为冰铜。如铜锍的主要成分是 Cu_2S 和 FeS，低镍锍的主要成分是 Ni_3S_2、Cu_2S 和 FeS。

还原熔炼：高温下利用能与金属氧化物中的氧结合的还原剂，除去金属氧化物中的氧，从而获得粗金属的过程，是还原反应在冶金中的应用。

间接还原：用 CO 或 H_2 做还原剂，生成的气体产物是 CO_2 或 H_2O 的还原反应。

直接还原：用固体 C 做还原剂，生成的气体产物是 CO 的还原反应。

金属热还原：用 Si、Al 等金属做还原剂的还原反应。

氧化熔炼：在氧化剂的作用下，金属中的杂质元素生成相应氧化物进入炉渣或以气态氧化物形式排出，获得粗金属的过程。

氧势：体系中氧气的相对化学位，称为氧势。可以用来比较氧化气氛的强弱。

硬头：是锡精矿还原熔炼的产物，其成分主要为锡与铁，有的含砷较多。

精炼：对熔炼得到的粗金属进一步去除杂质，并回收其中有价元素的过程。

氧化精炼：利用氧化剂，将粗金属中的杂质进行氧化造渣或氧化挥发除去。

硫化精炼：向熔融的粗金属中加入硫或硫化物，使杂质生成硫化物而被除去。

氯化精炼：通入氯气或加入氯化物使杂质形成氯化物而与主金属分离的精炼方法。

碱性精炼：向粗金属熔体加入碱，使杂质氧化与碱结合成渣而被除去的精炼方法。

精馏精炼：利用物质沸点不同交替进行多次蒸发和冷凝，除去杂质的精炼方法。

真空精炼：在低于或远低于常压的条件下脱除粗金属中杂质的精炼方法。

熔析精炼：利用杂质单质或其化合物在主金属中的溶解度随温度变化的性质，通过改变温度将其脱除的精炼方法。

区域精炼：是通过感应线圈产生热量使金属棒料从一端到另一端逐步加热熔化并凝固，利用凝固时溶质在液相中富集（偏析）使棒料中的溶质向先熔化的一端富集从而使另一端获得纯度较高金属的精炼方法。

3.2 熔 炼

3.2.1 认识“熔炼”

熔炼是火法冶金中最重要的单元过程，几乎所有重金属以及铁的生产都是先通过熔炼的方法生产出粗金属，然后再进行精炼。按照生产过程中发生的主要反应类型的不同，熔炼可以分为造锍熔炼、氧化熔炼、还原熔炼。

3.2.1.1 造锍熔炼

A：造锍熔炼主要用在金属铜、镍的生产中，入炉物料包括金属硫化精矿和造渣用的熔剂，熔炼之后得到冰铜、炉渣和烟气三种产物。

B：锍是金属硫化物的共熔体，它和金属熔体、渣都不一样，在密度、成分、主要性质上都有区别。一定不能混淆。

A：造锍熔炼能够进行依据的是 Cu—S 亲和力小于 Fe—S 亲和力，而 Cu—O 亲和力大于 Fe—O 亲和力。

硫化铜精矿中，FeS 被部分氧化，得到的 FeO 与 SiO_2 等脉石成分造渣。被氧化的 Cu_2O 由于 FeS 的存在也会形成高温下稳定的 Cu_2S，进一步与没有被氧化的 FeS 结合形成铜锍(铜冰铜)。

造锍熔炼得到的主要产物锍，一般要经过吹炼使其进一步氧化或进行其他处理步骤才能得到金属。因此锍是熔炼过程的中间产物，但是它对熔炼的顺利进行有很大影响。

B：工业产出的铜锍主要成分是 Cu、Fe、S，还含有少量 Ni、Co、Pb、Zn、Sb、Bi、Au、Ag 等杂质，这些杂质可被氧化，比如 Fe 除了以 FeS 形态存在外，还可以 FeO、Fe_3O_4 等形态存在。

A：是的。我们除铁，就是要将其氧化为 FeO 与 SiO_2 造渣形成 $2FeO \cdot SiO_2$(铁橄榄石)除去，如果熔体中的 SiO_2 不够，我们还会单独加入以促进反应的进行，这在吹炼过程中体现得更为具体。因此造锍炉渣中会集了优先氧化的 FeO、精矿和熔剂中的脉石(SiO_2、Al_2O_3、CaO 等)以及精矿中的杂质元素，而挥发元素及 SO_2 则富集在烟尘中排出炉外。

铜锍有两个特别突出的性质：它是贵金属的捕集剂，因为其中的 Cu_2S 和 FeS 对 Au、Ag 都具有溶解作用，贵金属将一直跟随金属铜的流向直到电解精炼过程，最后通过电化学而分离开来；熔融冰铜遇潮会爆炸，这在生产中一定要特别注意，含有熔融冰铜的炉内不能加入受潮物料。

3.2.1.2 氧化熔炼

A：氧化熔炼在冶金工业中的应用非常广，有色金属硫化铅的直接熔炼、铜锍的吹炼、黑色金属铁吹炼成钢都可以归属到这一过程。

对于有色金属铅的冶炼来说，传统的烧结-鼓风炉还原熔炼法将氧化、还原两个过程分别放在两台设备中进行，存在许多难以克服的弊端。为了降低能耗、减少环境污染、提高生产效率和降低生产成本，工厂对冶炼过程的要求越来越严格，这种传统方法受到严峻挑战。现代炼铅方法是一种利用硫化精矿的化学活性和氧化热，不经过烧结焙烧直接氧化生产出金属铅的熔炼法，使化学反应和熔化过程都能快速进行。

B：直接氧化炼铅就是发生了 $PbS+O_2 = Pb+SO_2$ 吗？

A：是的，但不完全是。在冶金生产中一是利用了工业氧气，二是采用了能强化过程的冶金设备，从而使金属硫化物受控进行氧化熔炼的工业应用成为可能。PbS 要氧化生成金属铅有两种主要途径：①PbS 直接氧化生成金属铅（较多发生在冶金反应器的炉膛空间内）；②PbS 与 PbO 发生交互反应（$PbS+2PbO = 3Pb+SO_2$）生成金属铅（较多发生在反应器熔池中）。要得到 Pb 就要尽可能氧化脱除硫，那么就不可避免地会生成更多 PbO，而这又将导致 Pb 在渣中的损失增大，因此在操作上控制合理的氧料比成为直接熔炼的关键。

B：就是说直接熔炼生产铅，同时获得含硫低的粗铅和含铅低的炉渣是很难的。

A：对。目前直接炼铅都是在高氧势下进行氧化熔炼，产出含硫合格的粗铅，同时得到含铅高的炉渣，这种渣中 PbO 含量可能达到 40%～50%，因此必须再进行还原，以提高铅的回收率。

B：所以直接炼铅法的基本工艺思路应该是先将硫化矿直接氧化熔炼，获得金属铅和高铅渣，再对高铅渣进行还原熔炼，与得到的金属铅合并一起送往下一个单元过程，对吗？

A：对。硫化铅精矿直接熔炼的方法可分为两类。一类是把精矿喷入灼热的炉膛空间，在悬浮状态下进行氧化熔炼，然后在沉淀池进一步进行反应和澄清分离，如基夫赛特法。这种熔炼反应主要发生在炉膛空间的熔炼方式称为闪速熔炼。另一类是把精矿加入到鼓风翻腾的熔体中进行熔炼，如 QSL 法（氧化底吹炼铅法）、水口山法、奥斯麦特法和艾萨法等。这种熔炼反应主要发生在熔池内的熔炼方式称为熔池熔炼。

下面我们来学习铜锍的吹炼，它也属于氧化熔炼过程。

B：上次我们学习了造锍熔炼，在铜的火法冶金生产工艺中，得到的铜锍就送到吹炼过程吗？

A：是的。造锍熔炼产出的铜锍品位通常为 30%～65%，Cu_2S、FeS 两种硫化物在吹炼的氧化气氛下，氧化趋势及先后顺序是铁优先于铜。也就是说要等铜锍中的铁基本上全部氧化并与加入的熔剂石英（SiO_2）造渣之后，Cu_2S 才开始大量氧化生成 Cu_2O，并与未氧化的 Cu_2S 发生交互反应产出粗铜，具体反应是 $Cu_2S+3/2O_2 = Cu_2O+SO_2$，$Cu_2S+2Cu_2O = 6Cu+SO_2$。

B：那就是先造渣除铁再造铜。

A：是的。铜锍吹炼分为两个阶段：第一阶段称为造渣期，产物为白冰铜；接着在同一设备（卧式转炉）里进行第二阶段的造铜期，得到最终产物粗铜。过程的温度通常控制在 1150～1300℃之间。

B：明白了。那么铁水的吹炼又是怎样的？

A：我们要获得合格的钢，需要通过氧化熔炼使铁水中的 C、Si、Mn、P 等杂质元素与氧结合生成氧化物，再以炉气或渣的形式除去。炼钢过程中的氧化反应主要在炉渣、钢水间界面上进行，各种元素的氧化方式有两种：直接氧化和间接氧化。

直接氧化：气相中的氧与金属直接发生反应。

间接氧化：以溶解的氧原子的形式去氧化其他元素。气相中的氧先氧化 Fe 生成 FeO，然后渣中的 FeO 扩散并溶解于金属中。其后，熔渣中存在的 FeO 一方面作为氧化剂，去氧化从铁液扩散到熔渣、铁液界面上的元素，另一方面以溶解氧原子的形式去氧化铁液中的元素。

B：那要怎么判断哪种元素优先被氧化呢？

A：我们可以通过氧势图（图 3.1）来分析。总的来说，直线位置越低，对应反应的标准生成吉布斯自由能（$\Delta_f G_m^\ominus$）越小，其氧化物 MeO 越稳定，该元素越容易被氧化。

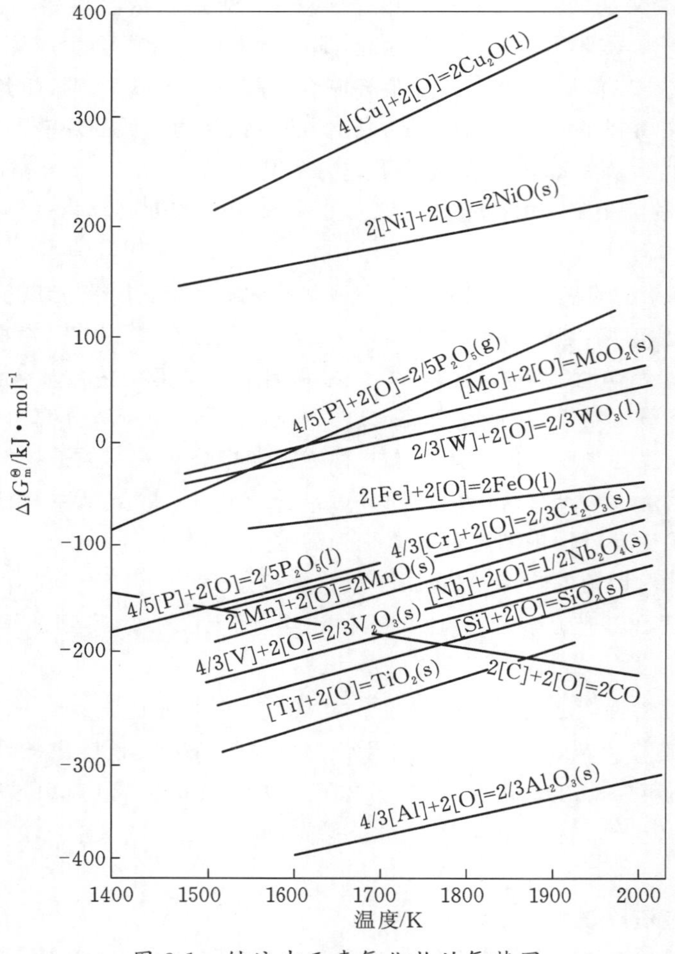

图 3.1　铁液中元素氧化物的氧势图

因为 FeO 是炼钢熔池内的主要氧化剂，所以通过比较 FeO 和其他元素氧化物氧势线的相对位置，可以确定：①在 FeO 氧势线以上的元素，如 Cu、Ni、W、Mo 等基本上不能氧化，如果它们不是炼钢产品所需的合金元素，则应在选配料中加以剔除；②在 FeO 氧势线以下的元素理论上均可被氧化；③直接氧化较间接氧化更易进行，因为它们的标准生成吉布斯自由能最小。

炼钢吹炼常用设备为氧气顶吹转炉，是一种立式转炉。

3.2.1.3　还原熔炼

A：对于有色金属锡、黑色金属铁这类以氧化矿为主要原料的冶金生产，还原熔炼是关键的单元过程。它们的主要目的都是利用还原剂将原料中的金属还原出来。工业中常使用的是碳质还原剂，如无烟煤、烟煤、焦炭，其中的固定碳含量较高为好。但是 B，你发现没有，这些还原剂同时还是燃料，能够提供热量。

B：是啊，还原熔炼过程的生产温度一般在 1300℃ 左右，需要外加热量才能维持反应的进行。

A：碳质燃料作为发热剂和还原剂时，其主要成分是 C，若使用煤气作为燃料时，其主要成分还有 H_2。对于燃料燃烧，基本反应有：

$C+O_2 = CO_2$（碳的完全燃烧反应）

$2C+O_2 = 2CO$（碳的不完全燃烧反应）

$2CO+O_2 = 2CO_2$（CO 的燃烧反应）

$C+CO_2 = 2CO$（碳的气化反应或布多阿尔反应）

$2H_2+O_2 = 2H_2O(g)$（H_2 的燃烧反应）

我们可以看出，除了 C、H_2 的还原作用外，燃烧产生的 CO 也是一种还原剂。实际生产中碳的气化反应是用碳作还原剂时冶金过程中最主要的反应，因此在金属氧化物的还原过程中 CO 起到了主要作用。

B：我们可不可以同样用亲和力的概念来理解还原熔炼过程？

A：可以的。在冶金专业中，亲和力实际上就是反应的标准吉布斯自由能变（$\Delta_r G_m^\ominus$），还原剂通过夺取氧形成氧化物，而金属氧化物失去氧则变为金属或低价金属氧化物。在锡的生产中，原料为锡石（SnO_2）。为了获得黏度小、密度小、流动性好、熔点适当的炉渣以便于更好地完成锡的还原和渣锡的分离，配料时通常还会加入熔剂石英或石灰石，产出甲粗锡、乙粗锡、硬头和炉渣。甲粗锡和乙粗锡除主要含锡外，还有铁、砷、铅、锑等杂质，必须进行精炼才能产出不同等级的精锡。

而在高炉炼铁中，配料时也需要加入熔剂（CaO、MgO）以获得良好的渣型。铁矿石中铁氧化物存在的形式主要是 Fe_2O_3、Fe_3O_4、FeO，它们的还原是由高价向低价逐级转化完成的。在温度低于 570℃ 时，按照 $Fe_2O_3 \rightarrow Fe_3O_4 \rightarrow Fe$ 顺序进行，在温度高于 570℃ 时，按照 $Fe_2O_3 \rightarrow Fe_3O_4 \rightarrow FeO \rightarrow Fe$ 顺序进行。炼铁温度一般在 1300℃ 以上。

B：我认为炼铁过程中气态 CO 更容易与原料充分接触，它应该是主要还原剂。

A：是的。在高于 1000℃ 时，CO_2 全部转变为 CO，还原时除了铁之外，杂质元素 Mn、P、Si 也会被还原进入铁水（生铁），需要进一步精炼后才能得到钢。

3.2.2　熔炼设备

（1）闪速炉（图 3.2）可用于造锍熔炼（如铜冶炼）或氧化熔炼过程。

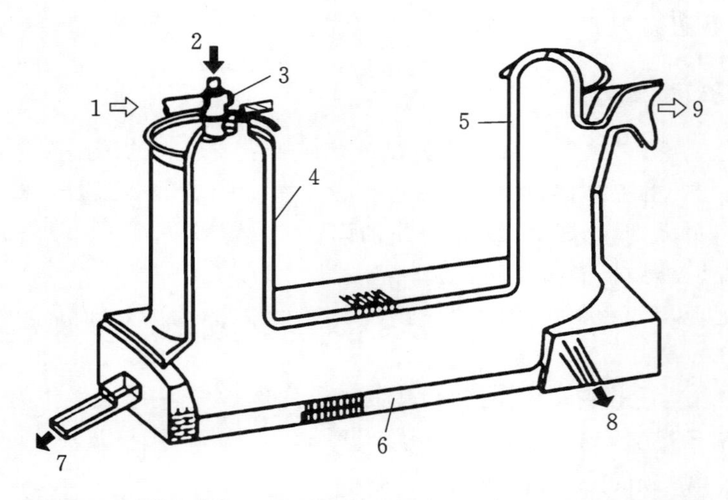

1.富氧空气入口;2.精矿入口;3.精矿喷嘴;4.反应塔;5.上升烟道;6.沉淀池;7.铜锍出口;8.炉渣出口;9.炉气出口。

图 3.2 奥托昆普闪速炉

(2) 奥斯麦特炉(图 3.3)或者艾萨炉可用于造锍熔炼(如铜冶炼)、还原熔炼(如锡冶炼)或氧化熔炼(如直接炼铅)过程。

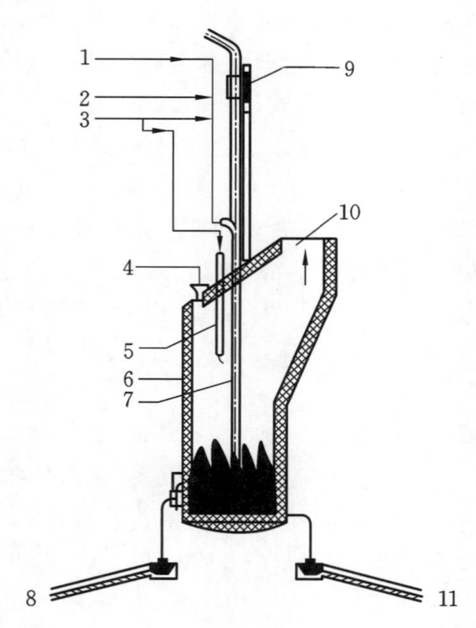

1.预热空气入口;2.氧气入口;3.天然气入口;4.加料口;5.烧嘴;6.冷却系统;
7.喷枪;8.炉渣出口;9.喷枪升降装置;10.烟道;11.金属出口。

图 3.3 奥斯麦特炉

奥斯麦特炉是顶吹沉没熔炼设备,与它具有相似结构的设备是艾萨炉,它们的核心技术在于喷枪。奥斯麦特喷枪(图 3.4)由四层同心圆管组成,最内层是粉煤,第二层是氧气,第三层是空气,最外层是用于保护第三层套筒壁的套筒空气,同时供燃烧烟气中的硫及其他可燃组分用。最外层在熔体之上,不插入熔体。

艾萨炉喷枪(图 3.5)由三层同心圆管组成,最里层是测压管,与外部压力传感器相连,用来监测作业时喷枪风的背压,以此作为调整喷枪位置的依据。第二层是柴油或粉煤的通道,通过控制燃料燃烧可快速调节炉温。最外层是富氧空气,为艾萨炉熔炼供氧。为使熔池充分搅动,喷枪末端设有旋流导片,保证鼓风以一定的切向速度鼓入熔池,造成熔池上下翻腾的同时,整个熔体急速旋转。气体做旋向运动,同时强化气体对喷枪枪体的冷却作用,使高温熔池中喷溅的炉渣在喷枪末端外表面黏结、凝固为相对稳定的炉渣保护层,延缓高温熔体对钢制喷枪的侵蚀。

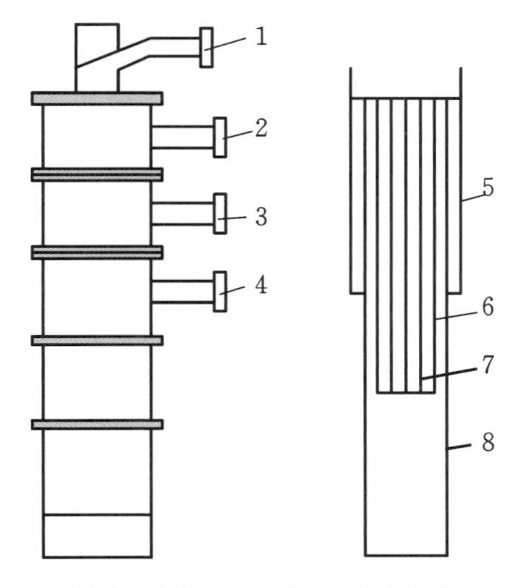

1.粉煤;2.氧气;3、6.空气;4、5.护罩空气;
7.燃油管;8.燃烧空气管。

图 3.4　奥斯麦特喷枪结构示意图

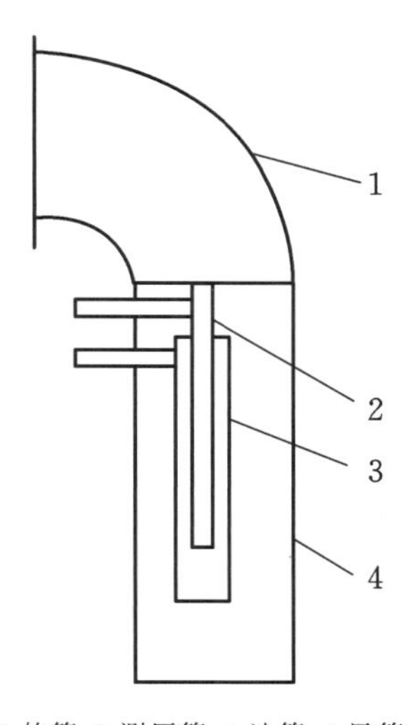

1.软管;2.测压管;3.油管;4.风管。

图 3.5　艾萨炉喷枪结构示意图

(3) 卧式转炉(图 3.6)用于铜锍吹炼。

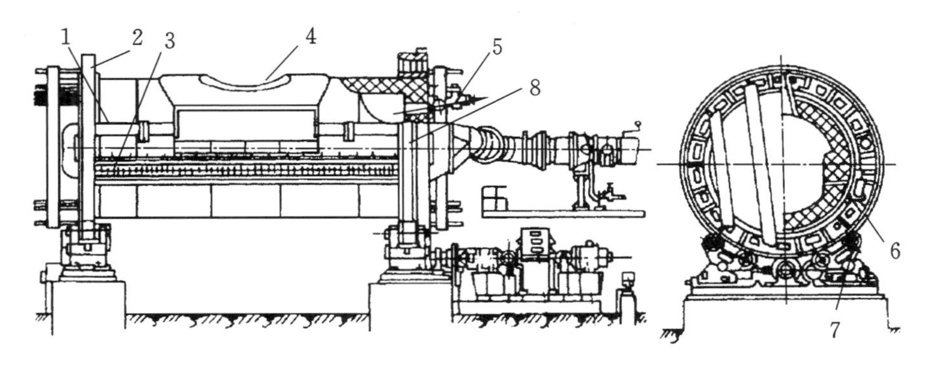

1.转炉炉壳;2.滚圈;3.集风管;4.炉口;5.石英喷枪;6.风嘴;7.托轮;8.齿圈。

图 3.6　卧式转炉

卧式转炉

(4) 高炉(图 3.7)用于炼铁。

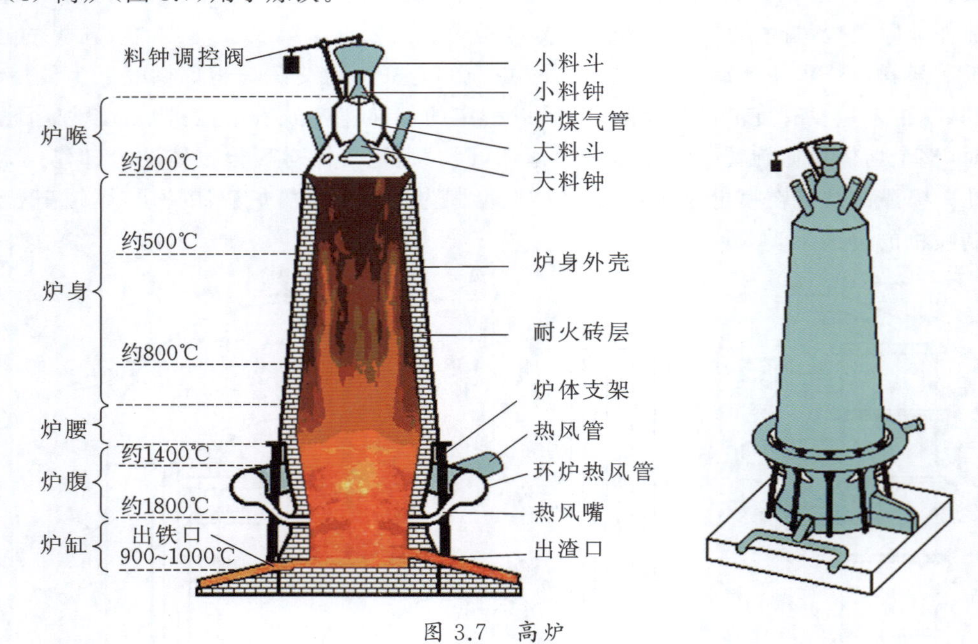

图 3.7 高炉

(5) 氧气顶吹转炉(图 3.8)用于炼钢。

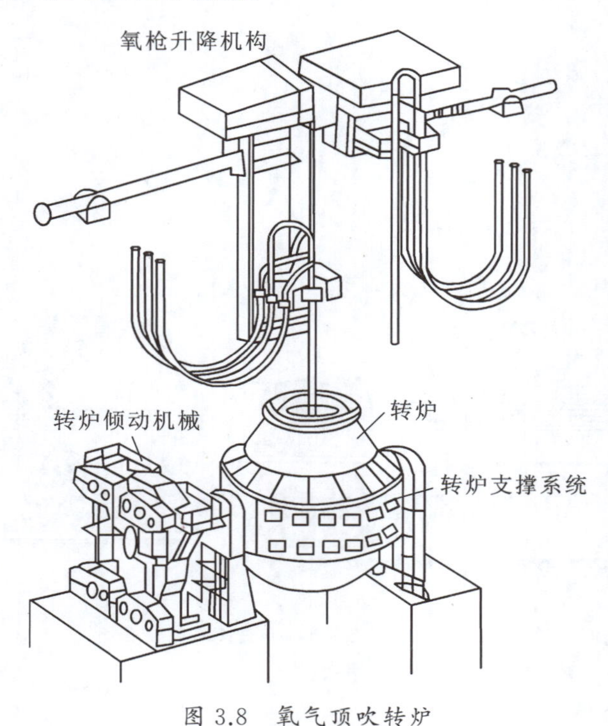

图 3.8 氧气顶吹转炉

3.3 精　炼

3.3.1 认识“精炼”

火法冶金单元过程产出的粗金属中含有大量杂质，需要进一步除去。火法精炼单元的任务就是除杂提纯，利用主金属和杂质在某些物理、化学性质上的差异实现它们之间的分离，因此火法精炼方法可以分为化学精炼和物理精炼两大类。常用的化学精炼方法有氧化精炼、硫化精炼、氯化精炼、碱性精炼，物理精炼方法有精馏精炼、真空精炼、熔析精炼。

氧化精炼：同样基于杂质与氧的亲和力大于主金属与氧的亲和力的原理，向熔体中加入氧化剂，使杂质氧化生成不溶于（或微溶于）主体金属的氧化物并聚集浮于熔体表面，或生成气体（如杂质硫氧化为 SO_2）挥发除去。

硫化精炼：基本原理与氧化精炼相似，是基于杂质对硫的亲和力大于主体金属对硫的亲和力进行的。硫化精炼的硫化剂一般为单质硫（不引入杂质）。当金属熔体加硫之后，由于主金属 Me 的活度（可简化为浓度）比杂质金属 Me'大得多，所以首先被硫化生成主金属硫化物 MeS，然后发生以下除杂反应（$MeS+Me' = Me'S+Me$），生成在金属相中溶解度小、密度小的杂质金属硫化物浮于表面，而完成精炼除杂。粗铅、粗锡加硫除铜、铁就是硫化精炼的典型例子。

氯化精炼：在粗铅除锌、粗锡除铅等方面应用广泛。

碱性精炼：常用于粗铜除镍，粗铅除砷、锑、锡，粗锑除砷等。

精馏精炼：通常在精馏塔中进行，气液两相通过逆流接触进行传热传质。液相中的易挥发组分进入气相，在塔顶冷凝得到近乎纯净的易挥发组分，塔底得到几乎纯净的难挥发组分。精馏精炼可用于处理沸点差异大、相互溶解或部分溶解的金属液体。在有色金属冶金中，精馏成功地用于粗锌的火法精炼中。

真空精炼：过程主要包括真空蒸馏（升华）和真空脱气。真空蒸馏即在真空条件下利用各种物质在同一温度下蒸气压和蒸发速度不同，控制温度使某种物质选择性挥发和冷凝，最终获得纯物质。这种方法主要用来提纯某些沸点较低的金属，如汞、锌、硒、碲、钙等。真空脱气即在真空条件下脱除气体杂质，包括通过化学反应使某些杂质以气体形态排出，降低气体杂质在金属中的溶解度。

熔析精炼：利用熔化—结晶的相变规律，即液体在相变温度下开始凝固时，会变成两个或几个组成不同的平衡共存相，杂质将富集在其中的某些固相或液相中，而与金属分离。

3.3.2 粗铅火法精炼

A：B，粗金属中的杂质非常影响金属的性能，把它们除去的单元过程叫作精炼。金属精炼包括火法和电解法。电解法属于湿法冶金的范畴，一般我们常说的精炼单元指的是火法精炼。

B：我们如何判断需要使用哪种精炼方法呢？

A:这个问题很好。冶金生产方法的选择始终要遵循原料的性质,依据主金属和杂质某种性质的差异才能完成它们之间的分离和富集,此外还要考虑金属的最终用途和生产成本。比如对于粗铅,一般使用全火法精炼流程,当然也可以先火法除去一部分杂质,再使用电解精炼提纯。而对于粗铜,原则流程是先采用火法精炼制成阳极板,之后进行电解精炼,可产出含铜量在99.95%以上的电解铜。这是因为铜的主要用途是电气行业,粗铜仅经过火法精炼后,机械性能与导电性仍然不能满足工业应用的要求。

B:那么粗铅的全火法精炼流程中使用的是哪一种精炼方法呢?

A:用一种方法并不能达到将所有杂质都去除的目的,要根据粗金属的杂质成分,有针对性地进行处理,通常需要按顺序使用好几种方法才达到最终的精炼目的。粗铅火法精炼的流程见图3.9。

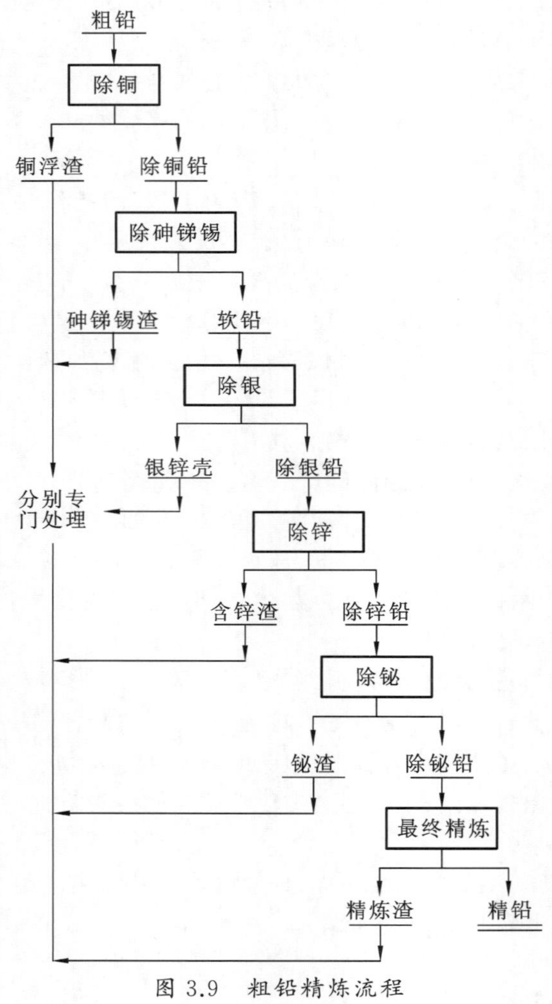

图3.9　粗铅精炼流程

B:也就是杂质依次被除去。

A:对的。粗铅除铜采用的是先熔析、后加硫的方法。熔析过程中,当含铜高的铅液冷却时,铜以固溶体状态析出,由于其密度比铅液小,便以浮渣形式浮在铅液表面,可再通过捞渣除去。接着加入单质硫,生成Cu_2S渣,完成除铜操作。

除砷、锑、锡采用的是碱性精炼。向除铜铅熔体内加入 $NaNO_3$、NaOH、NaCl，使粗铅中的杂质砷、锑、锡被 $NaNO_3$ 氧化后与 NaOH 造渣浮于表面。其中添加的 NaCl 不参与反应，它只能够提高 NaOH 对杂质盐的吸收能力，可以降低熔渣的熔点和黏度，减少 $NaNO_3$ 的消耗。碱性精炼温度控制在 400～450℃之间。

除银采用加锌的方法，由于锌对金银具有较大的亲和力，能形成密度比铅小、熔点比铅高，且在被锌饱和的铅液中，不会溶解的金属间化合物（逐渐形成渣壳）——银锌壳，浮于铅液表面而与铅分离。

加锌除银后的铅液含有 0.5%～0.6%的锌，在最后除铋前须将其除去。除锌的方法比较多，可以用氧化法、氯化法、碱法、真空法等。但是采用前三种化学精炼的方法，共同缺点是锌将以化合物形态进入精炼渣，不能以金属态的冷凝锌回收再返回除银工序，物料无法循环利用，因此现在大部分工厂均采用真空蒸馏法除锌。真空法是基于锌比铅更容易挥发的原理完成锌铅的分离。

在还原熔炼过程中矿物原料里的铋几乎都会进入粗铅，粗铅一般含铋 0.1%～0.5%。但有的工厂由于原料含铋少，产出的粗铅含铋在 0.005%以下，可以不设除铋过程，也就是说除铋操作视原料成分而定。粗铅火法精炼除铋是一个比较困难的过程，粗铅含铋高时选用电解法精炼更为合适。火法精炼除铋通用的方法是加钙、镁及锑与铅液中的铋生成不溶于铅液的化合物 Bi_2Ca_3 和 Bi_2Mg_3，浮至铅液表面而与铅分离。

粗铅经一系列精炼操作后，虽然铜、砷、锑、锡、银、锌和铋等杂质的含量能达到产品标准要求，但是可能会残留一些试剂（加入的）中的钙、镁、钾等。为了确保产品质量要求，在铅铸锭之前需要进行最终精炼，采用的是碱性精炼法，加入含铅量 0.3%左右的 NaOH 和 0.2%左右的 $NaNO_3$，搅拌 2～4h，捞渣后即可浇铸成精铅锭。

B：真是一个繁杂的过程啊，但是火法精炼每次只除去 1 个杂质，应该有利于金属的回收利用。

A：对！粗铅精炼使用的设备较为简单，主要是精炼锅（图 3.10）。

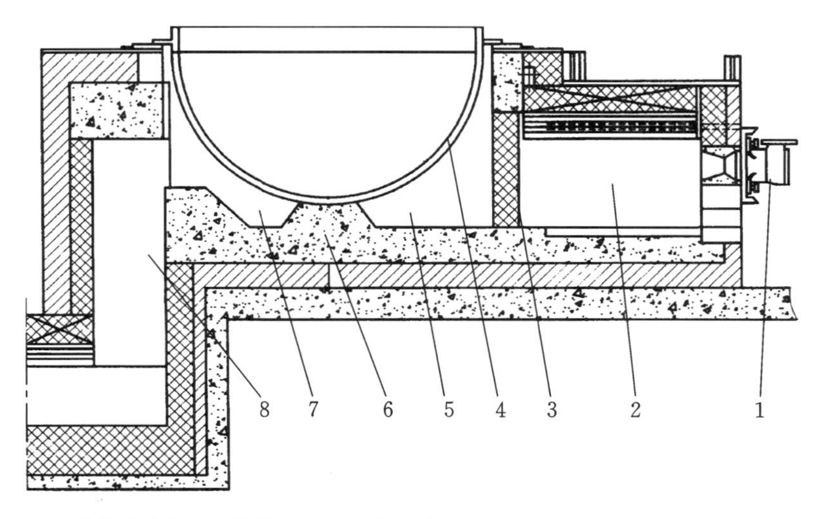

1.煤气喷嘴装置；2.燃烧室；3.挡火墙；4.精炼锅；5、7.加热室；6.支撑座；8.烟道。

图 3.10　铅火法精炼锅

铅火法精炼锅结构

粗铅精炼锅

3.3.3 粗铜火法精炼

A:粗铜火法精炼处理的原料是铜锍吹炼之后得到的粗铜,温度控制在1150~1200℃之间。首先向粗铜熔体中鼓入空气,使铜熔体中的杂质与空气中的氧发生氧化反应,以金属氧化物MeO形态进入渣中,然后用碳氢还原剂将溶解在铜中的氧除去。因此粗铜的火法精炼包括氧化和还原两个过程。其任务除了除杂之外,还要浇铸平整的阳极板供电解精炼使用,因为火法精炼只能除去部分杂质。

B:我注意到粗铜火法精炼采用了氧化精炼法,它和氧化熔炼一样吗?

A:基本原理是一样的,都是利用了金属和氧的亲和力不同而进行。但是氧化熔炼处理的是精矿,所含脉石多,产生的渣量大,而氧化精炼处理的是粗金属,杂质含量不高,产生的渣量少。对于粗铜,火法精炼需要除去的不仅有金属杂质,还有非金属杂质,比如S也是通过氧化生成SO_2被除去的。

B:杂质被氧化完全后就要进行还原了,那么应该如何判断氧化和还原过程是否已经结束了呢?

A:问得非常好。氧化是否结束可以根据炉内一些特殊的现象,比如火焰颜色。技术人员可以通过丰富的现场经验进行判断,还可以取铜试样观察其表面和断面,如果表面起泡、断面多孔,说明熔体中含有大量SO_2,需要进行"脱硫"操作,也就是降低熔体温度的同时加大炉子抽力,使SO_2迅速排出。接下来可以进入还原阶段,使用的还原剂有木炭或焦粉、重油、天然气、甲烷或液氨。中国工厂大都采用重油作为还原剂,还原时需要注意温度不要过高,以防产生的H_2、SO_2溶解于铜熔体中,造成浇注的阳极板面出现大量气孔。

B:因为浇注铜阳极板时的温度较低,气体逸出造成板面不平整。

A:是的。浇注时严格将铜水温度和铸模温度控制在一定范围内,是获得优质阳极铜板的重要条件。生产阳极板通常采用圆盘浇注机自动浇注,模的材质为铜,基本过程是:熔融铜通过溜槽连续地从精炼阳极炉(图3.11)流入称量中间包,再从中间包倒入浇铸包,当浇铸包

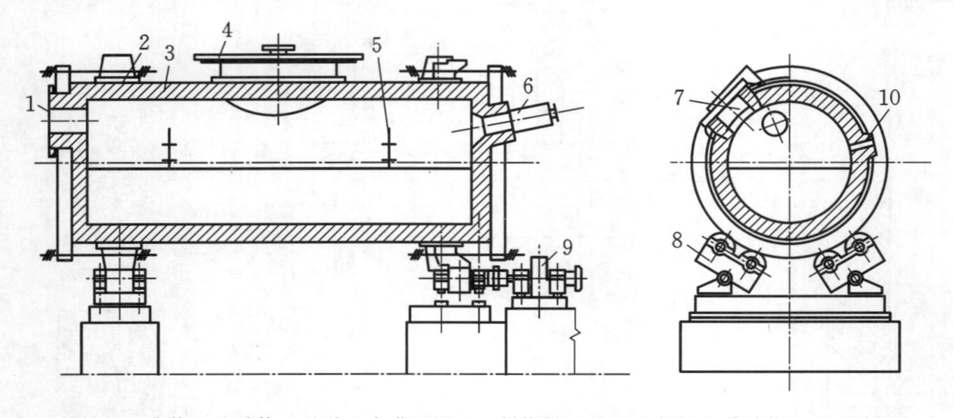

阳极炉

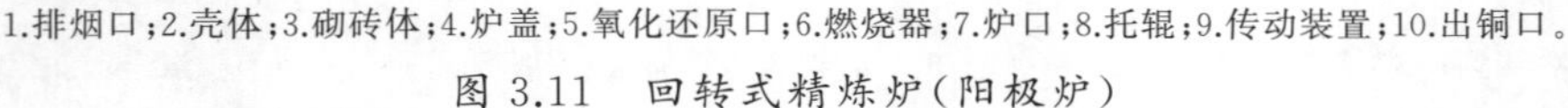
1.排烟口;2.壳体;3.砌砖体;4.炉盖;5.氧化还原口;6.燃烧器;7.炉口;8.托辊;9.传动装置;10.出铜口。

图3.11 回转式精炼炉(阳极炉)

达到预设质量时，开始向空模注入铜水，完毕后浇注包复位，圆盘浇铸机(图 3.12)转动至下一个空模的浇注位置，并依此顺序进行。注好的模子进入冷却系统并通过预起模装置推起阳极，使阳极从模子中松开，等到达取出位置之后，阳极再次被终顶装置推起，取出设备抓住阳极把它吊入冷却水槽，并放置于链式输送机上。

B:生产得到的铜阳极板送到下一步电解精炼车间，粗铜火法精炼完成。

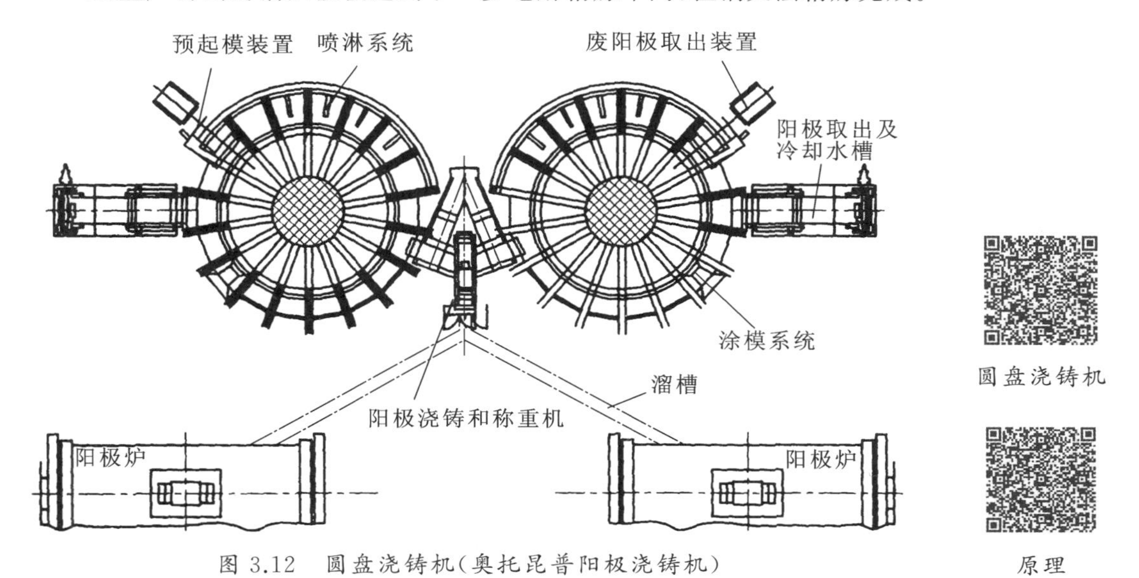

图 3.12　圆盘浇铸机(奥托昆普阳极浇铸机)

圆盘浇铸机

原理

Task 3 Smelting and Refining

Tasks and requirements: Master the basic process, general methods and main equipment of different melting processes; master the basic process of pyrometallurgical refining, learn the general methods and main equipment of crude lead and crude copper pyrometallurgical refining; understand the oxygen potential diagram.

3.1 Technical Terms

Matte: Refers to a co-melt of metal sulfides. For example, the copper matte is composed of Cu_2S and FeS, and the low nickel matte is composed of Ni_3S_2, Cu_2S and FeS.

Reduction smelting: Refers to a process of removing the oxygen from metal oxides at high temperature by using a reductant that can react with the oxygen in metal oxides, to obtain crude metals, which is the application of reduction reaction in metallurgy.

Indirect reduction: Refers to the reduction reaction with CO or H_2 as reductant, to produce CO_2 or H_2O gas.

Direct reduction: Refers to the reduction reaction with solid C as reductant, to generate CO gas.

Metallothermic reduction: Refers to the reduction reaction with a kind of metals such as Si or Al as reductant.

Oxidation smelting: Refers to a process that under the action of oxidant, the impurity elements in metal generate corresponding oxides to enter the slag or be discharged as gaseous oxides to obtain the crude metal.

Oxygen potential: Refers to the relative chemical potential of oxygen in the system, which is used to compare the capacity of oxidizing atmosphere.

Hard head: Refers to the product of reduction smelting of tin concentrates; its components are mainly tin and iron, or contain more arsenic.

Refining: Refers to a process of further removing impurities and recovering valuable elements from the crude metal obtained in smelting process.

Oxidation refining: Refers to a process of removing the impurities from crude metal by oxidation slagging or voloxidation with oxidant.

Sulfide refining: Refers to a process of adding the sulfur or sulfide into molten crude metal to produce and remove the impurities sulfide.

Chlorination refining: Refers to a process of adding chlorine or chloride into molten crude metal to produce and remove impurities chloride.

Alkali refining: Refers to a process of adding the alkali into the crude metal melt, to oxidize that impurities and produce the slag and remove them.

Rectification refining: Refers to a process of alternately evaporating and condensing substances with different boiling points many times to remove the impurities.

Vacuum refining: Refers to a process of removing the impurities from crude metal under the condition of lower or much lower than atmospheric pressure.

Liquation refining: Refers to a process of removing impurities or their compounds by changing the temperature based on the solubility changes of impurities or their compounds in the main metal with temperature.

Zone refining: Refers to a process that the metal bar is gradually heated, melted and solidified from one end to the other with the heat generated by induction coil, and the solute in the metal bar is enriched to the melting end by the enriching (segregating) it in the liquid phase during solidification, so that the high-purity metal can be obtained on the other end.

3.2 Smelting

3.2.1 Understanding of "Smelting"

The smelting is the most important process in pyrometallurgy. Almost all heavy metals and iron are smelted to produce crude metals for refining. By the types of main reactions in the production process, it can be divided into matte smelting, oxidation smelting and reduction smelting.

3.2.1.1 Matte Smelting

A: The matte smelting process is mainly used in the production of some metals such as copper and nickel. The materials fed into the furnace include metal sulfide concentrate and slagging flux and the smelted products include matte, slag and flue gas.

B: The matte is a co-melt of metal sulfides that is different from metal melt and slag in density, composition and main properties, which shall not be confused.

A: The basis for matte smelting is that the affinity of Cu—S is less than that of Fe—S, while that of Cu—O is greater than that of Fe—O.

In copper sulfide concentrate, FeS is partially oxidized, and the gangue components such as FeO and SiO_2 are slagged. The oxidized Cu_2O will also form stable Cu_2S at high temperature due to the existence of FeS, and further combine with non-oxidized FeS to form the copper matte.

The main product of matte smelting is matte, which generally needs to be further oxidized by blowing or other processes to obtain the metal. Therefore, the matte is an intermediate product in the smelting process, but it has a great influence on the smooth progress of smelting process.

B: The main components of copper matte produced in industry are Cu, Fe and S, and also contain a small amount of impurities such as Ni, Co, Pb, Zn, Sb, Bi, Au and Ag, which can be oxidized. For example, Fe can exist in FeS, FeO, Fe_3O_4 and other forms. Is it right?

A: Yes. In order to remove iron, it shall be oxidized into FeO and slagged with SiO_2 to form $2FeO \cdot SiO_2$(fayalite). If there is no enough SiO_2 in the melt, it shall be supplemented separately to promote the reaction, which is reflected specifically in the blowing process. Therefore, FeO with preferential oxidation, gangues (SiO_2, Al_2O_3, CaO, etc.)in concentrates, flux and impurity elements in concentrates will be collected in matte slag, while volatile elements and SO_2 will be enriched in flue gas and discharged from the furnace.

The copper matte has two outstanding properties as follows. First, it is a collector of precious metals, because Cu_2S and FeS can dissolve Au and Ag; the precious metals will always follow the flow of copper and then be separated by electrochemical reaction in the electrolysis refining process. Second, the molten matte will explode in case of moisture, which must be noticed in production; moist materials cannot be added to the furnace containing the molten matte.

3.2.1.2 Oxidation Smelting

A: The oxidation smelting process is widely used in metallurgical industry, including direct smelting of lead sulfide, blowing of copper matte and blowing of ferrous metal iron for steel production.

In the smelting process of non-ferrous metal lead with the traditional sinter-blast furnace reduction smelting method, the oxidation and reduction processes are carried out respectively, which has many disadvantages. In order to reduce energy consumption, reduce environmental pollution, improve production efficiency and reduce production costs, the requirements of smelting process are becoming more and more strict in plants, and this traditional method is severely challenged. With the modern lead smelting method, the chemical activity and oxidation heat of sulfide concentrate are used to produce the metallic lead directly without sintering and roasting processes, so that the chemical reaction and melting process can be carried out quickly.

B: Does the direct smelting of oxidation lead mean $PbS + O_2 = Pb + SO_2$?

A: Yes, but not exactly. In metallurgical production, the industrial oxygen and the metallurgical equipment that can strengthen the process are used, so that the industrial application of controlled oxidation smelting of metal sulfides is realized. There are two main ways for oxidizing PbS to produce the metallic lead as follows. ① PbS is directly oxidized to produce the metallic lead, which mostly occurs in the hearth of metallurgical reactor. ② The PbS and PbO are reacted ($PbS+2PbO \xlongequal{} 3Pb+SO_2$) to produce the metallic lead, which mostly occurs in the molten pool of the reactor. In order to obtain Pb, it is necessary to remove the sulfur by oxidation as much as possible, and then more PbO will inevitably be generated, which will lead to an increase in the loss of Pb in slag, so it is the key for direct smelting process to control the reasonable oxygen-material ratio in operation.

B: That is to say, it is difficult to obtain the crude lead with low sulfur content and the slag with low lead content at the same time in direct smelting process for lead production. Is it right?

A: Yes. At present, the direct smelting for lead production is the oxidation smelting carried out under high oxygen potential to produce the crude lead with qualified sulfur content and the slag with high lead content. The PbO content in this slag may be up to 40%-50%, so it must be reduced again to improve the recovery rate of lead.

B: So, the basic technological idea of direct smelting method for lead production is to directly oxidize and smelt the sulfide ores to obtain the metallic lead and the slag with high lead content, and then reduce and smelt the slag, finally combine the obtained metallic lead and send them to the next process. Is it right?

A: Yes. There are two direct smelting methods of lead sulfide concentrate. One is to feed the concentrate into the hot furnace for oxidation smelting in suspension state, and then further react, clarify and separate the lead in the sedimentation tank, such as Kifset method. This smelting reaction mainly occurs in the furnace, which is called flash smelting process. The other is to feed the concentrate to the blowing and churning melt for smelting, such as QSL process, Shuikoushan process, Ausmelt process and Isa process. This melting reaction mainly occurs in the molten pool, which is called the molten pool smelting process.

Then, let's learn about the blowing process of copper matte, which is also an oxidation smelting process.

B: In the last time, the matte smelting was studied. Is the copper matte obtained sent to the blowing process in the pyrometallurgical production process of copper?

A: Yes. The copper matte produced in matte smelting process has usually a grade of 30%-65%. In the oxidizing atmosphere of blowing process, the oxidation trend and order of FeS are prior to those of Cu_2S. That is, after the iron in copper matte is basically completely oxidized and slagged with the added flux (SiO_2), Cu_2S will be oxidized in large quantities to generate Cu_2O, and reacts with the unoxidized Cu_2S to produce the crude copper, with the specific reactions as follows: $Cu_2S + 3/2O_2 = Cu_2O + SO_2$ and $Cu_2S + 2Cu_2O = 6Cu + SO_2$.

B: That is, the slagging and iron removal is followed by the copper production. Is it right?

A: Yes. The blowing process of copper matte can be divided into two stages: The first stage is called the slagging stage, and the product is white matte; then, the second stage is called the copper making period, which also occurs in the same equipment (horizontal converter) to obtain the final product—crude copper. The process temperature is usually controlled at 1,150－1,300 ℃.

B: I see. So, what is the blowing process of molten iron?

A: In order to obtain the qualified steel, it is necessary to combine the impurity elements such as C, Si, Mn and P in molten iron with the oxygen to generate the oxides in the oxidation smelting process and then remove them in the form of furnace gas or slag. The oxidation reactions in steelmaking process mainly occur at the interface between the slag and the molten steel, and there are two oxidation methods of various elements: Direct oxidation and indirect oxidation.

Direct oxidation: Refers to the reactions between the oxygen in gas phase and metals directly.

Indirect oxidation: Refers to the oxidation of other elements in the form of dissolved oxygen atoms. First, Fe is oxidized with the oxygen in the gas phase to generate FeO, and then FeO in the slag diffuses and dissolves in the metals; second, FeO in the slag is used as an oxidant to remove the elements diffused from the molten iron to the interface, and to oxidize the elements in the iron oxide in the form of dissolved oxygen atoms.

B: Then, how to judge which element is oxidized first?

A: It can be analyzed with the oxygen potential diagram (Fig. 3.1). Generally, the lower the linear position is, the smaller the standard Gibbs free energy of formation ($\Delta_f G_m^\ominus$) corresponding to the reaction is, the more stable the oxide MeO is, and the easier it is to be oxidized.

Because FeO is the main oxidant in the steel making molten pool, by comparing the relative positions of the oxygen potential lines of FeO and other elements, we can draw the following conclusions. ① All elements above the oxygen potential line of FeO, such as Cu, Ni, W, Mo, cannot be oxidized basically; if they are not alloy elements needed for steel making products, they shall be removed in the proportioning process. ② All elements below the oxygen potential line of FeO can be oxidized theoretically. ③ The direct oxidation is easier than the indirect oxidation, because the standard Gibbs free energy of the former is smaller than that of the latter.

The oxygen top-blown converter is a common equipment for steelmaking and a vertical converter.

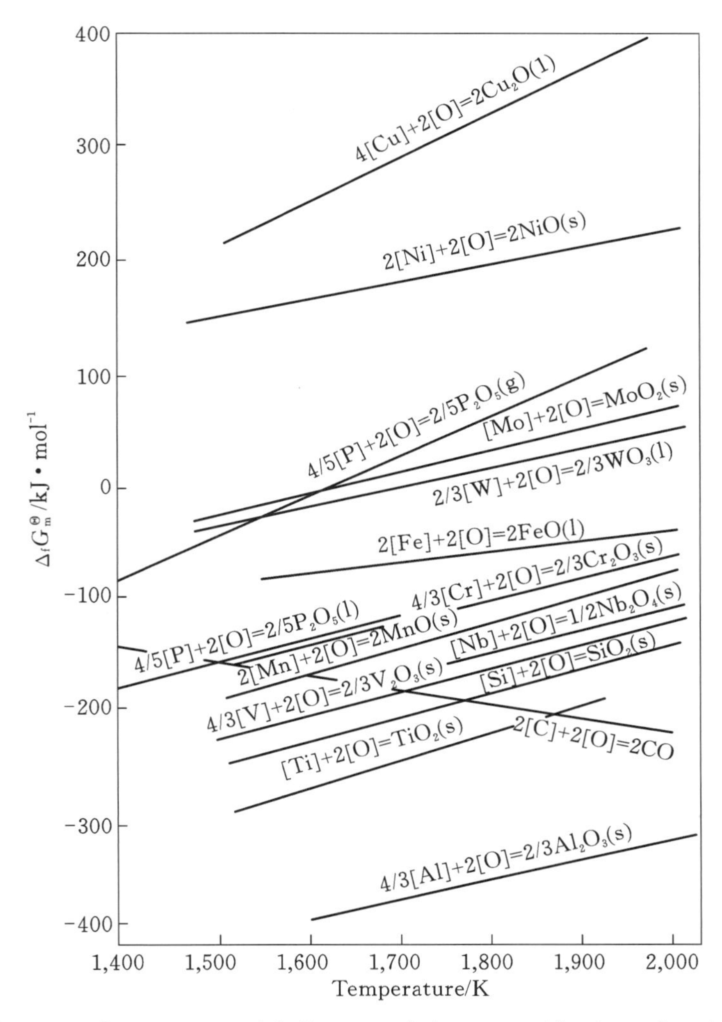

Fig. 3.1 Oxygen potential diagram of element oxides in molten iron

3.2.1.3 Reduction Smelting

A: The reduction smelting is a key process for metallurgical production of non-ferrous metals, such as tin and ferrous metal such as iron with oxidized ores as the main raw materials. It is designed to reduce the metals in raw materials with reductants, and carbonaceous reductants, such as anthracite, bituminous coal and coke, are often used in industry. And the higher fixed carbon content is better. But B, do you find that these reductants are also fuels that can provide the heat?

B: Yes, the temperature of reduction smelting process is generally up to about 1,300 ℃, and the external heat is needed to maintain the reaction.

A: When the carbon fuel is used as heating agent and reductant, its main component is C; if the coal gas is used as fuel, its main component is C and H_2. There are basic reactions in combustion of these fuels as follows:

$C+O_2 = CO_2$ (complete combustion reaction of C)

$2C+O_2 = 2CO$ (incomplete combustion reaction of C)

$2CO+O_2 = 2CO_2$ (combustion reaction of CO)

$C+CO_2 = 2CO$ (gasification reaction or Boudouard reaction of C)

$2H_2+O_2 = 2H_2O$ (g) (combustion reaction of H_2)

It can be seen that in addition to C and H_2, CO produced in combustion is also a reductant. In actual production, the gasification reaction of carbon is the most important reaction in metallurgical process when the carbon is used as reductant, therefore, CO will play a major role in the reducing process of metal oxides.

B: Can we also understand the reduction smelting process with the concept of affinity?

A: Yes. In metallurgical specialty, the affinity is actually the standard Gibbs free energy change ($\Delta_r G_m^\ominus$) in the reaction. The reductants can form the oxides by getting the oxygen, while the metal oxides can become the metals or low-valent metal oxides by losing the oxygen. The cassiterite (SnO_2) is the raw material for the production of tin. In order to obtain the slag with low viscosity, low density, good fluidity and proper melting point and then better complete the reduction of tin and the separation of slag and tin, the flux quartz or limestone is usually added to produce the crude tin A, crude tin B, hard head and slag. The crude tin A and crude tin B contain tin, as well as iron, arsenic, lead, antimony and other impurities, and must be refined to produce refined tin with different grades.

In blast furnace ironmaking process, the flux (CaO, MgO) is also added to obtain good slag. The main forms of iron oxides in iron ore are Fe_2O_3, Fe_3O_4 and FeO, and their reduction is gradually completed from high-valence to low-valence. At the temperature of lower than 570 ℃, it is carried out in the order of $Fe_2O_3 \rightarrow Fe_3O_4 \rightarrow Fe$, and at the temperature of higher than 570 ℃, it is carried out in the order of $Fe_2O_3 \rightarrow Fe_3O_4 \rightarrow FeO \rightarrow Fe$. The ironmaking temperature is generally above 1,300 ℃.

B: I think that the gaseous CO is more likely to fully contact with the raw materials during ironmaking process, and it shall be the main reductant. Is it right?

A: Yes. At the temperature of higher than 1,000 ℃, all CO_2 will be converted into CO. In addition to iron, some impurity elements, such as Mn, P and Si, will also be reduced into the molten iron (pig iron) during reducing process, which shall be further refined to obtain the steel.

3.2.2 Melting Equipment

(1) The flash furnace (Fig. 3.2) is used for matte smelting (such as copper smelting) or oxidation smelting process.

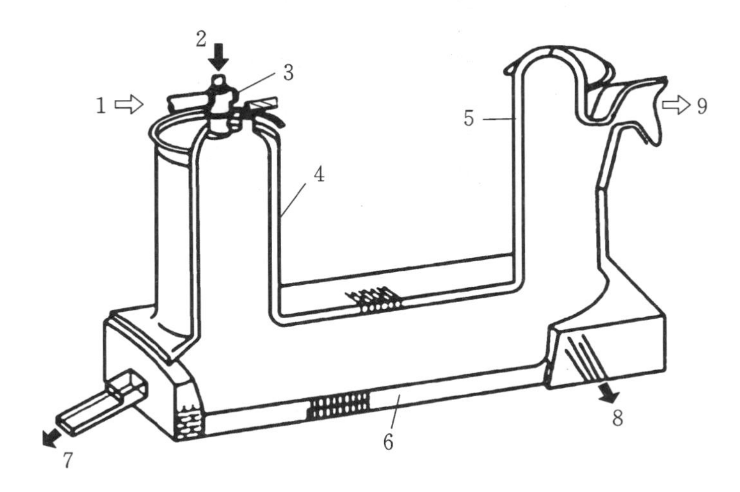

1.Oxygen-enriched air inlet; 2.Concentrate inlet; 3.Concentrate nozzle; 4.Reaction tower; 5.Ascending flue; 6.Settling tank; 7.Copper matte outlet; 8.Slag outlet; 9.Furnace gas outlet.

Fig. 3.2 Outokumpu flash furnace

(2) Ausmelt furnace (Fig. 3.3) or Isa furnace can be used in the process of matte smelting (such as copper smelting), reduction smelting (such as tin smelting) or oxidation smelting (such as direct lead smelting).

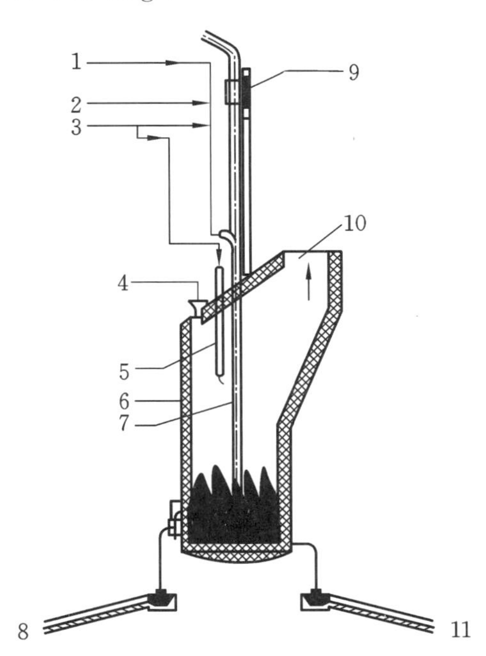

1.Preheating air inlet; 2.Oxygen inlet; 3.Natural gas inlet; 4.Feeding port; 5.Burner; 6.Cooling system; 7.Sprayer; 8.Slag outlet; 9.Sprayer lifting device; 10.Flue; 11.Metal outlet.

Fig. 3.3 Ausmelt furnace

The Ausmelt furnace is a top-blown submerged smelting equipment, and has a similar structure with Isa furnace, and their core technology is in sprayer. The Ausmelt sprayer (Fig. 3.4) is composed of four concentric tubes. The innermost layer is used for supplying the pulverized coal, the second layer is used for supplying the oxygen, the third layer is used for supplying the air, and the outermost layer is used for filling the sleeve air to protect the wall of the third layer and support the sulfur and other combustible components in flue gas. The outermost layer is arranged above the melt, and not inserted into the melt.

The sprayer of Isa furnace (Fig. 3.5) is composed of three concentric tubes. The innermost layer is a piezometer tube connected with an external pressure sensor to monitor the back pressure of the sprayer air during operation and then adjust the position of the sprayer. The second layer is the supply passage of diesel oil or pulverized coal, used to quickly adjust the furnace temperature by controlling fuel combustion. The outermost layer is used for supplying the oxygen-enriched air to Isa furnace for smelting. In order to fully stir the molten pool, a swirl guide vane is arranged at the end of the sprayer to ensure that the airflow blows into the molten pool at a certain tangential speed, to stir the molten pool up and down and rotate the whole melt rapidly. The air moves in a rotating direction, and at the same time, strengthens the cooling effect on the sprayer body, so that the slag splashed in the high-temperature molten pool is bonded and solidified on the outer surface of the end of the sprayer to form a relatively stable slag protection layer, and prevent the corrosion of the high-temperature melt on the steel sprayer.

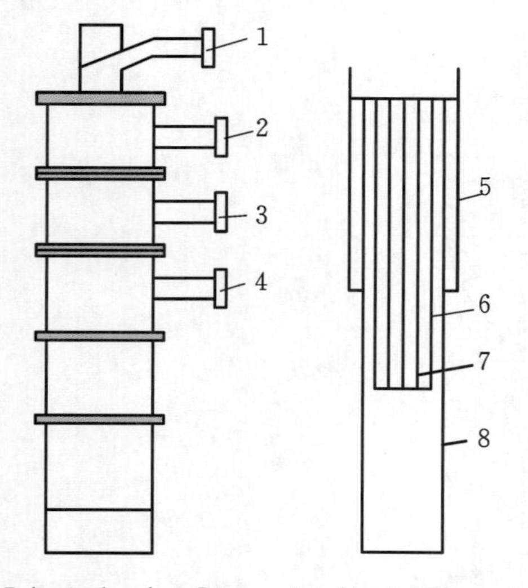

1.Pulverized coal; 2.Oxygen; 3,6.Air; 4,5.Sleeve air; 7.Fuel tube; 8.Combustion air tube.

Fig. 3.4 Structure diagram of Ausmelt sprayer

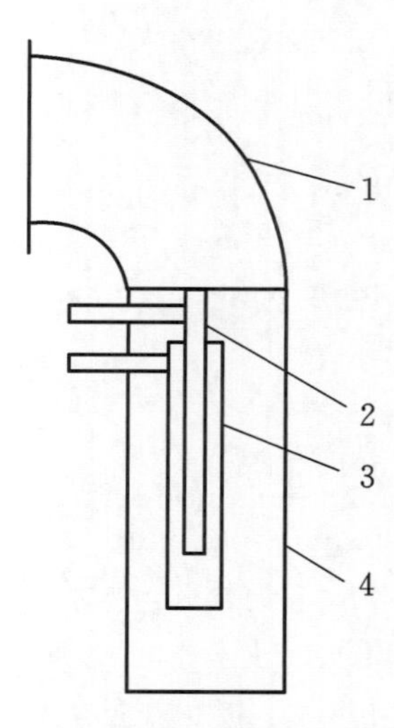

1.Hose; 2.Piezometer tube; 3.Fuel tube; 4.Air duct.

Fig. 3.5 Sprayer structure diagram of Isa furnace

(3) The horizontal converter (Fig. 3.6) is used for copper matte converting.

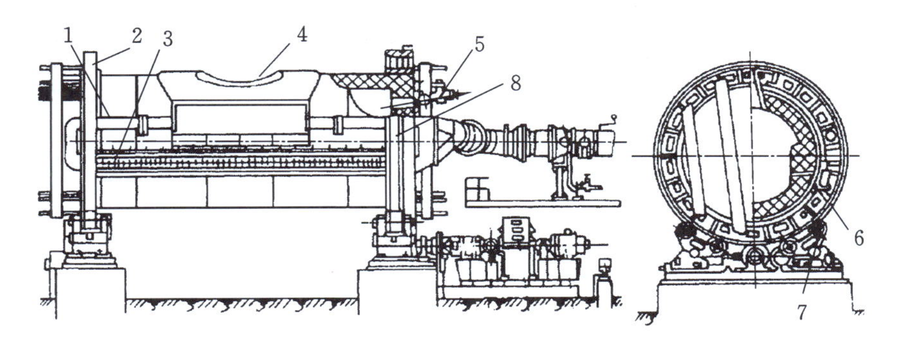

1.Converter shell; 2.Rolling ring; 3.Air collecting tube; 4.Furnace mouth;
5.Quartz sprayer; 6.Air nozzle; 7.Idler; 8.Ring gear.

Fig. 3.6 Horizontal converter

Horizontal converter

(4) The blast furnace (Fig. 3.7) is used for ironmaking process.

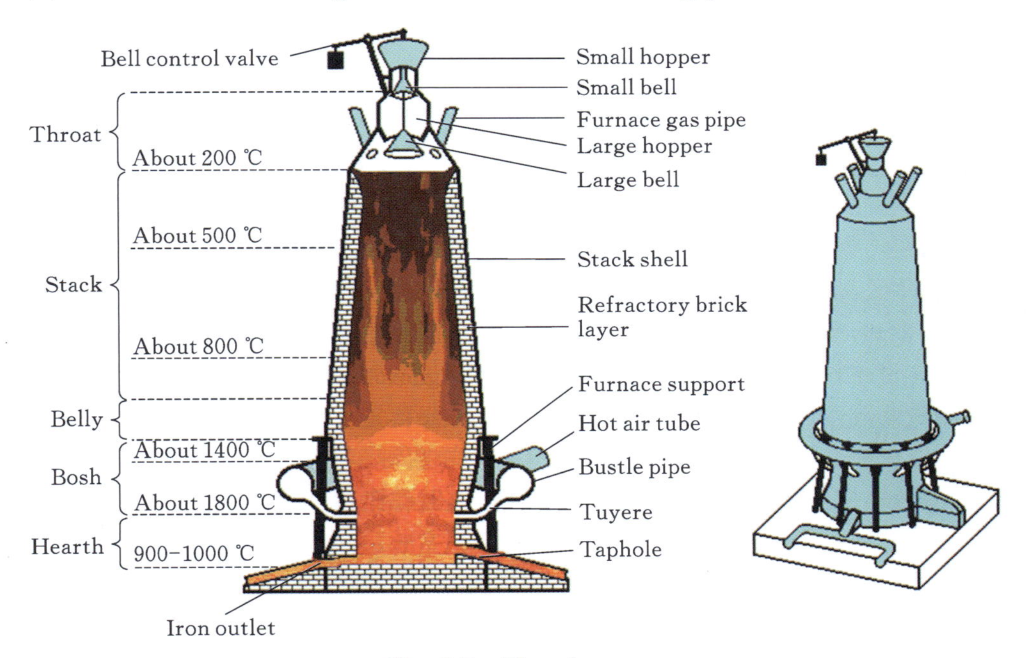

Fig. 3.7 Blast furnace

(5) The oxygen top-blown converter (Fig. 3.8) is used for steelmaking process.

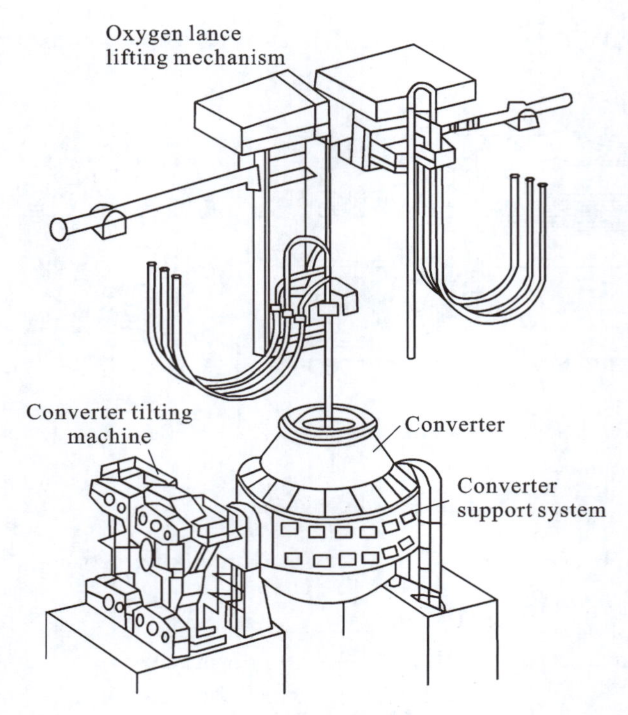

Fig. 3.8 Oxygen top-blown converter

3.3 Refining

3.3.1 Understanding of "Refining"

The crude metal produced in pyrometallurgical process contains many impurities, which needs to be further removed. The pyrometallurgical refining unit is designed to remove these impurities from the main metals based on their differences in some physical and chemical properties. Therefore, the pyrometallurgical refining methods can be divided into two categories: Chemical refining and physical refining. Commonly used chemical refining methods include oxidation refining, sulfide refining, chlorination refining and alkali refining, and physical refining methods include rectification refining, vacuum refining and zone refining.

The oxidation refining process is also based on the principle that the affinity between impurities and oxygen is greater than that between the main metal and oxygen. The oxidants are added to the melt, to oxidize the impurities and produce the oxides that are insoluble (or slightly soluble) in the main metal and gather and float on the surface of the melt, or generate the gas (such as oxidize the impurities with sulfur to generate SO_2) for volatilization.

Similar to the oxidation refining process, the basic principle of sulfide refining is also based on the principle that the affinity between impurities and sulfide is greater than that between the main metal and sulfide. The sulfide agent for sulfide refining is generally the elemental sulfur (without impurities). When the sulfur is added into the metal melt, because the activity of the main metal (the concept of simplified concentration, Me) is much greater than that of the impurities Me', it is first sulfided to generate the main metal sulfide MeS, and followed by the impurity removal reactions (MeS+Me'=Me'S+Me), to generate the impurity metal sulfide with low solubility and low density in the metal phase floating on the surface, so as to complete the refining and impurity removal. For example, the sulfur is added into the crude lead or crude tin to remove copper and iron for sulfide refining.

The chlorination refining process is widely used in zinc removal from crude lead and lead removal from crude tin.

The alkali refining process is often used for nickel removal from crude copper, arsenic, antimony and tin removal from crude lead, and arsenic removal from crude antimony.

The rectification refining process is usually carried out in rectification tower, and the heat and mass are transferred between gas and liquid phase through countercurrent contact. The volatile components in the liquid phase enter the gas phase and are condenses at the top of the tower to obtain almost pure volatile components, while almost pure nonvolatile components are obtained at the bottom of the tower. The rectification refining process is suitable for processing molten metals with large boiling point difference, mutual dissolution or partial dissolution. In non-ferrous metallurgy, it is successfully used in pyrometallurgical refining of crude zinc.

The vacuum refining process mainly includes vacuum distillation (sublimation) and vacuum degassing. The vacuum distillation process is designed to volatilize and condense a substance selectively at the controlled temperature and vacuum condition based on the different vapor pressures and evaporation rates of various substances at the same temperature, to finally obtain the pure substances. This method is mainly used to purify some metals with low boiling points, such as mercury, zinc, selenium, tellurium and calcium. The vacuum degassing process is designed to remove the gas impurities under vacuum conditions, including removing some impurities in gas form through chemical reaction, and reducing the solubility of gas impurities in metals.

The liquation refining process is designed to separate the liquid into two or several equilibrium coexistence phases with different compositions when it is solidified at the phase transition temperature based on the phase transition law of melting-crystallization, in which the impurities are enriched in some solid or liquid phases and separated from the metals.

3.3.2 Pyrometallurgical Refining of Crude Lead

A: The impurities in crude metal have a greatly influence on the properties of metal, and the process of removing them is called the refining process. The metal refining includes pyrometallurgy and electrolysis. The electrolysis is a kind of hydrometallurgy, and the general refining processes are the pyrometallurgical refining.

B: How to determine the refining method to be used?

A: It's a good question. The selection of metallurgical production methods shall always be based on the properties of raw materials, which are the basis for the separation and enrichment between main metals and impurities; in addition, the final usages and production costs of metals shall be considered. For example, the whole pyrometallurgical refining process is generally used to the crude lead; however, some impurities can be removed with pyrometallurgical methods first, and then the electrolysis refining can be used for purifying the metal. For production of crude copper, in principle, the anode plates shall be prepared with pyrometallurgical refining process first, and then the electrolysis refining can be carried out, to produce the electrolysis copper with copper content of above 99.95%. It is because the copper is mainly used in electrical industry, and the mechanical properties and conductivity of crude copper only after pyrometallurgical refining cannot meet the requirements of industrial applications.

B: So, which refining method can be used in the pyrometallurgical refining process of crude lead?

A: All impurities cannot be removed with one method. The crude metal shall be processed on basis of the impurity compositions, and usually several methods shall be used in sequence to achieve the final refining purpose. The pyrometallurgical refining process of crude lead is shown in Fig. 3.9.

B: That is to say, all impurities shall be removed in turn. Is it right?

A: Yes. The method of removing copper from crude lead is melting first and then adding sulfur. In the melting process, when the molten lead with high copper content is cooled, the copper will be precipitated in solid solution; because its density is smaller than that of the molten lead, it will float on the surface of the molten lead in the form of dross, which can be removed by submerged slag conveyor. Then the sulfur is added to generate Cu_2S slag, to complete the copper removal operation.

The alkali refining is used to remove arsenic, antimony and tin. $NaNO_3$, NaOH and NaCl are added into the melt for removing lead and copper, so that the impurities such as arsenic, antimony and tin in crude lead are oxidized by $NaNO_3$ and then slagged with NaOH on the surface. The added NaCl does not participate in the reaction, but can improve the absorption capacity of NaOH to the impurity salts, reduce the melting point and viscosity of slag, and reduce the consumption of $NaNO_3$. The alkali refining temperature is controlled at 400 – 450 ℃.

The method of adding zinc is used to remove the silver. Because the zinc has great affinity to the gold and silver, the intermetallic compounds with lower density and higher melting point than those of the lead can be generated, which will not dissolve in the molten

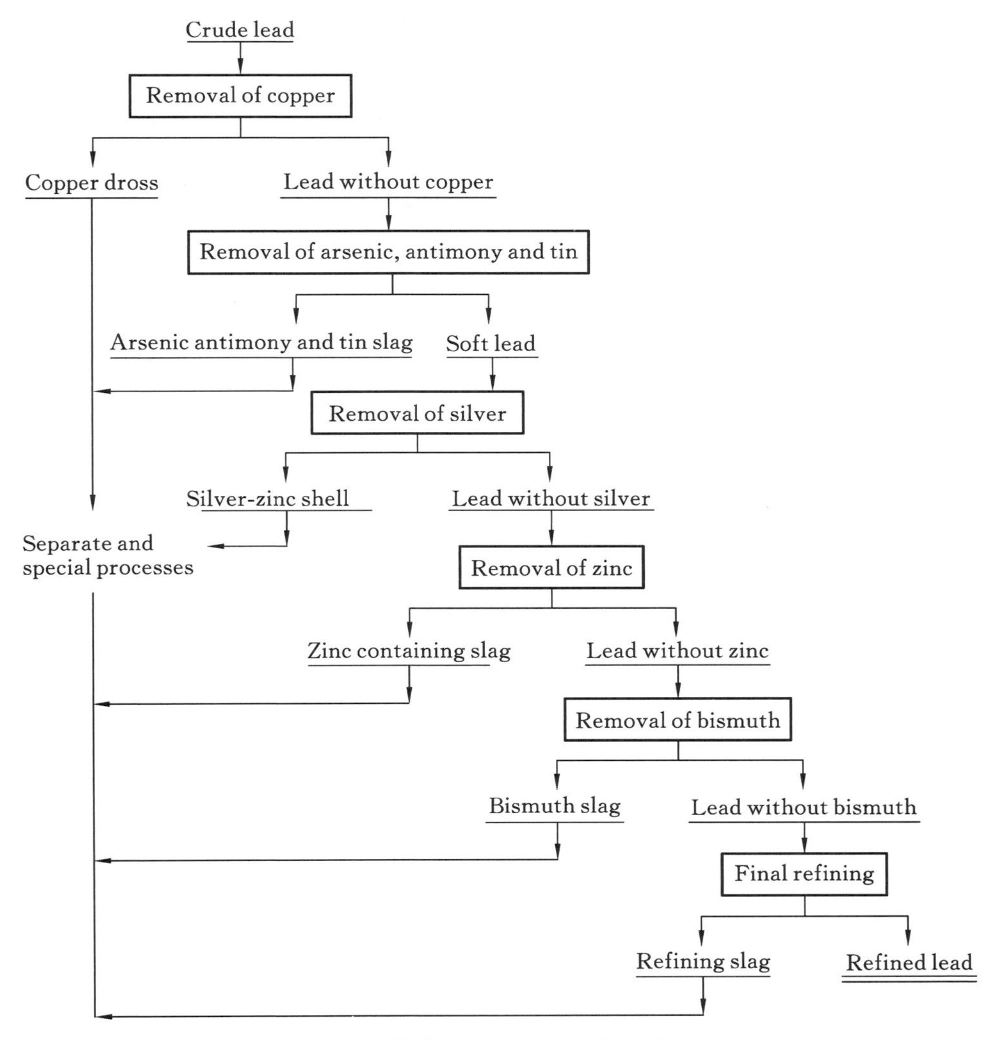

Fig. 3.9 Refining process of crude lead

lead saturated with the zinc, and gradually form the slag shell—silver-zinc shell floating on the surface of molten lead and separated from the lead.

The molten lead after adding zinc to remove silver contains 0.5%-0.6% zinc, which shall be removed finally before the bismuth is removed. There are many methods to remove the zinc, such as oxidation, chlorination, alkali and vacuum methods. However, the first three methods of chemical refining have the common disadvantage that the zinc will enter the refining slag as a compound, and cannot be recovered as the condensed zinc in metal state and then returned to the silver removal process, and the materials cannot be recycled. Therefore, the vacuum distillation method is used in most plants to remove the zinc. The vacuum method for separating the zinc and lead is based on the principle that the zinc is more volatile than lead.

In the reduction smelting process, almost all bismuth in mineral raw materials will enter the crude lead, which generally contains 0.1%–0.5% bismuth. However, in some plants, the raw material contains less bismuth, and the bismuth content in the crude lead is below 0.005%, so the bismuth removal process can be omitted, which means that the bismuth removal operation depends on the composition of raw material. It is a difficult process to remove the bismuth from crude lead with pyrometallurgical refining, and the electrolysis refining is more suitable for the crude lead with high bismuth content. The common method of removing the bismuth by pyrometallurgical refining is to add calcium, magnesium and antimony to react with the bismuth in molten lead to generate the compounds Bi_2Ca_3 and Bi_2Mg_3 that are insoluble in the molten lead, and float on the surface of molten lead and are separated from the lead.

After a series of refining operations, although the contents of impurities such as copper, arsenic, antimony, tin, silver, zinc and bismuth can meet the requirements of product standards, calcium, magnesium and potassium from some reagents (added) may remain. In order to meet the product quality requirements, the final refining is needed before casting lead ingots; in this case, the alkali refining method shall be used. NaOH with lead content of about 0.3% and $NaNO_3$ with lead content of about 0.2% are added, the melt is stirred for 2–4 h, and the slag is removed, and then the refined lead ingots can be cast.

B: It's really a complicated process. However, only one kind of impurity is removed at a time in the pyrometallurgical refining process, which shall be beneficial to the recycling of metals. Is it right?

A: Yes. The equipment used in crude lead refining is relatively simple, mainly lead refining kettle (Fig. 3.10).

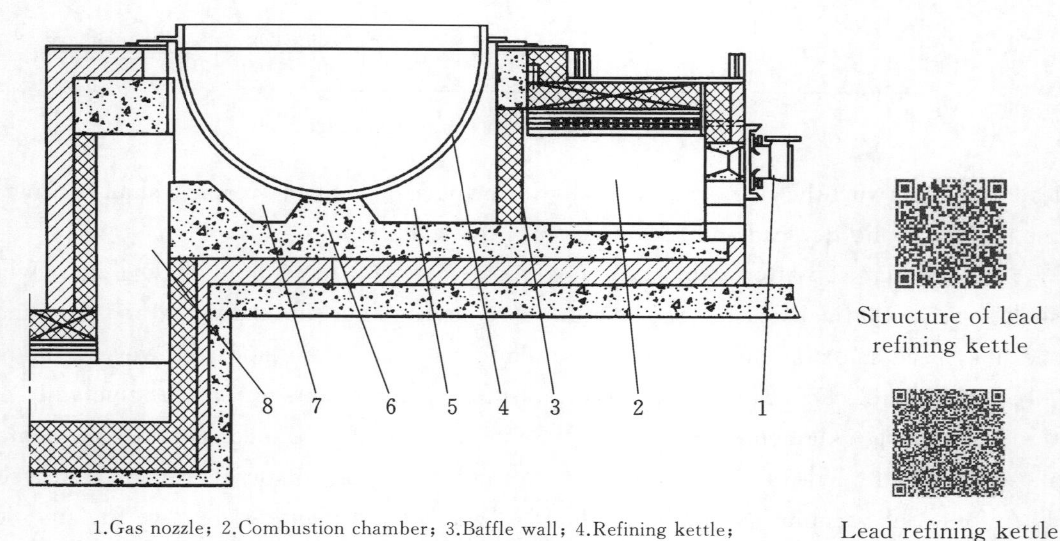

1.Gas nozzle; 2.Combustion chamber; 3.Baffle wall; 4.Refining kettle; 5,7.Heating chamber; 6.Support seat; 8.Flue.

Fig. 3.10 Lead refining kettle

3.3.3 Pyrometallurgical Refining of Crude Copper

A: The raw material for pyrometallurgical refining of crude copper is obtained in the copper matte blowing process and its temperature is controlled between 1150 – 1200 ℃. First, the air is blown into the crude copper melt, so that the impurities in the copper melt react with the oxygen in the air and the products enter the slag in the form of metal oxide MeO, and then the oxygen dissolved in the copper is removed with the hydrocarbon reductant. Therefore, the pyrometallurgical refining of crude copper includes oxidation and reduction processes, in order not only to remove impurities, but also to cast flat anode plates for electrolysis refining, because only some impurities can be removed in the pyrometallurgical refining process.

B: I noticed that the oxidation refining process was used in the pyrometallurgical refining of crude copper. Is it the same as the oxidation smelting process?

A: They have the same basic principle and are based on the affinity between metal and oxygen. However, the concentrate is processed in the oxidation smelting, which contains more gangues and produces a large amount of slag; while the crude metal is processed in the oxidation refining, with low impurity content and less slag. In pyrometallurgical refining of crude copper, not only metallic impurities, but also nonmetallic impurities are removed, for example, S is also removed by the oxidation to produce SO_2.

B: The reduction refining will be carried out after all impurities are completely oxidized. How to judge whether the oxidation or reduction process is over?

A: It's a very good question. Whether the oxidation is over or not can be based on some special phenomena in the furnace, such as flame color. The technicians can judge it based on their rich on-site experiences, or by taking the copper samples to observe their surfaces and cross sections. If the surfaces are blistered and the cross sections are porous, it means that there is a lot of SO_2 in the melt, which must be "desulfurized", that is, to reduce the temperature of the melt and increase the driving force of the furnace, so that SO_2 can be discharged quickly. Next, in the reduction stage the reductants such as charcoal or coke powder, heavy oil, natural gas, methane or liquid ammonia, can be used. The heavy oil is used as reductant in most plants in China. During reduction process, the temperature shall not be too high, so as to prevent the generated H_2 and SO_2 from dissolving in the copper melt, resulting in a large number of pores in the cast anode plate surfaces.

B: Because the temperature is low when pouring copper anode plates, the gas can escape, resulting in uneven plate surface. Is it right?

A: Yes. It is an important condition to obtain high-quality copper anode plates to strictly control the temperature of molten copper and mold in a certain range during pouring process. The anode plates are usually produced automatically with a disc casting machine, and the mold is made of copper. The basic process is as follows: The molten copper continuously flows from the refining anode furnace (Fig. 3.11) into the weighing tundish through the sluice, and then is fed from the tundish into the casting ladle. When the casting ladle reaches the preset weight, the molten copper will be fed into the empty mold; after that, the casting ladle is reset, and the disc casting machine (Fig. 3.12) is transferred to the pouring position of the next empty mold. The injected mold is fed into the cooling system and the anode plate is lifted with the pre-stripper, to release it from the mold. After it is transported to the take-out position, the anode plate is pushed up again with the final jacking device, and grabbed by the take-out device, hung into the cooling water tank and then on the chain conveyor.

B: The produced copper anode plates are sent to the next electrolysis refining workshop, and the pyrometallurgical refining of crude copper is completed.

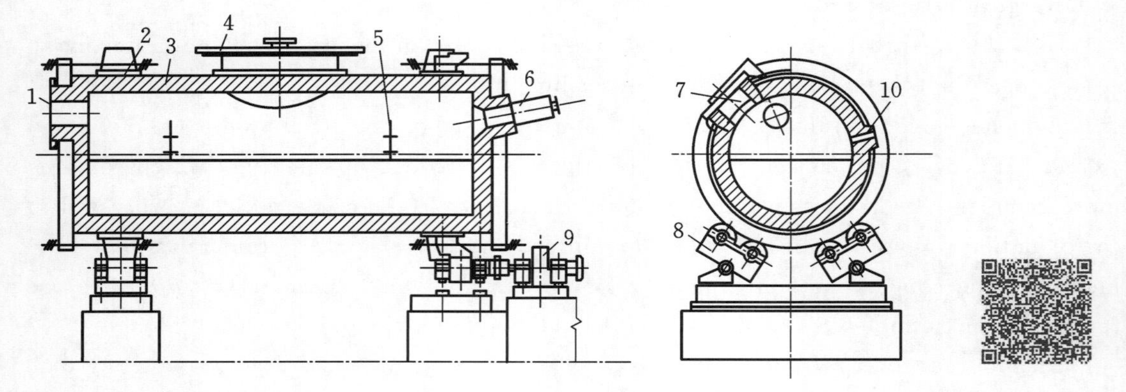

1.Flue outlet; 2.Shell; 3.Brick masonry; 4.Furnace cover; 5.Oxidation-reduction port; 6.Burner; 7.Furnace mouth; 8.Idler; 9.Driving device; 10.Copper outlet.

Fig. 3.11 Rotary refining furnace (anode furnace)

Anode furnace

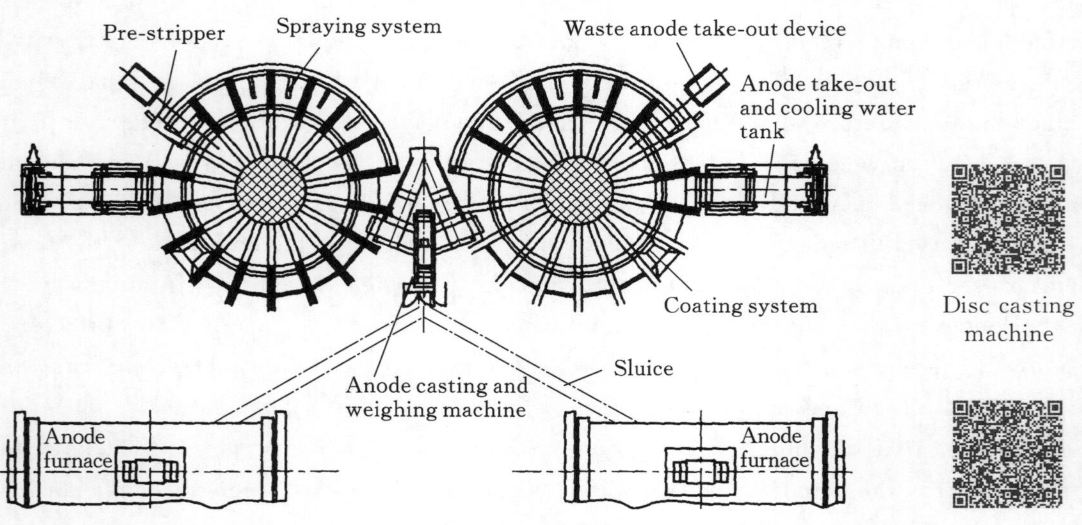

Fig. 3.12 Disc casting machine (Outokumpu anode casting machine)

Disc casting machine

Principle

Tugas 3 Peleburan dan Pemurnian

Tugas dan persyaratan: Menguasai proses dasar, metode umum dan peralatan utama peleburan yang berbeda; menguasai proses dasar pemurnian dengan api, mempelajari metode umum dan peralatan utama pemurnian dengan api untuk timbel wantah dan tembaga wantah; memahami diagram potensial oksigen.

3.1 Istilah-istilah

Matte: Adalah leburan kongruen dari sulfida logam. Misalnya, komposisi utama matte tembaga adalah Cu_2S dan FeS, dan komposisi utama matte nikel rendah adalah Ni_3S_2, Cu_2S dan FeS.

Peleburan reduksi: Adalah proses menghilangkan oksigen dalam oksida logam dengan menggunakan agen pereduksi yang dapat bergabung dengan oksigen dalam oksida logam pada suhu tinggi untuk mendapatkan logam wantah, yang merupakan penerapan reaksi reduksi dalam metalurgi.

Reduksi tidak langsung: Adalah reaksi reduksi yang menggunakan CO atau H_2 sebagai agen pereduksi dan menghasilkan gas CO_2 atau H_2O.

Reduksi langsung: Adalah reaksi reduksi yang menggunakan padatan karbon (C) sebagai agen pereduksi dan menghasilkan gas CO.

Reduksi metalotermik: Adalah reaksi reduksi yang menggunakan logam seperti Si dan Al sebagai agen pereduksi.

Peleburan oksidasi: Adalah proses dimana oksida yang sesuai dihasilkan dari unsur pengotor dalam logam di bawah aksi oksidan dan dimasukkan ke terak atau dilepaskannya dalam bentuk gas oksida untuk mendapatkan logam wantah.

Potensial oksigen: Adalah potensial kimia relatif oksigen dalam sistem, yang dapat digunakan untuk membandingkan kekuatan lingkungan gas pengoksidasi.

Hard head: Adalah produk peleburan reduksi konsentrat timah, yang terutama terdiri dari timah dan besi, dan beberapa mengandung lebih banyak arsen.

Pemurnian: Adalah proses menghilangkan lebih lanjut pengotor dari logam wantah yang diperoleh melalui peleburan dan memulihkan unsur-unsur berharga.

Pemurnian oksidasi: Adalah proses melakukan *slagging* oksidasi atau penguapan oksidasi dengan menggunakan oksidan untuk menghilangkan pengotor dalam logam wantah.

Pemurnian sulfidasi: Adalah proses menambahkan unsur sulfur atau sulfida ke leburan logam wantah, sehingga pengotor terbentuk menjadi sulfida untuk dihilangkan.

Pemurnian klorinasi: Adalah metode pemurnian yang menambahkan gas klorin atau klorida untuk membuat pengotor terbentuk menjadi klorida, sehingga terpisah dari logam induk.

Pemurnian alkali: Adalah metode pemurnian yang menambahkan alkali ke leburan logam wantah untuk mengoksidasi pengotor dan menggabungkannya dengan alkali untuk membentuk terak, sehingga dihilangkan.

Pemurnian rektifikasi: Adalah metode pemurnian yang memanfaatkan titik didih zat yang berbeda untuk melakukan beberapa kali penguapan dan kondensasi secara bergantian, sehingga menghilangkan pengotor.

Pemurnian vakum: Adalah metode pemurnian yang menghilangkan pengotor dalam logam wantah dalam kondisi lebih rendah atau jauh lebih rendah dari tekanan normal.

Pemurnian pencairan (***liquation refining***): Adalah metode pemurnian yang memanfaatkan sifat pengotor atau senyawanya bahwa kelarutannya dalam logam induk berubah sesuai dengan suhu, untuk menghilangkan pengotor dengan mengubah suhu.

Pemurnian zona: Adalah metode pemurnian yang menggunakan panas yang dihasilkan oleh koil induksi untuk secara bertahap memanaskan batang logam dari satu ujung ke ujung lainnya, sehingga ia melebur kemudian memadat, dan memanfaatkan sifat dimana zat terlarut diperkaya (dipisahkan) dalam fase cair selama pemadatan untuk memperkaya zat terlarut dalam batang logam ke ujung yang melebur terlebih dahulu, sehingga membuat ujung lainnya memperoleh logam dengan kemurnian lebih tinggi.

3.2 Peleburan

3.2.1 Mengenali "Peleburan"

Peleburan adalah unit proses yang paling penting dalam pirometalurgi. Hampir semua produksi logam berat dan besi dilakukan dengan proses peleburan terlebih dahulu untuk memperoleh logam wantah dan kemudian dilakukan pemurnian. Menurut jenis reaksi utama yang terjadi dalam proses produksi, proses peleburan bisa dibagi menjadi peleburan matte, peleburan oksidasi dan peleburan reduksi.

3.2.1.1 Peleburan Matte

A: Peleburan matte terutama digunakan dalam produksi logam tembaga dan nikel.

Bahan yang diterima ke dalam tungku termasuk konsentrat sulfida logam dan fluks untuk *slagging*. Setelah peleburan, produk yang diperoleh termasuk tiga, yaitu: matte tembaga, terak dan gas buang.

B: Matteadalah leburan kongruen dari sulfida logam, yang berbeda dari leburan logam dan terak pada kepadatan, komposisi, dan sifat utama. Jadi tidak dapat dikelirukan.

A: Peleburan matte dapat dilakukan adalah karena afinitas antara Cu-S lebih kecil daripada Fe-S, dan afinitas antara Cu-O lebih besar daripada Fe-O.

Dalam konsentrat tembaga sulfida, FeS sebagian teroksidasi, dan komposisi *gangue* yang diperoleh seperti FeO dan SiO_2 terbentuk menjadi terak. Karena keberadaan FeS, Cu_2O yang teroksidasi juga akan terbentuk menjadi Cu_2S yang stabil pada suhu tinggi, dan selanjutnya bergabung dengan FeS yang tidak teroksidasi untuk membentuk matte tembaga.

Proses peleburan matte terutama menghasilkan matte, yang umumnya perlu dioksidasi lebih lanjut melalui pengonversian atau langkah lainnya untuk memperoleh logam. Oleh karena itu, matte merupakan produk perantara proses peleburan, tetapi ia memiliki sangat berpengaruh pada kelancaran proses peleburan.

B: Matte tembaga yang diproduksi secara industri terutama terdiri dari komposisi Cu, Fe, S, dan sedikit pengotor seperti Ni, Co, Pb, Zn, Sb, Bi, Au, Ag, dll. Pengotor ini dapat dioksidasi, misalnya, selain dalam bentuk FeS, Fe bisa juga bisa berada dalam bentuk FeO, Fe_3O_4, dll.

A: Benar. Penghilangan besi sebenarnya adalah untuk mengoksidasi besi menjadi FeO dan SiO_2 untuk membentuk $2FeO \cdot SiO_2$ (fayalit) dan kemudian dihilangkan. Jika kandungan SiO_2 dalam leburan tidak memadai, kita akan menambahkannya secara terpisah untuk mendorong reaksi, yang tercermin secara lebih konkrit dalam proses pengonversian. Oleh karena itu, FeO yang teroksidasi terlebih dahulu, *gangue* (SiO_2, Al_2O_3, CaO, dll.) dalam konsentrat dan fluks, serta unsur-unsur pengotor dalam konsentrat dikumpulkan dalam terak hasil pembuatan matte, sedangkan unsur-unsur volatil dan SO_2 diperkaya dalam asap dan dibuang.

Matte tembaga memiliki dua sifat yang sangat menonjol: Satu adalah berperan sebagai agen pengumpul logam mulia, yaitu karena Cu_2S dan FeS di dalamnya mampu melarutkan Au dan Ag, sehingga logam mulia akan mengikuti aliran logam tembaga hingga dipisahkan secara elektrokimia melalui proses pemurnian elektrolisis; yang kedua adalah matte tembaga yang melebur dapat meledak jika memjadi lembap, jadi perhatian khusus harus diberikan selama produksi, dan tidak ada bahan yang lembab dilarang ditambahkan ke tungku yang mengandung leburan matte tembaga.

3.2.1.2 Peleburan Oksidasi

A: Proses peleburan oksidasi banyak digunakan dalam industri metalurgi. Peleburan langsung timbel sulfida (logam non-ferro), pengonversian matte tembaga, dan pengonversian besi (logam ferro) menjadi baja semuanya dapat dikategorikan dalam proses ini.

Untuk peleburan timbel (logam non-ferro), metode peleburan reduksi "penyinteran & tungku sembur" yang tradisional menempatkan proses oksidasi dan reduksi masing-masing dalam dua peralatan, yang memiliki banyak kerugian yang sulit diatasi. Untuk mengurangi konsumsi energi, mengontrol pencemaran lingkungan, meningkatkan efisiensi produksi, dan mengurangi biaya produksi, pihak pabrik memiliki persyaratan yang semakin ketat pada proses peleburan, sehingga metode tradisional tersebut sangat tertantang. Metode peleburan timbel yang modern adalah proses memanfaatkan keaktifan kimia dan panas hasil oksidasi konsentrat sulfida untuk langsung melakukan oksidasi tanpa penyinteran dan pemanggangan untuk menghasilkan logam timbel, sehingga mempercepat reaksi kimia dan proses peleburan.

B: Apakah pembuatan timbel secara oksidasi langsung adalah mengalami reaksi $PbS + O_2 = Pb + SO_2$?

A: Ya, tapi bukan sepenuhnya. Dalam produksi metalurgi, penggunaan oksigen industri dan peralatan metalurgi yang dapat memperkuat proses memungkinkan sulfida logam terkontrol, sehingga peleburan oksidasi bisa diterapkan dalam industri. Ada dua cara utama untuk mengoksidasi PbS untuk menghasilkan logam timbel. ① PbS langsung dioksidasi untuk menghasilkan logam timbel, yang kebanyakannya terjadi di ruang tungku reaktor metalurgi. ② PbS bereaksi silang dengan PbO ($PbS + 2PbO = 3Pb + SO_2$) untuk menghasilkan logam timbel, kebanyakannya terjadi di kolam leburan reaktor. Untuk memperoleh timbel (Pb), oksidasi perlu dilakukan untuk menghilangkan sulfar sebanyak mungkin, demikian lebih banyak PbO dihasilkan, yang akan menyebabkan meningkatnya kehilangan Pb dalam terak, sehingga pengendalian rasio oksigen-bahan yang wajar menjadi kunci untuk proses peleburan langsung.

B: Artinya, kesulitan memproduksi timbel dengan peleburan langsung sambil memperoleh timbel wantah dengan kandungan sulfur rendah dan terak dengan kandungan timbel rendah.

A: Benar. Saat ini, peleburan timbel langsung adalah melakukan peleburan oksidasi di bawah potensial oksigen yang tinggi untuk menghasilkan timbel wantah dengan kandungan sulfur yang memenuhi syarat dan terak dengan kandungan timbel tinggi, yang bisa mencapai 40%－50%, sehingga reduksi perlu dilakukan kembali untuk meningkatkan tingkat pemulihan timbel.

B: Jadi, aliran proses dasar dari metode peleburan timbel langsung adalah: bijih sulfida langsung dilakukan peleburan oksidasi terlebih daulu untuk memperoleh logam timbel dan terak dengan kandungan timbel tinggi, kemudian terak dengan kandungan timbel tinggi ini terus mengalami peleburan reduksi, sedangkan logam timbel yang diperoleh digabungkan dan dikirim ke unit proses berikutnya, kan?

A: Ya. Proses peleburan langsung konsentrat timbel sulfida dapat dibagi menjadi dua jenis. Satu adalah proses menyemprotkan konsentrat ke dalam ruang tungku yang panas untuk mengalami peleburan oksidasi dalam keadaan tersuspensi, kemudian bereaksi lebih lanjut di bak pengendapan untuk diklarifikasi dan dipisahkan, seperti proses Kivcet. Proses peleburan di mana reaksi peleburan terutama terjadi di ruang tungku disebut peleburan kilat. Dan yang lainnya adalah menambahkan konsentrat ke dalam leburan yang tertiup hingga bergulung-gulung untuk peleburan, seperti proses QSL, proses Shuikoushan (SKS), proses Ausmelt, dan proses Isa. Proses peleburan di mana reaksi peleburan terutama terjadi di kolam leburan disebut peleburan kolam leburan.

Selanjutnya, mari kami belajar tentang pengonversian matte tembaga, yang juga dikategorikan dalam proses peleburan oksidasi.

B: Sebelumnya kami sudah belajar proses peleburan matte, jadi dalam proses produksi pirometalurgi tembaga, apakah matte tembaga yang diperoleh akan dikirim ke proses pengonversian?

A: Ya. Matte tembaga yang dihasilkan dari proses peleburan matte biasanya memiliki kadar tembaga sekitar 30%-65%. Di bawah lingkungan gas pengoksidasi pengonversian, kecenderungan dan urutan oksidasi dari sulfida Cu_2S dan FeS adalah besi lebih awal daripada tembaga. Artinya, hanya setelah besi dalam matte tembaga pada dasarnya teroksidasi sepenuhnya dan bereaksi dengan fluks kuarsa (SiO_2) yang ditambahkan untuk membentuk terak, Cu_2S baru mulai teroksidasi dalam jumlah besar untuk membentuk Cu_2O, dan bereaksi silang dengan Cu_2S yang belum teroksidasi untuk menghasilkan tembaga wantah. Reaksinya adalah: $Cu_2S+3/2O_2 = Cu_2O+SO_2$, $Cu_2S+2Cu_2O = 6Cu+SO_2$.

B: Yaitu, membentuk terak dulu, kemudian menghilangkan besi, akhirnya membuat tembaga.

A: Ya. Proses pengonversian matte tembaga dibagi menjadi dua tahap: Tahap pertama disebut tahap pembentukan terak, yang produknya adalah matte putih; dan tahap kedua adalah tahap pembuatan tembaga yang dilakukan di peralatan yang sama (tungku konverter horizontal), yang menghasilkan tembaga wantah sebagai produk akhir. Suhu tungku biasanya dikontrol antara 1.150 - 1.300 ℃ selama proses ini.

B: Saya mengerti. Jadi bagaimana proses pengonversian besi cair?

A: Untuk memperoleh baja yang memenuhi syarat, unsur-unsur pengotor seperti C, Si, Mn, dan P dalam besi cair perlu digabungkan dengan oksigen untuk membentuk oksida melalui peleburan oksidasi, dan kemudian dihilangkan dalam bentuk gas tungku atau terak. Reaksi oksidasi dalam proses pembuatan baja terutama terjadi pada antarmuka antara terak dan baja cair. Oksidasi untuk berbagai unsur dibagi menjadi dua jenis, yaitu: oksidasi langsung dan oksidasi tidak langsung.

Oksidasi Langsung: Oksigen dalam fase gas bereaksi langsung dengan logam.

Oksidasi tidak langsung: Mengoksidasi unsur lain dalam bentuk atom oksigen terlarut. Oksigen dalam fase gas pertama-tama mengoksidasi unsur Fe menjadi FeO, kemudian FeO dalam terak berdifusi dan terlarut dalam logam. Setelah itu, FeO yang ada dalam terak satu sisi bertindak sebagai oksidan untuk mengoksidasi unsur-unsur yang berdifusi dari besi cair ke antarmuka terak-cair besi, dan sisi lain dalam bentuk atom oksigen terlarut untuk mengoksidasi unsur-unsur dalam besi cair.

B: Jadi bagaimana menilai unsur mana yang lebih awal dioksidasi?

A: Kami dapat menganalisisnya berdasarkan Diagram Potensial Oksigen (Gambar 3.1). Secara umum, semakin rendah posisi garis lurus, semakin kecil nilai karena energi bebas Gibbs standar ($\Delta_f G_m^{\ominus}$) dari reaksi yang sesuai, semakin stabil oksidanya (MeO), dan semakin mudah unsur tersebut dioksidasi.

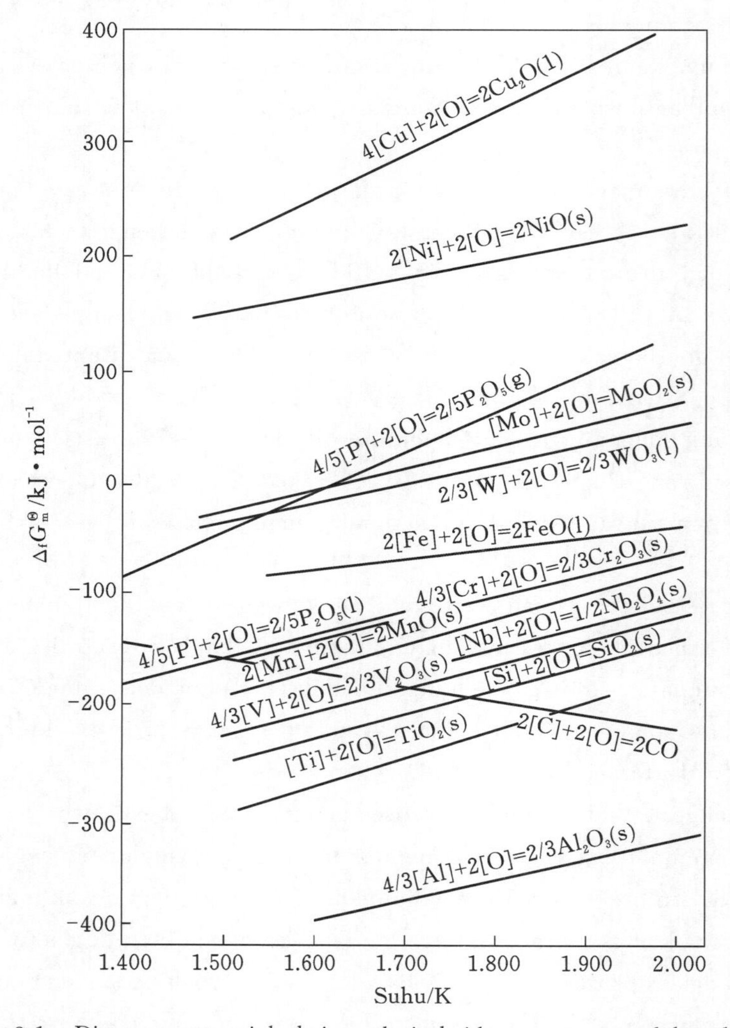

Gambar 3.1 Diagram potensial oksigen dari oksida unsur-unsur dalam besi cair

Karena FeO adalah oksidan utama dalam kolam leburan pembuatan baja, dengan membandingkan posisi relatif garis potensial oksigen FeO dan oksida unsur-unsur lainnya, dapat ditentukan bahwa: ① Unsur-unsur di atas garis potensial oksigen FeO (seperti Cu,

Ni, W, Mo, dll) pada dasarnya tidak dapat dioksidasi, jika mereka bukan unsur paduan yang diperlukan untuk produk pembuatan baja, maka mereka harus dihilangkan pada proses pemilihan dan *proportioning* bahan; ② Unsur-unsur di bawah garis potensial oksigen FeO secara teoritis semuanya dapat dioksidasi; ③ Oksidasi langsung lebih mudah dilakukan daripada oksidasi tidak langsung, karena energi bebas Gibbs standar yang mereka hasilkan adalah yang terkecil.

Tungku konverter *top-blown* oksigen yang umum digunakan dalam pembuatan dan pengonversian baja adalah sejenis konverter vertikal.

3.2.1.3 Peleburan Reduksi

A: Peleburan reduksi adalah unit proses utama dalam produksi metalurgi timah (logam non-ferro) dan besi (logam ferro) yang mengambil bijih teroksidasi sebagai bahan baku utama. Tujuan utamanya adalah mereduksi logam-logam dalam bahan baku dengan agen pereduksi. Agen pereduksi yang sering digunakan dalam industri adalah agen pereduksi yang mengandung karbon (*carbonaceous*), seperti batu bara antrasit, bituminus, dan kokas, di mana yang memiliki kandungan karbon tetap lebih tinggi adalah yang lebih baik. Tapi B, apakah Anda menemukan bahwa agen pereduksi ini juga berperan sebagai bahan bakar yang dapat menghasilkan panas.

B: Ya, suhu produksi selama proses peleburan reduksi umumnya sekitar 1.300 ℃, panas tambahan pasti diperlukan untuk mempertahankan reaksi.

A: Ketika bahan bakar yang mengandung karbon digunakan sebagai agen penghasil panas dan agen pereduksi, komposisi utamanya adalah C, dan jika gas batu bara digunakan sebagai bahan bakar, komposisi utamanya adalah H_2. Pembakaran bahan bakar melibatkan reaksi dasar berikuti:

$C + O_2 = CO_2$ (reaksi pembakaran sempurna C)

$2C + O_2 = 2CO$ (reaksi pembakaran tidak sempurna C)

$2CO + O_2 = 2CO_2$ (reaksi pembakaran CO)

$C + CO_2 = 2CO$ (reaksi gasifikasi atau reaksi Boudouard C)

$2H_2 + O_2 = 2H_2O(g)$ (reaksi pembakaran H_2)

Dapat kami lihat bahwa, selain efek reduksi dari C dan H_2, CO yang dihasilkan dari pembakaran juga berfungsi sebagai agen pereduksi. Reaksi gasifikasi karbon dalam produksi aktual adalah reaksi yang paling penting dalam proses metalurgi ketika karbon digunakan sebagai agen pereduksi, sehingga CO memainkan peran utama dalam proses reduksi oksida logam.

B: Apakah kami juga bisa memahami proses peleburan reduksi melalui konsep afinitas?

A: Ya, bisa. Dalam metalurgi, afinitas sebenarnya adalah perubahan energi bebas Gibbs standar ($\Delta_r G_m^\ominus$) dari reaksi. Agen pereduksi membentuk oksida dengan merebut oksigen, sedangkan oksida logam kehilangan oksigen dan menjadi logam atau oksida logam bervalensi rendah. Dalam produksi timah, kasiterit (SnO_2) digunakan sebagai bahan baku untuk mendapatkan terak dengan kekentalan rendah, kerapatan rendah, fluiditas yang baik dan titik lebur dengan lebih baik, agar menyelesaikan reduksi timah dan pemisahan terak-timah lebih lengkap, dan fluks seperti kuarsa atau batu kapur biasanya ditambahkan selama *proportioning* untuk menghasilkan timah wantah A, timah wantah B, *hard head* dan terak. Selain mengandung timah, timah wantah A dan timah wantah B juga mengandung pengotor seperti besi, arsen, timbel, dan antimon, sehingga harus dimurnikan lebih lanjut untuk menghasilkan timah halus (*refined tin*) dengan tingkat berbeda.

Dalam pembuatan besi dengan tanur sembur, fluks (CaO, MgO) juga perlu ditambahkan selama *proportioning* untuk mendapatkan terak dalam bentuk yang baik. Keberadaan oksida besi dalam bijih besi terutama dalam bentuk Fe_2O_3, Fe_3O_4, dan FeO, dan reduksinya dilakukan secara bertahap dari valensi tinggi ke valensi rendah.

Ketikasuhu lebih rendah dari 570 ℃, itu dilakukan dalam urutan $Fe_2O_3 \rightarrow Fe_3O_4 \rightarrow Fe$, dan ketika suhu lebih tinggi dari 570 ℃, itu dilakukan dalam urutan $Fe_2O_3 \rightarrow Fe_3O_4 \rightarrow FeO \rightarrow Fe$. Suhu pembuatan besi umumnya lebih besar dari 1.300 ℃.

B: Menurut saya, gas CO lebih mudah bersentuhan sepenuhnya dengan bahan baku dalam proses pembuatan besi, jadi ia harus merupakan agen pereduksi utama.

A: Benar. Ketika suhu lebih tinggi dari 1.000 ℃, semua CO_2 diubah menjadi CO. Selama reduksi, selain Fe, unsur-unsur pengotor seperti Mn, P, dan Si juga akan direduksi dan dimasukkan ke besi cair (besi wantah), yang perlu dimurnikan lebih lanjut untuk memperoleh baja.

3.2.2 Peralatan Peleburan

(1) Tungku kilat (Gambar 3.2) dapat digunakan untuk proses peleburan matte (seperti peleburan tembaga) atau peleburan oksidasi.

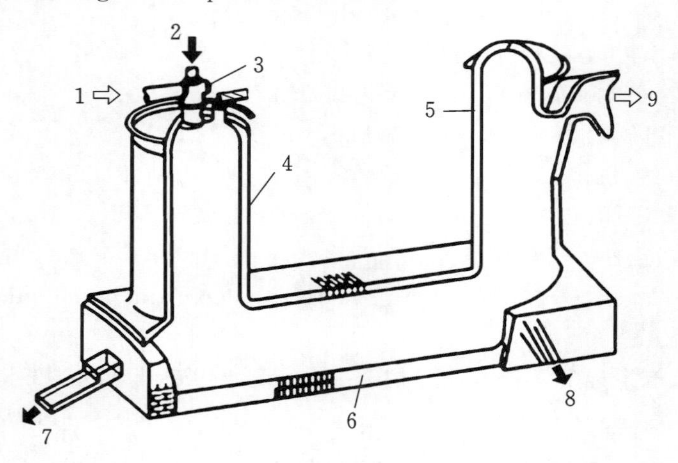

1.Lubang masuk udara yang diperkaya oksigen; 2.Lubang masuk konsentrat; 3.Nosel konsentrat; 4.Menara reaksi; 5.Cerobong naik; 6.Bak pengendapan; 7.Lubang keluar matte tembaga; 8.Lubang keluar terak; 9.Lubang keluar gas tungku.

Gambar 3.2 Tungku kilat outokumpu

(2) Tungku Ausmelt atau tungku Isa (Gambar 3.3) dapat digunakan untuk proses peleburan matte (seperti peleburan tembaga), peleburan reduksi (seperti peleburan timah) atau peleburan oksidasi (seperti peleburan timbel langsung).

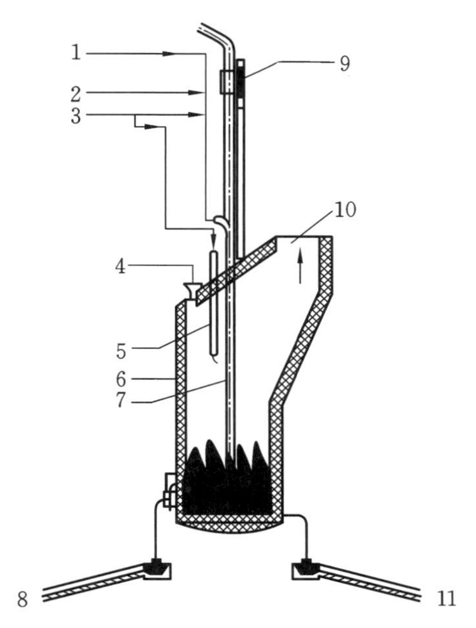

1.Lubang masuk udara yang dipanaskan awal; 2.Lubang masuk oksigen; 3.Lubang masuk gas alam; 4.Lubang pengumpan; 5.Pembakar; 6.Sistem pendingin; 7.Pistol semprot; 8.Lubang keluar terak; 9.Alat pengangkat pistol semprot; 10.Cerobong; 11.Lubang keluar logam.

Gambar 3.3 Tungku Ausmelt

Tungku Ausmelt adalah sejenis peralatan peleburan terendam *top-blown* yang memiliki struktur serupa tungku Isa, teknologi inti mereka terletak pada pistol semprot. Pistol semprot Ausmelt (Gambar 3.4) terdiri dari tabung konsentris empat lapisan, lapisan terdalam digunakan untuk batu bara halus (*pulverized coal*), lapisan kedua untuk oksigen, lapisan ketiga untuk udara, dan lapisan terluar untuk udara selubung yang digunakan untuk melindungi dinding selubung ketiga, dan juga untuk sulfur dan komposisi mudah terbakar lainnya dalam gas buang pembakaran. Lapisan terluar berada di atas leburan, tetapi tidak masuk ke dalam leburan.

Pistolsemprot tungku Isa (Gambar 3.5) terdiri dari tabung konsentris, lapisan tiga lapisan, lapisan terdalam adalah tabung pengukur tekanan, yang terhubung ke sensor tekanan eksternal dan digunakan untuk memantau tekanan balik pistol semprot selama operasi, yang diambil sebagai dasar untuk mengatur posisi pistol semprot. Lapisan kedua adalah saluran untuk solar atau batu bara halus, yang bisa dengan cepat menyesuaikan suhu tungku dengan mengontrol pembakaran bahan bakar. Lapisan terluar adalah untuk udara yang diperkaya oksigen, yang memasok oksigen untuk peleburan di tungku Isa. Untuk mewujudkan pengadukan sepenuhnya di kolam leburan, ujung pistol semprot dilengkapi dengan sudu-sudu panduan pusaran untuk memastikan bahwa angin dihembuskan ke kolam leburan pada kecepatan tangensial tertentu, sehingga membuat kolam leburan bergulung-gulung dan semua leburan berputar dengan cepat. Gas membuat gerakan spiral, dan pada saat yang sama memperkuat efek pendinginan gas terhadap tubuh pistol semprot, sehingga terak yang menciprat di kolam leburan bersuhu tinggi terikat dan dipadatkan pada permukaan luar ujung pistol semprot untuk membentuk lapisan pelindung terak yang relatif stabil, yang bisa menunda dampak erosi lelehan bersuhu tinggi pada pistol semprot baja.

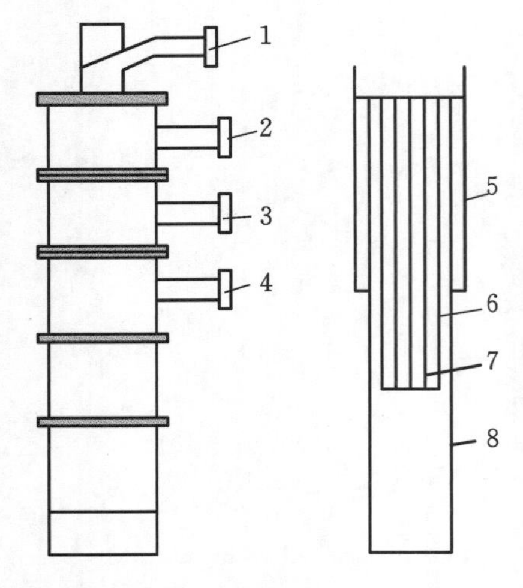

1.Batu bara halus; 2.Oksigen; 3.Udara; 4,5.Udara selubung; 6.Oksigen; 7.Pipa bahan bakar; 8.Pipa udara pembakaran.

Gambar 3.4 Diagram skema struktur empat lapisan pistol semprot Ausmelt

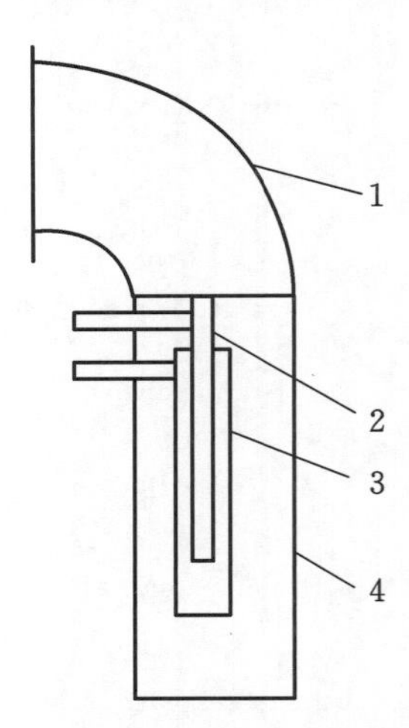

1.Selang; 2.Tabung pengukur tekanan; 3.Pipa bahan bakar; 4.Pipa udara.

Gambar 3.5 Diagram skema struktur pistol semprot tungku Isa

(3) Tungku konverter horizontal (Gambar 3.6) digunakan untuk pengonversian matte tembaga.

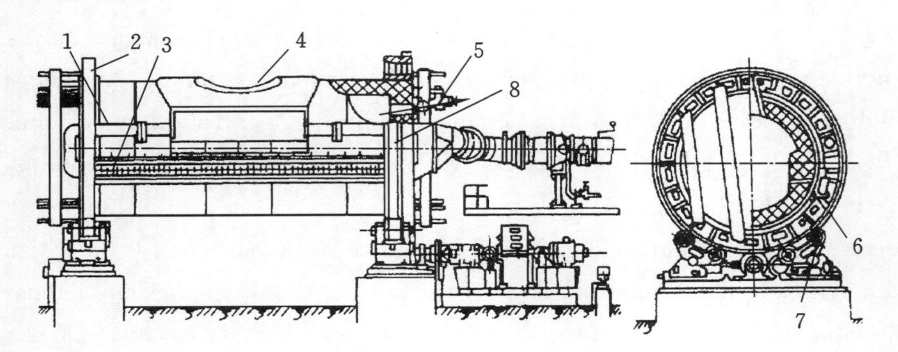

Tungku konverter horizontal

1.Cangkang; 2.Cincin bergulir; 3.Pipa pengumpul udara; 4.Mulut; 5.Pistol semprot kuarsa; 6.Nosel udara; 7.Roda pendukung; 8.*Ring gear*.

Gambar 3.6 Tungku konverter horizontal

(4) Tanur tinggi (Gambar 3.7) digunakan untuk pembuatan besi.

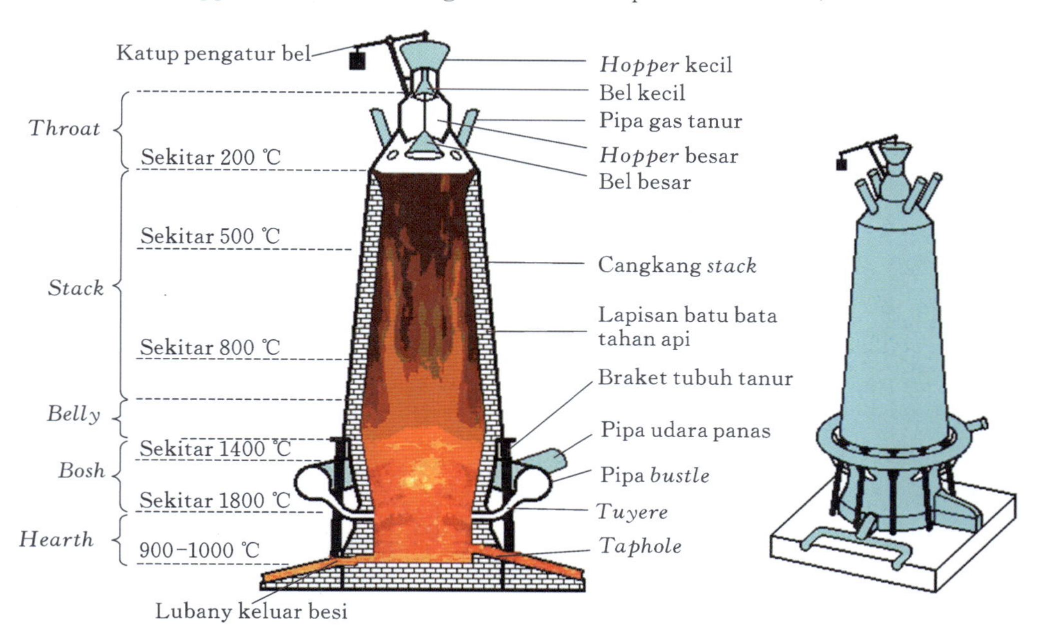

Gambar 3.7 Tanur tinggi

(5) Tungku konverter *top-blown* oksigen (Gambar 3.8) digunakan untuk pembuatan baja.

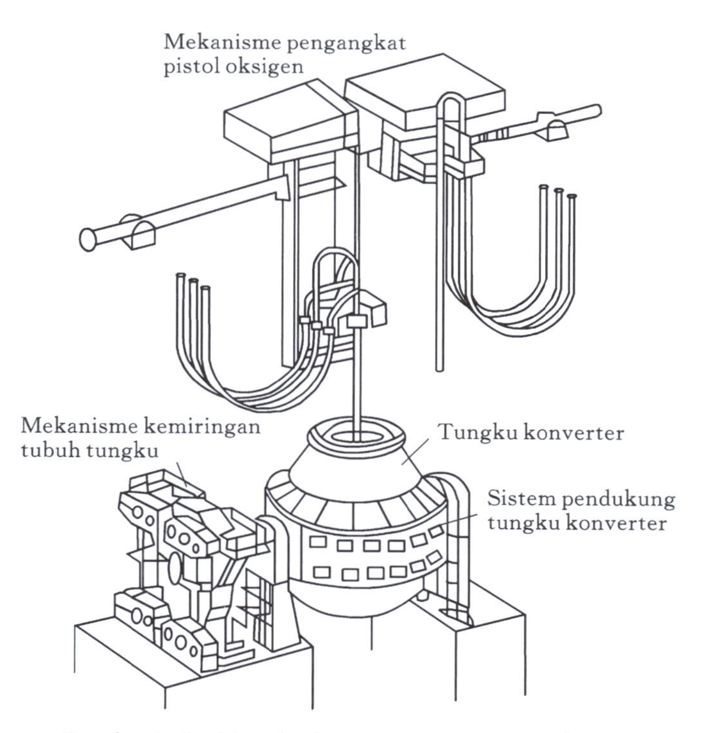

Gambar 3.8 Tungku konverter *top-blown* oksigen

3.3 Pemurnian

3.3.1 Mengenali "Pemurnian"

Logam wantah yang dihasilkan dari unit proses pirometalurgi mengandung sejumlah besar pengotor, yang perlu dimurnikan lebih lanjut. Tugas unit pemurnian piro adalah penghilangan pengotor dan pemurnian, yaitu memanfaatkan perbedaan sifat fisik dan kimia tertentu antara logam induk dan pengotor untuk memisahkannya. Oleh karena itu, proses pemurnian piro dapat dibagi menjadi dua jenis: pemurnian kimia dan pemurnian fisik. Proses pemurnian kimia yang umum digunakan termasuk pemurnian oksidasi, pemurnian sulfidasi, pemurnian klorinasi, dan pemurnian alkali; dan proses pemurnian kimia yang umum digunakan meliputi pemurnian rektifikasi, pemurnian vakum, dan pemurnian zona.

Pemurnian oksidasi juga dilakukan berdasarkan prinsip bahwa afinitas antara pengotor dan oksigen lebih besar daripada yang antara logam induk dan oksigen. Dengan memasukkan oksidan ke leburan, pengotor dioksidasi untuk membentuk oksida yang tidak larut (atau sedikit larut) dalam logam induk dan berkumpul mengapung di permukaan leburan, atau untuk menghasilkan gas (seperti pengotor sulfur dioksidasi menjadi SO_2) untuk diuapkan dan dihilangkan.

Prinsip dasar pemurnian sulfidasi mirip dengan pemurnian oksidasi, yaitu didasarkan sifat bahwa afinitas pengotor terhadap sulfur lebih besar daripada afinitas logam utama terhadap sulfur. Agen sulfidasi untuk pemurnian sulfidasi umumnya adalah zat dasar sulfur (tanpa pengotor). Setelah penambahan sulfur ke dalam leburan logam, karena keaktifan logam induk (disederhanakan dengan konsep konsentrasi) jauh lebih besar daripada logam pengotor Me', sehingga logam induk pertama-tama disulfidasi untuk membentuk sulfida logam induk (MeS), dan kemudian terjadi reaksi penghilangan pengotor seperti berikutnya ($MeS + Me' = Me'S + Me$), yang menghasilkan sulfida logam induk dengan kelarutan rendah dan kerapatan kecil dalam fase logam dan terapung di permukaan, dengan demikian pemurnian dan penghilangan pengotor diwujudkan. Contoh-contoh tipikal untuk pemurnian sulfidasi adalah penambahan tembaga masing-masing ke dalam timbel wantah dan timah wantah untuk menghilangkan tembaga dan besi.

Pemurnian klorinasi banyak digunakan untuk menghilangkan seng dari timbel wantah, menghilangkan timbel dari timah wantah, dll.

Pemurnian alkali sering digunakan untuk menghilangkan nikel dari tembaga wantah, menghilangkan arsen, antimon, dan timah dari timbel wantah, menghilangkan arsen dari antimon wantah, dll.

Pemurnian rektifikasi biasanya dilakukan dalam menara rektifikasi, dan fase gas dan fase cair berkontak secara arus balik untuk perpindahan panas dan massa. Komposisi volatil dalam fase cair memasuki fase gas, dan mengembun di bagian atas menara untuk mendapatkan komposisi volatil yang hampir murni, dan mendapatkan komposisi sulit menguap yang hampir murni di bagian bawah menara. Pemurnian rektifikasi cocok untuk mengolah cairan logam yang memiliki perbedaan titik didih yang besar, saling melarutkan atau larut sebagian. Dalam metalurgi logam non-ferro, proses rektifikasi berhasil digunakan dalam pemurnian piro seng wantah.

Prosespemurnian vakum terutama meliputi distilasi (sublimasi) vakum dan *degassing* vakum. Distilasi vakum adalah proses mengontrol suhu untuk membuat zat tertentu diuapkan dan dikondensasikan secara selektif dengan memanfaatkan sifat bahwa berbagai zat memiliki tekanan uap dan laju penguapan yang berbeda pada suhu yang sama dalam kondisi vaku untuk memperoleh bahan murni. Proses ini terutama digunakan untuk memurnikan logam tertentu dengan titik didih lebih rendah, seperti raksa, seng, selenium, telurium, kalsium, dll. *Degassing* vakum adalah proses menghilangkan pengotor gas dalam kondisi vakum, termasuk melepaskan beberapa pengotor tertentu dalam bentuk gas melalui reaksi kimia, mengurangi kelarutan pengotor gas dalam logam.

Pemurnian pencairan (*liquation refining*) adalah proses memisahkan pengotor dan logam dengan memanfaatkan hukum transisi fase "melebur-mengkristal" dimana ketika cairan mulai memadat pada suhu transisi fase, dua atau beberapa fase yang hidup berdampingan (koeksistensi) secara seimbang yang terdiri dari komposisi yang berbeda akan terbentuk, dan pengotor itu akan diperkaya dalam fase padat atau fase cair tertentu, sehingga terpisah dari logam.

3.3.2 Pemurnian Piro Timbel Wantah

A: B, pengotor dalam logam wantah sangat mempengaruhi sifat logam, dan unit proses untuk menghilangkannya disebut pemurnian. Pemurnian logam meliputi pirometalurgi dan elektrolisis. Proses elektrolisis dikategorikan dalam hidrometalurgi, umumnya unit pemurnian yang sering kita sebut mengacu pada pemurnian piro.

B: Jadi bagaimana kita menentukan prose pemurnian mana yang bisa digunakan?

A: Pertanyaan ini bermakna. Proses produksi metalurgi yang sesuai harus selalu dipilih sesuai sifat bahan baku, karena logam induk dan pengotor hanya bisa dipisahkan dan diperkaya sesuai dengan perbedaan sifat-sifatnya tertentu. Selain itu, penggunaan akhir dan biaya produksi logam juga perlu dipertimbangkan. Misalnya, untuk timbel wantah, pemurnian piro umum digunakan, atau tentu saja beberapa pengotor darinya dapat dihilangkan dengan prose pirometalurgi terlebih dahulu, kemudian dimurnikan dengan proses pemurnian elektrolisis. Sedangkan untuk tembaga wantah, prosesnya pada prinsip adalah pertama-tama dilakukan pemurnian piro untuk membuat pelat anoda, kemudian dilakukan pemurnian elektrolisis untuk menghasilkan tembaga elektrolisis dengan kandungan tembaga lebih dari 99,95%, ini karena tembaga utama digunakan dalam industri kelistrikan, jika tembaga wantah hanya mengalami pemurnian piro saja, maka sifat mekanik dan konduktivitasnya masih belum bisa memenuhi persyaratan penerapan di industri.

B: Jadimetode pemurnian mana yang digunakan dalam proses pemurnian piro penuh timbel wantah?

A: Pengotor logam wantah tidak dapat dihilangkan sepenuhnya dengan satu metode saja. biasanya logam wantah perlu diperlakukan secara terarah sesuai dengan komposisi pengotornya, jadi beberapa metode perlu digunakan untuk mencapai tujuan pemurnian. Aliran proses pemurnian piro timbel wantah adalah seperti yang ditunjukkan pada Gambar 3.9.

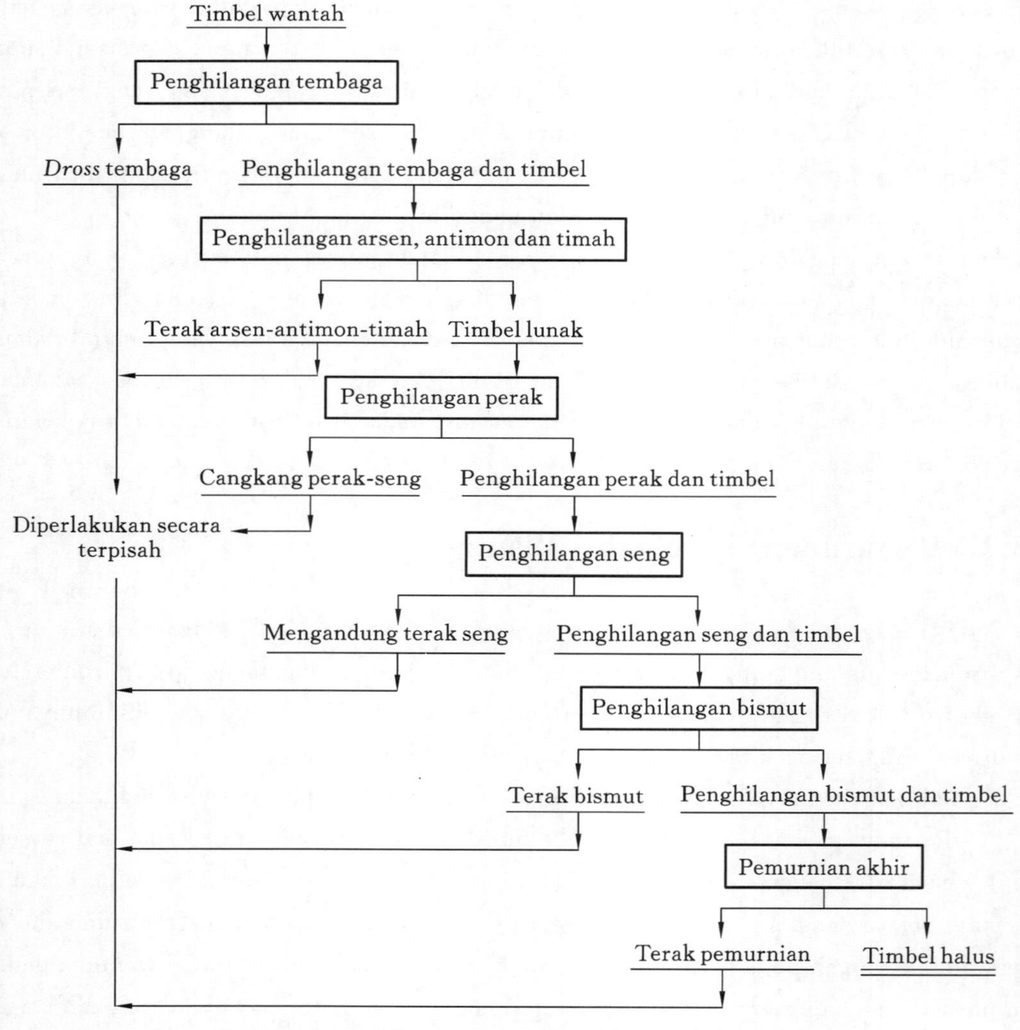

Gambar 3.9 Aliran proses pemurnian timbel wantah

B: Artinya, pengotor dihilangkan secara berurutan.

A: Benar. Tembaga dalam timbel wantah dihilangkan dengan cara pencairan (*liquation*) dulu kemudian penambahan sulfur. Selama proses pencairan, ketika cairan timbel dengan kadar tembaga tinggi didinginkan, tembaga akan diendapkan dalam bentuk larutan padat, dan karena kepadatannya lebih rendah daripada cairan timbel, ia mengapung di permukaan cairan timbel dalam bentuk *dross*, yang dapat dikeruk untuk dihilangkan. Kemudian menambahkan zat dasar sulfur untuk menghasilkan terak Cu_2S, demikian operasi penghilangan tembaga selesai.

Arsen, antimon, dan timah dihilangkan melalui pemurnian alkali. $NaNO_3$, NaOH, dan NaCl ditambahkan ke leburan timbel penghilang tembaga, agar pengotor dalam timbel wantah (seperti arsen, antimon, dan timah) dioksidasi oleh $NaNO_3$ dan pembentukan terak dengan NaOH untuk mengapung di permukaan. NaCl yang ditambahkan tidak berpartisipasi dalam reaksi, tetapi hanya dapat meningkatkan kapasitas penyerapan NaOH terhadap garam pengotor, merendahkan titik leleh dan kekentalan leburan terak, dan mengurangi konsumsi $NaNO_3$. Suhu pemurnian alkali dikendalikan antara 400－450 ℃.

Perak dihilangkan dengan penambahan seng, karena seng memiliki afinitas yang lebih besar terhadap emas dan perak, dapat membentuk senyawa intermetalik yang memiliki kerapatan yang lebih rendah dari timbel dan titik lebur yang lebih tinggi dari timbel, dan tidak larut dalam cairan timbel yang jenuh dengan seng, sehingga secara bertahap membentuk cangkang terak, yaitu cangkang perak-seng, yang mengapung di permukaan cairan timbel dan terpisah dari timbel.

Cairan timbel yang sudah ditambahkan seng untuk menghilangkan perak mengandung 0,5%－0,6% seng, yang perlu dihilangkan sebelum dilakukan penghilangan bismut. Ada banyak cara untuk menghilangkan seng, seperti metode oksidasi, metode klorinasi, metode alkali, metode vakum, dll. Namun, kerugian umum dari ketiga metode pemurnian secara kimia pertama adalah seng akan memasuki terak pemurnian dalam bentuk senyawa, tidak dapat dipulihkan sebagai seng terkondensasi dalam bentuk logam dan kemudian dikembalikan ke proses penghilangan perak, sehingga bahan tersebut tidak dapat didaur ulang, jadi kebanyakan pabrik sekarang menggunakan metode distilasi vakum untuk menghilangkan seng. Metode vakum digunakan untuk memisahkan seng dan timbel berdasarkan pada prinsip bahwa seng lebih mudah menguap daripada timbel.

Selama proses peleburan reduksi, hampir semua bismut dalam mineral mentah akan masuk ke dalam timbel wantah, dan timbel wantah umumnya mengandung 0,1%－0,5% bismut. Namun, di beberapa pabrik, karena bahan bakunya mengandung lebih sedikit bismut, timbel wantah yang dihasilkan mengandung bismut kurang dari 0,005%, sehingga proses penghilangan bismut bisa diabaikan, artinya, proses penghilangan bismut diperlukan atau tidak bergantung pada komposisi bahan baku. Ini adalah proses yang relatif sulit untuk menghilangkan bismut dengan pemurnian piro dari timbel wantah, dan pemurnian elektrolisis lebih cocok bila timbel wantah dengan kandungan bismuth tinggi. Cara umum untuk menghilangkan bismut dengan pemurnian piro adalah penambahan kalsium, magnesium, antimon dan bismut dalam cairan timbel untuk membentuk senyawa Bi_2Ca_3 dan Bi_2Mg_3 yang tidak larut dalam cairan timbel, dan mereka mengapung di permukaan cairan timbel sehingga terpisah dari timbel.

Setelah mengalami serangkaian operasi pemurnian, meskipun kandungan pengotor seperti tembaga, arsen, antimon, timah, perak, seng, dan bismut dalam timbel wantah dapat memenuhi persyaratan standar produk, beberapa kalsium, magnesium, kalium dari reagen (yang ditambahkan) mungkin tersisa. Untuk memastikan persyaratan kualitas produk, pemurnian akhir perlu dilakukan sebelum *ingot teeming* timbel, metode yang digunakan adalah pemurnian alkali, yaitu menambahkan NaOH dengan kandungan timbel sekitar 0,3% dan $NaNO_3$ dengan kandungan timbel sekitar 0,2%, mengaduk selama 2 - 4 jam, dan mengeruk teraknya, akhirnya menuangkan untuk membentuk ingot timbel halus.

B: Ini benar-benar proses yang rumit, tetapi proses pemurnian piro hanya menghilangkan satu pengotor setiap kali, yang seharusnya kondusif untuk daur ulang logam.

A: Benar! Dan peralatan yang digunakan untuk pemurnian timbel wantah agak simpel, terutama adalah pot pemurnian (Gambar 3.10).

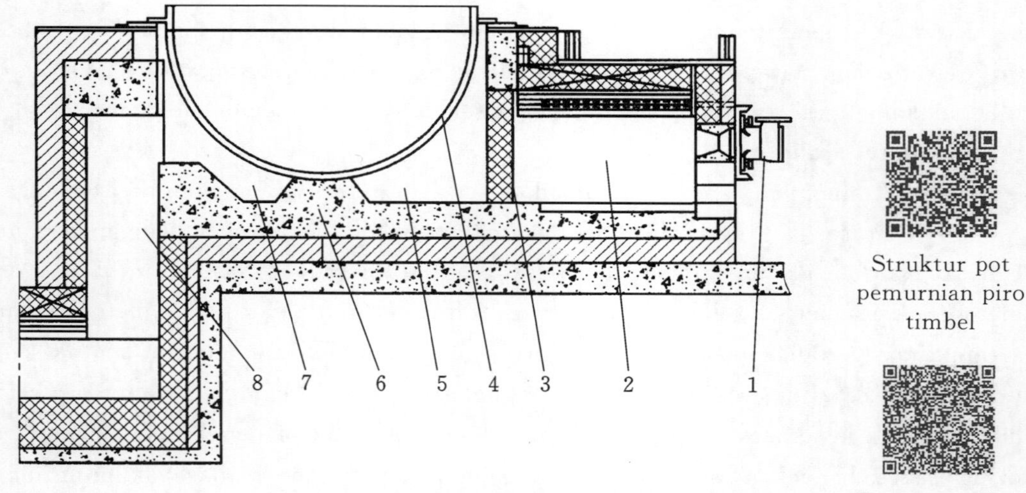

1.Nosel gas batu bara; 2.Ruang pembakaran; 3.Dinding penyekat; 4.Pot pemurnian; 5,7.Ruang pemanasan; 6.Alas pendukung; 8.Cerobong.

Gambar 3.10 Struktur pot pemurnian piro timbel

3.3.3 Pemurnian Piro Tembaga Wantah

A: Pemurnian piro tembaga wantah menggunakan tembaga wantah yang diperoleh setelah pengonversian matte tembaga sebagai bahan bakunya, dan suhunya dikontrol antara 1.150 - 1.200 ℃. Pertama, udara tertiup ke dalam leburan tembaga wantah untuk membuat pengotor dalam leburan tembaga dioksidasi oleh oksigen di udara, dan dimasukkan ke terak dalam bentuk oksida logam MeO, kemudian agen pereduksi hidrokarbon digunakan untuk menghilangkan oksigen yang terlarut dalam tembaga. Jadi, pemurnian piro tembaga wantah sebenarnya mencakup dua proses, yaitu oksidasi dan reduksi, tujuannya bukan hanya menghilangkan pengotor, tetapi juga menuang pelat anoda yang datar untuk dilakukan pemurnian elektrolisis, karena pemurnian piro hanya dapat menghilangkan sebagian pengotor.

B: Saya perhatikan bahwa pemurnian piro tembaga wantah mengadopsi proses pemurnian oksidasi, apakah ini sama dengan peleburan oksidasi?

A: Prinsip dasarnya sama, yaitu memanfaatkan afinitas yang berbeda antara logam dan oksigen. Namun, proses peleburan oksidasi digunakan untuk mengolah konsentrat, yang mengandung banyak *gangue* dan akan menghasilkan sejumlah besar terak, sedangkan proses pemurnian oksidasi digunakan untuk mengolah logam wantah, yang memiliki kandungan pengotor yang rendah dan menghasilkan terak dalam jumlah kecil. Untuk tembaga wantah, pemurnian piro tidak hanya bertugas untuk menghilangkan pengotor logam, tetapi juga pengotor non-logam. Misalnya, S juga dihilangkan dengan dioksidasi menjadi SO_2.

B: Tapi setelah benar-benar teroksidasi, pengotor akan mulai tereduksi, jadi bagaimana menilai apakah proses oksidasi dan reduksi telah berakhir?

A: Ini pertanyaan yang sangat bagus. Proses oksidasi sudah berakhir atau tidak dapat dinilai berdasarkan beberapa fenomena istimewa yang terjadi di tungku, seperti warna nyala api. Tenaga teknis dapat membuat penilaian berdasarkan pengalaman di lapangan diri yang kaya, atau dapat mengambil sampel tembaga untuk mengamati permukaan dan penampangnya, jika permukaannya bergelembung dan penampangnya berpori, itu berarti leburan mengandung banyak SO_2, jadi operasi "desulfurisasi" diperlukan, yaitu mengurangi suhu leburan sambil meningkatkan gaya isap tungku, sehingga SO_2 dapat dilepaskan dengan cepat. Kemudian memasuki tahap reduksi, dan agen pereduksi yang dapat digunakan termasuk arang atau bubuk kokas, minyak berat, gas alam, metana atau amonia cair. Di Tiongkok, sebagian besar pabrik menggunakan minyak berat sebagai agen pereduksi. Selama reduksi, suhunya harus dijaga tidak terlalu tinggi agar mencegah H_2 dan SO_2 yang dihasilkan larut dalam leburan tembaga, sehingga menghasilkan sejumlah besar pori pada permukaan pelat anoda yang dituang.

B: Artinya, karena suhunya rendah saat menuang pelat anoda tembaga, gas dilepas sehingga menyebabkan permukaan pelat menjadi tidak rata?

A: Benar. Pengontrolan ketat suhu tembaga cair dan suhu cetakan pengecoran dalam kisaran tertentu selama penuangan merupakan syarat penting untuk mendapatkan pelat tembaga anoda bermutu tinggi. Pelat anoda biasanya dituangkan secara otomatis oleh mesin penuang piringan (*disc casting machine*). Bahan cetakannya adalah tembaga, dan proses dasarnya adalah: leburan tembaga mengalir terus-menerus dari tungku anoda pemurnian (Gambar 3.11) ke dalam *tundish* timbangan melalui palung peluncur (*sluice*), dan kemudian dituangkan ke dalam *ladle*, ketika berat *ladle* mencapai nilai tertentu, tembaga cair mulai dituang ke dalam cetakan kosong, setelah penuangan selesai, *ladle* dipulihkan kembali ke posisi awalnya, dan mesin penuang piringan (Gambar 3.12) berputar ke posisi penuangan untuk cetakan kosong berikutnya, dan seterusnya. Cetakan yang dituang dimasukkan ke sistem pendingin dan anoda didorong oleh *pre-stripper* untuk dilepaskan dari cetakan. Setelah mencapai posisi pelepasan, anoda didorong lagi oleh *ejector*, dan diraih oleh ekstraktor untuk direndamkan dalam tangki pendingin, akhirnya ditempatkan pada konveyor rantai.

B: Pelat anoda tembaga yang dihasilkan dikirim ke bengkel pemurnian elektrolisis berikutnya, demikian proses pemurnian piro tembaga wantah selesai.

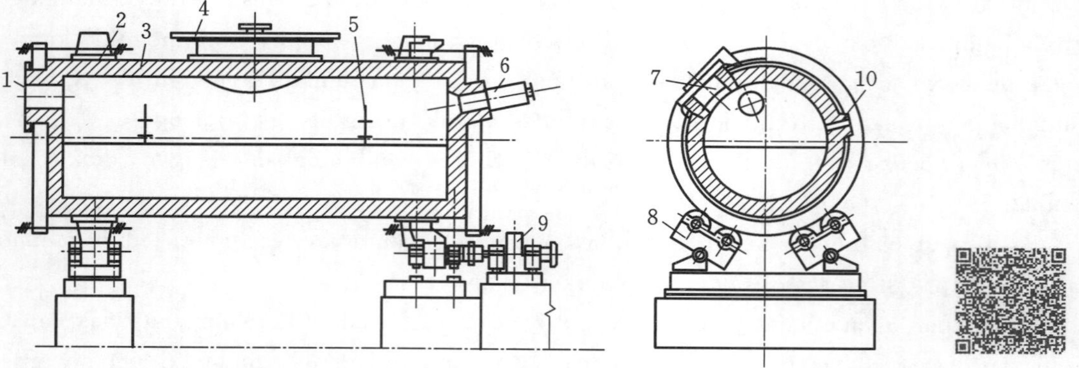

1.Lubang buang asap; 2.Cangkang; 3.Pasangan batu bata; 4.Tutup tungku; 5.Lubang redoks; 6.Pembakar; 7.Mulut tungku; 8.Rol pemalas; 9.Perangkat transmisi; 10.Lubang keluar tembaga.

Gambar 3.11 Tungku pemurnian jenis berayun (tungku anoda)

Tungku anoda

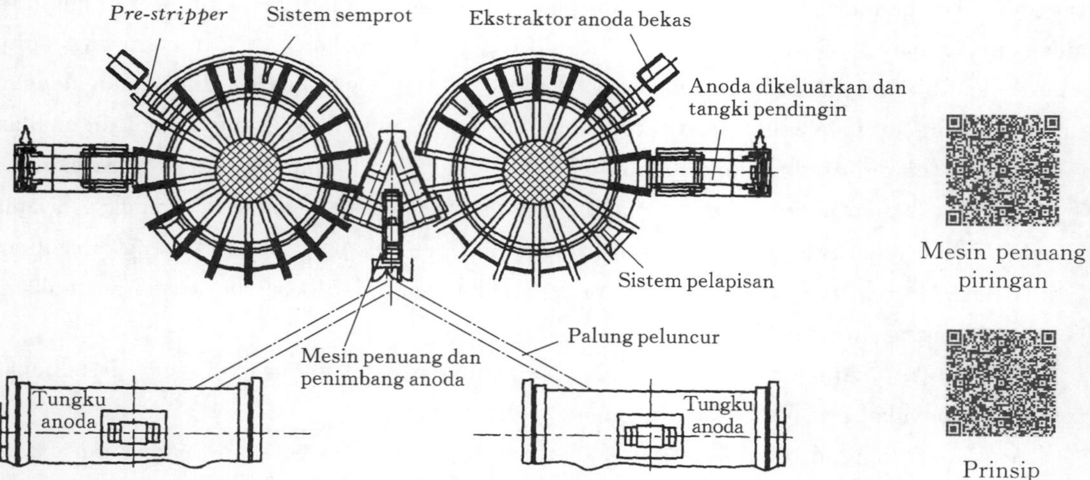

Gambar 3.12 Mesin penuang piringan (Mesin penuang anoda Outokumpu)

Mesin penuang piringan

Prinsip

任务 4　浸　出

任务及要求：掌握浸出的基本分类，掌握酸性浸出、碱性浸出的基本过程和主要设备，了解酸性浸出、碱性浸出的基本冶金生产面向和工艺过程。

4.1 专业名词

浸出剂：能把矿石、精矿、焙砂或其他固体物料中的目的组分有选择性地、较完全地溶解到溶液中的化学试剂。工业上常用的浸出剂是水，酸、碱及盐溶液。

浸出液：指矿石、精矿、焙砂或其他固体物料用浸出剂浸取其中的目的组分后所得的溶液。

浸出渣：指矿石、精矿、焙砂或其他固体物料用浸出剂浸取其中的目的组分后所剩下的固体物料。在有色金属冶金中浸出渣的种类很多，产量大且有回收利用价值的主要有铝土矿浸出时产出的赤泥和锌焙砂浸出渣。

浸出率：即在浸出条件下目的组分转入溶液中的量与其在原料中的总量的百分比。浸出率表明所要提取的目的组分被浸出的程度，体现了对资源的利用程度。浸出作业应尽可能得到目的组分的最高浸出率。

电位：以标准氢电极为阳极，待测电极为阴极，组成原电池，该电池的电动势 E 就是待测电极的电势，用 φ 表示。

pH 值：溶液的酸碱程度。

4.2 认识“浸出”

浸出是湿法冶金的第一个单元过程，也是最重要的单元过程。它是指将固体物料（如矿物原料、冶金过程的固态中间产物等）加入到液体溶剂（一般是无机溶液）中，使溶剂选择性地溶解矿物原料中某些组分而其他组分不溶解，实现目的组分和杂质组分的分离。它是湿法冶金中最重要的单元过程，很大程度上决定了整个金属湿法冶炼的效益。

浸出过程是通过一系列化学反应实现的。浸出的分类繁多，主要有酸性浸出、碱性浸出、氧化浸出、氯化浸出、细菌浸出等，但现实的浸出过程不可能按上述分类严格区分，例如某些浸出既有酸（或碱）参加也有氧参加。

浸出车间

A：B，浸出过程中主要是浸出剂与固体组分之间发生反应。浸出剂的

种类比较多,我们需要做的就是根据不同原料中矿物的物理、化学性质,有价金属形态和伴生矿物的性质,选择合适的浸出剂,以保证有价金属矿物能优先浸出,而伴生矿物及脉石不反应。这一点在处理低品位物料时尤其重要。

B:哪些试剂可以作为浸出剂使用呢?

A:水,酸、碱、盐溶液都是工业上常用的浸出剂,比如稀硫酸、王水、氢氧化钠溶液、氯化亚铁溶液。

B:水作为浸出剂发生的主要是溶解反应,酸、碱、盐溶液作浸出剂发生的主要是化学反应。

A:我们可以根据浸出剂的性质,有目的地对矿物原料进行处理,比如焙烧的时候进行硫酸化焙烧或者氧化焙烧。在酸性浸出中,稀盐酸、稀硫酸是最常用的浸出剂。盐酸属于强酸,它腐蚀性极强且易挥发,随着溶液中 HCl 浓度的增加需要避免浸出温度升高带来的不利影响。

B:就是说盐酸挥发会腐蚀车间设备,影响车间的工作环境。

A:对。因此车间设备的防腐至关重要。在 100℃以下,浸出设备的内衬材料可选用石墨或石棉酚醛塑料,也可用搪瓷。

B:那么硫酸浸出剂也是一样的吗?

A:是的。硫酸的挥发性没有盐酸那么强,但是也会导致车间工作环境变差。

B:哪些金属的生产采用酸性浸出?

A:比如生产锌、处理银矿或低品位氧化铜矿时,采用的就是酸性浸出以获得金属化合物溶液。生产铝时,采用碱性浸出以获得铝酸钠溶液。

4.3 酸性浸出

4.3.1 酸性浸出的基本知识

A:酸性浸出在很多金属的生产中都有应用,金属锌的湿法冶金常用的是酸性浸出。

B:我记得上次在学习焙烧时就看到了沸腾炉焙烧硫化锌矿,想要把它转化为硫酸锌,接下来是不是对得到的焙砂进行酸性浸出?

A:嗯,非常棒!我们用稀硫酸作为浸出剂将原料焙砂矿、氧化锌粉、含锌烟尘以及氧化锌矿中的主金属锌尽可能完全溶解到溶液中。如果一次溶解率不高,就需要设置多段浸出,或者提高浸出剂酸度来强化过程。而其他会同时溶解而进入溶液的杂质(如铁、铜、镉、钴、镍、砷、锑及稀有金属等),则要想办法在随后的过程中除去。

B:不溶解的杂质形成渣,可以和溶液里的有价金属分离开来。

A:是的。锌、铁、铜、镉、镍、钴的硫酸盐都能很好地溶解在水溶液中,而铅与钙的硫酸盐难溶于水而进入浸出渣,但是它们会消耗硫酸,所以原料含钙高时是不适宜采用硫酸浸出的,可以对原料进行预处理,先脱除钙。

B:要从源头上把会给浸出过程带来危害的杂质除去。我们需要保证主体金属的溶解,只有这样才能在后续电积过程中尽可能多地提取金属。

A:是的。在工业上一般采用两段逆流来浸出锌焙砂,也就是先进行中性浸出(浸出温度 50～60℃)，其任务是使焙砂中的锌部分进入溶液，并且控制后期 pH 值为 5 左右，使进入溶液的铁、砷、锑、硅等沉淀进入渣相，得到纯度较高的中性浸出液送往净化车间除铜、镉。但是中性浸出阶段的浸出率低，有的工厂仅为 20%左右，因此中性浸出渣含锌高，要进一步进行酸性(或热酸)浸出，使渣中的铁酸锌($ZnO \cdot Fe_2O_3$)溶解，使渣含锌量降到可废弃水平。但在热酸浸出条件下许多杂质也会进入酸浸液，若直接送中性浸出工序则将产生大量 $Fe(OH)_3$ 胶体沉淀，影响澄清和过滤，这时会使用黄钾铁矾法、针铁矿法或赤铁矿法对热酸浸出液进行沉铁处理后再返回中性浸出，统一送往后续净化单元过程。

B：工业中溶液和杂质渣的分离是如何进行的呢？

A：固液分离通常有两种办法：一是利用固体自身的重力从浆液中沉下来，称为浓缩；二是采用设备强制将固体和液体分离开来，称为过滤。这两种方法都是我们日常生活中常见的，比较容易理解。

B：是的。还有其他的酸性浸出工艺吗？

A：氧化铜矿的湿法处理工艺也是典型的酸性浸出。铜精矿的矿物成分很复杂，一般都是采用火法冶金生产工艺进行处理，但是对于低品位铜矿和氧化矿，湿法的优势更大，不过目前它不是主流的铜生产工艺。一般而言，铜的湿法冶金(图 4.1)包括浸出—萃取—反萃—电积四部分，构成三个循环。

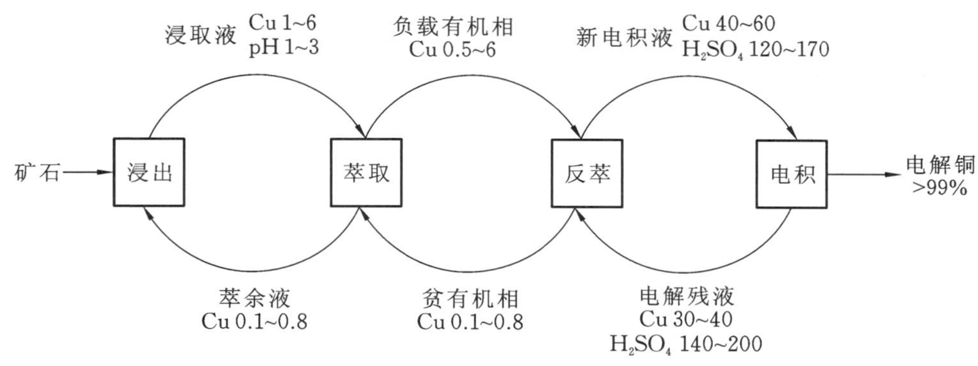

图 4.1 铜湿法冶金流程示意图

(其中浓度单位除标明外，均为 g/L)

B：低品位铜矿是指哪些资源？

A：低品位铜矿包括难选低品位氧化铜矿、氧化-硫化混合矿、含铜废石等。这类矿品位低、储量小、分布散，它们的浸出方式和锌焙砂的截然不同。锌焙砂采用桶浸(浸出槽浸出)，低品位铜矿采用堆浸。

B：什么是堆浸？

A：就是将待浸出的矿石露天堆放好，地面设有沟槽或水管以利于收集溶液。利用泵将浸出剂喷洒在矿堆上，使其流过矿堆时与矿石进行反应，浸出其中有价金属，再由底部沟槽管道收集。为使浸出液中有价金属富集到一定浓度，溶液往往循环使用，直至达到要求为止。矿堆经过一段时间的浸出，有价金属大部分被回收后，再废弃。整个浸出周期，大型矿堆长达 1～3 年，小型矿堆(矿石量数千吨)5～6 星期。

堆浸

4.3.2 酸性浸出设备

酸性浸出设备主要是搅拌浸出槽，根据搅拌方式和动力不同，有机械搅拌浸出槽（图 4.2）、空气搅拌浸出槽（图 4.3）。搅拌浸出设备，既要求搅拌效果好、能按工艺控制适当的温度和压力，又要求有足够的强度和耐腐蚀性。这些设备不仅用于浸出过程，亦可用于溶液的净化等其他湿法冶金过程。

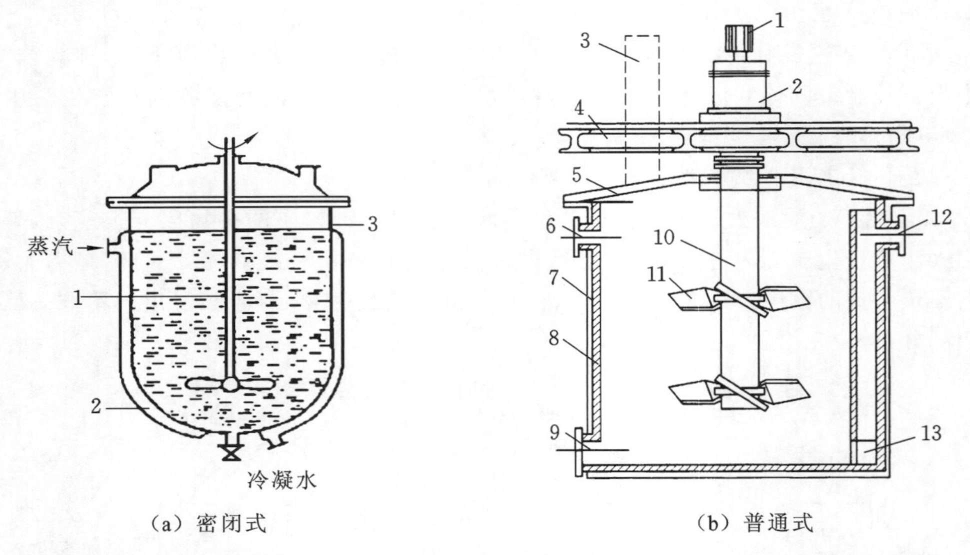

（a）密闭式　　（b）普通式

（a）1.搅拌器；2.夹套；3.槽体。（b）1.传动装置；2.变速箱；3.通风孔；4.桥架；5.槽盖；6.进液口；7.槽体；8.耐酸瓷砖；9.放空口；10.搅拌轴；11.搅拌桨叶；12.出液口；13.出液孔。

图 4.2　机械搅拌浸出槽

机械搅拌槽和空气搅拌槽

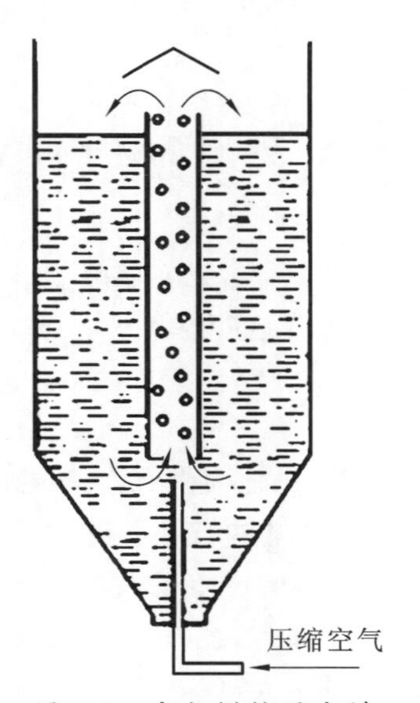

图 4.3　空气搅拌浸出槽

空气搅拌浸出槽又称帕秋卡槽。槽内设两端开口的中心管,压缩空气从中心管的下部导入,气泡在沿管上升的过程中将矿浆由管的下部吸入,由其上端流出,在管外向下流动,反复循环。与机械搅拌浸出槽相比,空气搅拌浸出槽结构简单,维修和操作简便,有利于气液或气液固相间的反应,但动力消耗大,常用于贵金属的浸出。

4.4 碱性浸出

4.4.1 碱性浸出的基本知识

碱性浸出一般用于轻金属的生产。

A:对于轻金属,我们使用最多的是铝。它的生产分为两个阶段:①从铝土矿中生产氧化铝;②氧化铝用于熔盐电解生产金属铝。碱性浸出是生产氧化铝工艺流程中的一个单元过程。

B:我自己学习到碱性浸出是通过加入 NaOH 或 Na_2O_3 来处理铝土矿,得到铝酸钠溶液,经净化后用降温或碳酸化方法进行强制分解得到氢氧化铝,然后经过锻烧脱水得到产品氧化铝。

A:是的。碱法生产氧化铝工艺又分为拜耳法、烧结法和联合法三种。我给你详细讲一讲拜耳法,因为用拜耳法生产的氧化铝量占到总产量的 90%以上。

拜耳法生产氧化铝是创造不同条件使以下反应朝不同的方向交替进行:

$$Al_2O_3 \cdot xH_2O + 2NaOH + aq \underset{结晶}{\overset{溶出}{\rightleftharpoons}} 2NaAl(OH)_4 + aq$$

在高温高压条件下用 NaOH 溶液溶出铝土矿,使铝土矿中的氧化铝水合物按反应向右进行得到铝酸钠溶液;在晶种分解时,降温和搅拌,使上式反应向左进行析出氢氧化铝。

B:整个工艺流程需要经历很多的单元过程吗?

A:是的。主要工序有破碎、湿磨、溶出、稀释、沉降分离赤泥、赤泥洗涤、晶种分解、煅烧、蒸发和苛化等。

湿磨:将铝土矿按配料要求配入石灰和循环母液并磨制成合格的原矿浆。所用设备是球磨机。

溶出:也就是我们说的浸出,在氧化铝生产中习惯称之为溶出。即在高温高压条件下使铝土矿中的氧化铝水合物从矿石中溶浸出来,制成铝酸钠溶液,而铁、硅等杂质则进入赤泥中。所用设备是高压溶出器。

稀释:溶出后的浆液用赤泥洗液加以稀释,进一步脱出溶液中的硅,为沉降分离赤泥和晶种分解创造必要条件。所用设备是带有搅拌装置的稀释槽。

沉降分离赤泥:将稀释后的溶出浆液送入沉降槽处理,使铝酸钠溶液和赤泥分离。

赤泥洗涤:沉降分离出来的赤泥浆,必须加水洗涤,以回收赤泥附液中的有用成分(碱和氧化铝)。洗涤次数越多,有用成分损失越少。洗涤次数一般为 5~8 次。所用洗涤设备为沉降槽。

晶种分解:将彻底分离了赤泥的铝酸钠溶液(精液)送入分解槽内,加入 $Al(OH)_3$ 晶种,不断搅拌并逐渐降低温度,使之发生分解反应析出 $Al(OH)_3$,并得到含有 NaOH 的母液。所用分解设备为有搅拌装置的种分槽。

煅烧:用煅烧设备在高温下将 $Al(OH)_3$ 的吸附水和结晶水除掉,以获得满足电解铝生产要求的氧化铝。所用煅烧设备为回转窑、循环流态化煅烧炉和沸腾闪速煅烧炉。

蒸发:将晶种分解得到的母液在蒸发器中浓缩,以提高其碱浓度,使循环母液达到符合拜耳法溶出的要求。所用设备为蒸发器。

苛化:蒸发时有一定数量的 $Na_2CO_3 \cdot H_2O$ 从母液中结晶析出,将其分离出来用 $Ca(OH)_2$ 苛化成 NaOH 溶液,与蒸发母液一同送往湿磨配料。碱完成循环利用。

4.4.2 碱性浸出设备

在工业中生产氧化铝,使用的高压溶出流程为连续溶出工艺流程,按溶出设备的不同分为压煮器溶出流程(图 4.4)和管道化溶出流程。

磨制好的原矿浆在加热槽中从 70℃加热到 100℃,在预脱硅槽中常压脱硅 4~8h,以减轻加热器表面的结疤,延长清理周期。然后配入适量碱,用高压隔膜泵送入 5 级 2400m 长的单管换热器,用蒸汽加热,将矿浆温度提高到 155℃。接着进入 5 台加热压煮器(间接加热),用蒸汽加热到 220℃,再在 6 台反应压煮器中用高压新蒸汽加热到溶出温度 260℃,然后在 3 台保温罐中保温反应 45~60min。高温溶出浆液降温至 130℃后送入稀释槽。

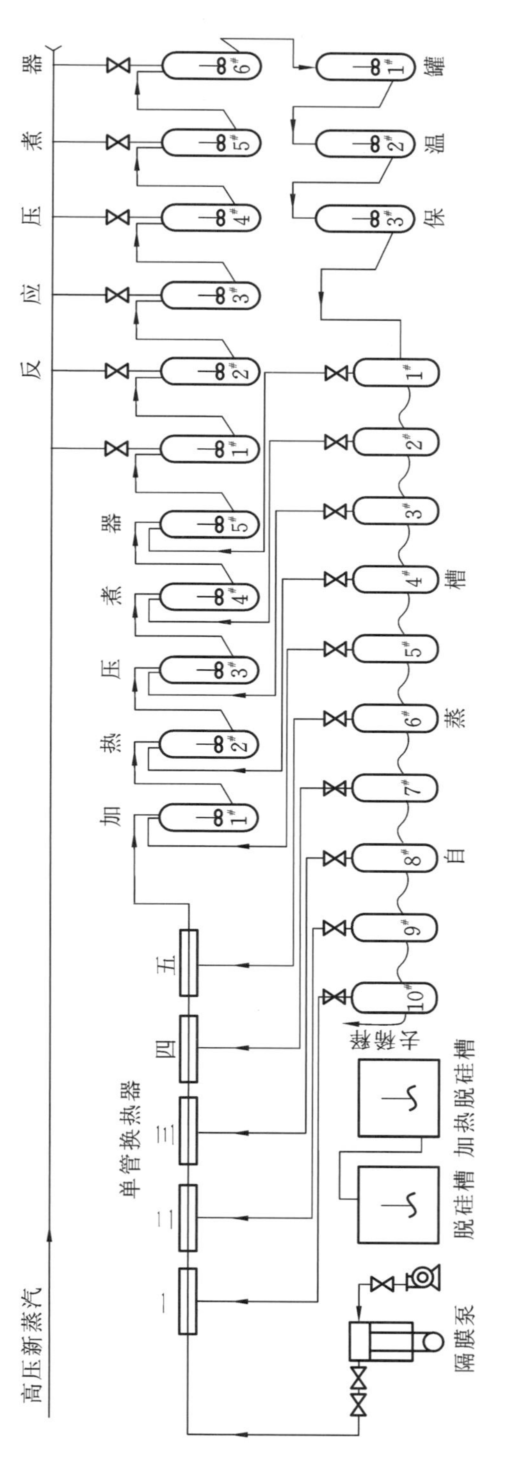

图4.4 单管预热-间接加热压煮器溶出流程

Task 4 Leaching

Tasks and requirements: Master the basic classification of leaching, master the basic process and main equipment of acid leaching and alkaline leaching, understand the basic metallurgical production oriented and process of acid leaching and alkaline leaching.

4.1 Technical Terms

Leaching agent: Refers to a chemical agent that can selectively and completely dissolve the target components of ores, concentrates, calcines or other solid materials into the solution. The commonly used leaching agents in industry include water, acid, alkali and salt solution.

Leaching solution: Refers to the solution obtained by leaching the target components of ores, concentrates, calcines or other solid materials with a leaching agent.

Leaching slag: Refers to the solid materials left after leaching the target components of ores, concentrates, calcines or other solid materials with a leaching agent. There are many kinds of leaching slag in non-ferrous metallurgy, and the ones with large output and high recycling value include red mud and zinc calcine leaching slag produced in bauxite leaching process.

Leaching rate: Refers to the percentage of the amount of target component transferred into the solution to its total amount in the raw materials under leaching conditions. The leaching rate indicates the degree to which the target component is leached, reflecting the utilization degree of resources. The leaching process shall be designed to achieve the highest leaching rate of the target component as much as possible.

Electric potential: Refer to the potential of the electrode to be measured, expressed by φ, i.e., the electromotive force E of the battery composed of the anode (standard hydrogen electrode) and the cathode (electrode to be measured).

pH value: Refers to the degree of acidity and alkalinity of a solution.

4.2 Understanding of "Leaching"

Leaching workshop

Leaching is the first and most important process in hydrometallurgy. It is to add solid materials (such as raw materials of mineral, solid intermediate products in metallurgical process) into liquid solvents (generally inorganic solutions), so that the solvents can selectively dissolve some components in raw materials of mineral while do not dissolve other components, to separate target components from the impurity components. It is the most important process in hydrometallurgy, which largely determines the benefit of the whole metal hydrometallurgy.

The leaching process is realized through a series of chemical reactions. There are many kinds of leaching processes, including acid leaching, alkali leaching, oxidation leaching, chlorination leaching and bacterial leaching. But it is impossible to strictly distinguish the actual leaching processes as above; for example, some leaching processes may involve both acid (or alkali) and oxygen.

A: B, the leaching process is mainly the reactions between leaching agents and solid components. There are many kinds of leaching agents. What we need to do is to choose the appropriate leaching agents based on the physical and chemical properties of minerals in different raw materials, the forms of valuable metals and the properties of associated minerals, so as to ensure that the valuable metal minerals can be leached first, while the associated minerals and gangues do not react with the leaching agents, which is especially important in processing of low-grade materials.

B: Which reagents can be used as leaching agents?

A: Water, acid, alkali and salt solution are all commonly used leaching agents in industry, such as dilute sulfuric acid, aqua regia, sodium hydroxide solution and ferrous chloride solution.

B: When water is used as the leaching agent, the main reaction is dissolution, while when acid, alkali and salt solution are used as the leaching agents, the main reaction is chemical reaction.

A: We can purposefully process raw materials of mineral based on the properties of the leaching agents, such as the sulfation roasting or oxidation roasting can be used in roasting process. The dilute hydrochloric acid and dilute sulfuric acid are the most commonly used as leaching agents in acid leaching process. The hydrochloric acid is a strong acid, which is highly corrosive and volatile; with the increase of HCl content in solution, it is necessary to avoid the adverse effects caused by the increase of leaching temperature.

B: It is to say, the volatilization of hydrochloric acid may corrode the equipment and affect the operating environment in workshops.

A: Yes. Therefore, the anticorrosion of equipment is very important in workshops. Below 100 ℃, graphite, asbestos phenolic plastic or enamel can be used as the lining materials of leaching equipment.

B: So, is the sulfuric acid leaching agent the same as it?

A: Yes. The volatilization of sulfuric acid is not as high as that of hydrochloric acid, but it will also affect the operating environment in workshops.

B: Which metals are produced in the acid leaching process?

A: For example, when producing zinc and processing silver ores or low-grade copper oxide ores, the acid leaching is used to obtain the metal compound solution. When producing aluminum, the alkali leaching is used to obtain the sodium aluminate solution.

4.3 Acid Leaching

4.3.1 Basic Knowledge of Acid Leaching

A: The acid leaching is used in the production of many metals. The acid leaching is commonly used in hydrometallurgy of zinc.

B: In the last time, when I studied the roasting process, I saw that the zinc sulfide ores were roasted in a fluidized bed furnace. If we want to convert it into zinc sulfates, is it necessary to carry out the acid leaching of the obtained calcine?

A: Well, very good! The dilute sulfuric acid can be used as leaching agent to completely dissolve the main metallic zinc of raw materials such as calcine, zinc oxide powder, zinc-containing dust and zinc oxide ores into the solution as much as possible. If the primary dissolution rate is too low, it is necessary to set up multi-stage leaching or improve the acidity of leaching agent to strengthen the process, while other impurities (such as iron, copper, cadmium, cobalt, nickel, arsenic, antimony and rare metals) that may dissolve and enter the solution at the same time shall be removed in the subsequent processes.

B: The slag is composed of insoluble impurities, which can be separated from valuable metals in the solution.

A: Yes. The sulfates of zinc, iron, copper, cadmium, nickel and cobalt can be well dissolved in aqueous solution, while the sulfates of lead and calcium are insoluble in water, but they can enter the leaching slag and consume the sulfuric acid, so the raw materials with high calcium content cannot be leached with sulfuric acid, but shall be preprocessed to remove the calcium first.

B: We have to remove the impurities that may affect the leaching process from the source. And we must ensure that the main metals are dissolved for extraction as much as possible in the subsequent electrodeposition process.

A: Yes. In industry, the two-stage countercurrent leaching process is generally used to leach the zinc calcine, that is, the neutral leaching (at leaching temperature of 50 – 60 ℃) is carried out first, to dissolve the zinc of the calcine in the solution partially, and control the pH value at about 5 at the later stage to precipitate iron, arsenic, antimony and silicon in the solution as the slag phases, so as to obtain a neutral leaching solution with high purity and send it to purifying workshop for removal of copper and cadmium. However, the leaching rate is low in the neutral leaching stage, and only about 20% in some plants, so the neutral leaching slag has a high zinc content and is required for further acid (or hot acid) leaching to dissolve the zinc ferrite ($ZnO \cdot Fe_2O_3$) in the residue and reduce the zinc content to a disposable level. However, under the condition of hot acid leaching, many impurities may also enter the acid leaching solution. If it is directly sent to the neutral leaching process, a large amount of $Fe(OH)_3$ colloid will be precipitated, which will affect the clarification and filtration. In this case, the jarosite process, goethite process or hematite process shall be used to precipitate the iron in the hot acid leaching solution, which is sent for the neutral leaching and then the subsequent purifying process.

B: How is the separation of solution and impurity residue carried out in industry?

A: There are usually two methods for solid-liquid separation as follows: One is to settle the solids from the pulp under its gravity, which is called the concentration; the other is to forcibly separate solids from liquids with equipment, which is called the filtration. These two methods are commonly seen in our daily life and easy to understand.

B: Yes. Are there other acid leaching processes?

A: The hydrometallurgical process for copper oxide ore is also a typical acid leaching. The copper concentrate has very complex mineral compositions, which are usually processed by pyrometallurgical processes. However, for low-grade copper ores and oxide ores, the hydrometallurgical process has greater advantages, but it is not the dominant copper production process at present. Generally, the hydrometallurgy of copper (Fig. 4.1) includes four parts as follows: Leaching, extraction, reverse extraction and electrodeposition, which form three cycles.

B: What are low-grade copper ores?

A: The low-grade copper ores include refractory low-grade copper oxide ores, oxidized-sulfide mixed ores and copper-bearing waste rocks. This kind of ores has low grade, small reserves and scattered distribution, and the leaching method is completely different from that of zinc calcine. The zinc calcine is processed with tank leaching, and the low-grade copper ores are processed with heap leaching.

B: What is the heap leaching?

A: The ores to be leached is stacked in the open air, and the ground is provided with

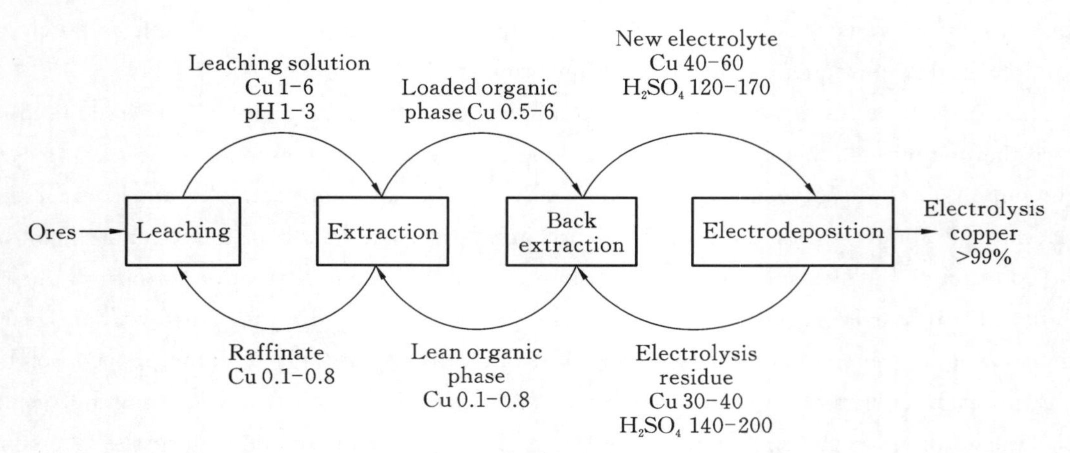

Fig. 4.1 Hydrometallurgical process for copper

(the concentration unit is g/L except for indication)

trenches or water pipes for collection of the solution. The leaching agent is sprayed on the ore heap with a pump, so that it reacts with the ores to leach the valuable elements, and then collect them by the trenches or water pipes at the bottom. In order to enrich the valuable metals in the leaching solution to a certain concentration, the solution is often recycled until it meets the requirements. After a period of leaching, most of the valuable metals are recovered and the ore heap is then discarded. The whole leaching cycle lasts for 1 – 3 years for large-scale ore heaps and 5 – 6 weeks for small-scale ore heaps (with thousands of tons of ores).

Heap leaching

4.3.2 Acid Leaching Equipment

The acidic leaching equipment is mainly the leaching tank, including mechanical leaching stirred tank (Fig. 4.2) and air leaching stirred tank (Fig. 4.3) based on different stirring modes and driving force. The leaching stirred equipment shall have good stirring effect, appropriate process temperature and pressure controls, sufficient intensity and corrosion resistances. The equipment can be used not only in leaching process, but also in other hydrometallurgical processes such as solution purifying.

The air leaching stirred tank is also called Pachuca tank. A central tube with two open ends is arranged in the tank, the compressed air is introduced from the bottom of the central tube; when the bubbles rise along the tube, the pulp is sucked from the bottom of the tube and flows out from its top, flows downwards outside the tube repeatedly. Compared with the mechanical stirring leaching tank, the air stirring leaching tank has simple structure, maintenance and operation, and other advantages suitable for air, liquid or air, liquid, solid phase reactions, but it has large power consumption and other disadvantages and is often used for leaching the precious metals.

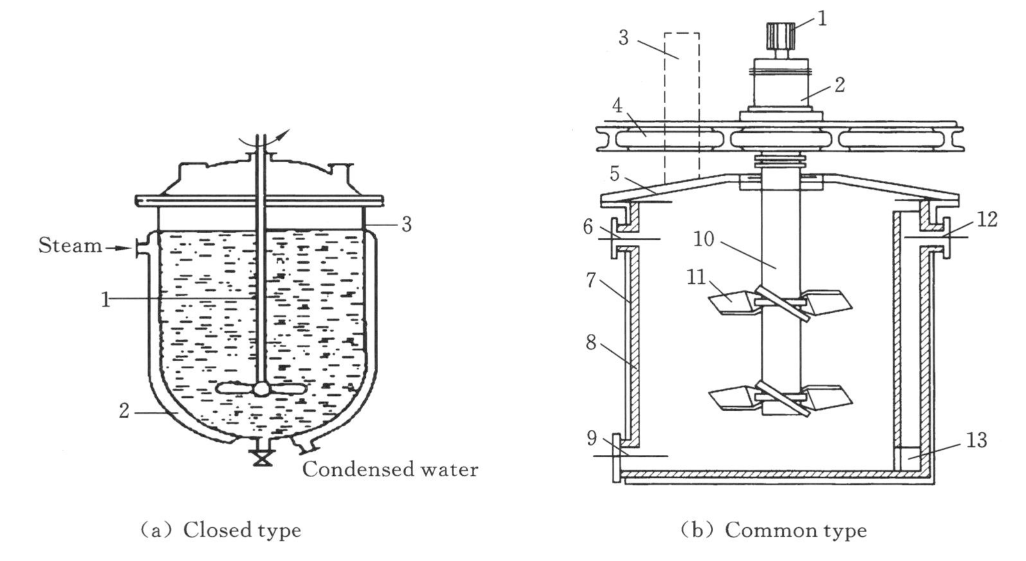

(a) Closed type (b) Common type

(a) 1.Stirrer; 2.Jacket; 3.Tank body;(b) 1.Driving device; 2.Gearbox; 3.Vent; 4.Bracket; 5.Tank cover; 6.Liquid inlet; 7.Tank body; 8.Acid-resistant tiles; 9.Drainage port; 10.Stirring shaft; 11.Stirring blades; 12.Liquid outlet; 13.Liquid outlet hole.

Fig. 4.2 Mechanical leaching stirred tank

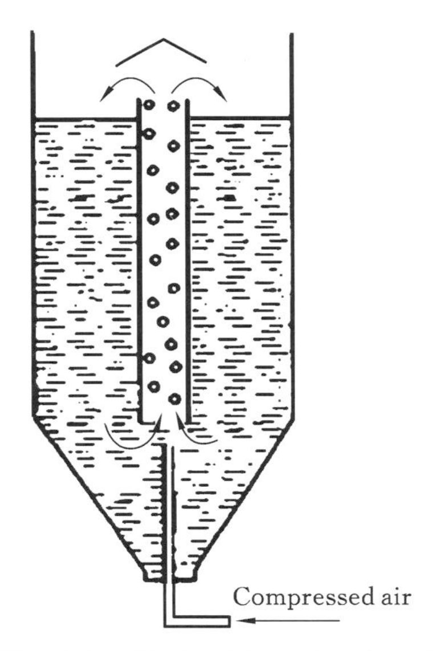

Fig. 4.3 Air leaching stirred tank

Mechanical leaching stirred tank and air leaching stirred tank

4.4 Alkali Leaching

4.4.1 Basic Knowledge of Alkali Leaching

The alkali leaching is generally used in the production of light metals.

A: The aluminum is most commonly used light metal. Its production is divided into two stages. ① The alumina is extracted from the bauxite. ② The alumina is used in molten salt electrolysis to produce the metallic aluminum. The alkali leaching is a process in alumina production process.

B: I learned that the alkali leaching was used to process the bauxite by adding NaOH or Na_2CO_3 to obtain the sodium aluminate solution, it was purified and forcedly decomposed by cooling or carbonation method to obtain the aluminum hydroxide, and then it was calcined and dehydrated to obtain the aluminum oxide.

A: Yes. The alkali production process of alumina can be divided into Bayer process, sintering process and combined process. I'll explain you more about Bayer process, because the alumina produced with Bayer process accounts for more than 90% of the total output.

The Bayer process for alumina production is to create different conditions for the following reactions alternately in different directions:

$$Al_3O_2 \cdot xH_2O + 2NaOH + aq \underset{\text{Crystallization}}{\overset{\text{Digestion}}{\rightleftharpoons}} 2NaAl(OH)_4 + aq$$

The bauxite is dissolved from NaOH solution at high temperature and high pressure to make the reaction of the alumina hydrate in bauxite to the right end to obtain the sodium aluminate solution; when the seed crystal is decomposed, the above reaction is carried out to the left end by cooling and stirring methods, to precipitate the aluminum hydroxide.

B: Does the whole process need to go through many units?

A: Yes. The main operating processes include crushing, wet grinding, digestion, dilution, settling separation of red mud, red mud washing, seed crystal decomposition, calcinating, evaporation and causticization.

Wet grinding: The bauxite is mixed with lime and circulating mother liquor according to the proportioning requirements and ground into the qualified raw ore pulp. The equipment used is a ball mill.

Digestion: It is also called leaching, which is commonly called digestion in alumina production. That is, the alumina hydrate in bauxite is leached from the ores at high temperature and high pressure to prepare the sodium aluminate solution, while the impurities such as iron and silicon enter the red mud. The equipment used is a high-pressure digester.

Dilution: The digested pulp is diluted with red mud lotion to further remove the silicon, creating the necessary conditions for settling and separating red mud and seed crystal decomposition. The equipment used is a dilution tank with a stirring device.

Settling separation of red mud: The diluted digested pulp is fed into the sedimentation tank for process to separate the sodium aluminate solution from the red mud.

Red mud washing: The red mud separated by settling must be washed with water to recover the useful components (alkali and alumina) in the red mud solution. The more washing times are, the less loss of useful components is. There are generally 5 – 8 washing times and the washing equipment used is a sedimentation tank.

Seed crystal decomposition: The sodium aluminate solution (concentrate solution) that the red mud is completely separated is fed into a decomposition tank and $Al(OH)_3$ seed crystals are added, with constant cooling and stirring, so that the solution is decomposed to precipitate $Al(OH)_3$ and obtain the mother liquor containing NaOH. The decomposition equipment used is a disparting-genus trough with a stirring device.

Calcinating: The absorbed water and crystalline water attached to $Al(OH)_3$ are removed at high temperature with calcinating equipment to obtain the alumina that can meet the requirements of electrolysis aluminum production. The calcinating equipment used include rotary kiln, circulating fluidization calciner and boiling flash calciner.

Evaporation: The mother liquor obtained in the seed crystal decomposition is concentrated in the evaporator to increase its alkali concentration and make the circulating mother liquor meet the digestion requirements of Bayer process. The equipment used is an evaporator.

Causticization: During the evaporation process, a certain amount of $Na_2CO_3 \cdot H_2O$ is crystallized from the mother liquor, which is separated and causticized into NaOH solution with $Ca(OH)_2$, and sent to the wet grinding process for proportioning together with the evaporation mother liquor, to complete the recycle of the alkali.

4.4.2 Alkali Leaching Equipment

The continuous digestion process is used for the industrial production of alumina, including digester digestion process (Fig. 4.4) and tube digestion process by different digestion equipment.

The milled raw ore pulp is heated from 70 ℃ to 100 ℃ in a heating tank, and its desilication is carried out at normal pressure in a pre-desilication tank for 4 – 8 h, so as to reduce the scars on the heater surface and prolong the cleaning cycle. After an appropriate amount of alkali is added, the ore pulp is pumped with a high-pressure diaphragm pump to a 5-stage 2400 m long single tube heat exchanger for heating it with steam to the temperature of 155 ℃. Then it is fed into five heating digesters (for indirect heating), and heated to 220 ℃ with steam, heated to the digestion temperature of 260 ℃ with the high-pressure fresh steam in six reaction digesters, and then reacted for 45 – 60 min in three heat preservation tanks. Finally, the high-temperature digested pulp is cooled to 130 ℃ and then sent to the dilution tank.

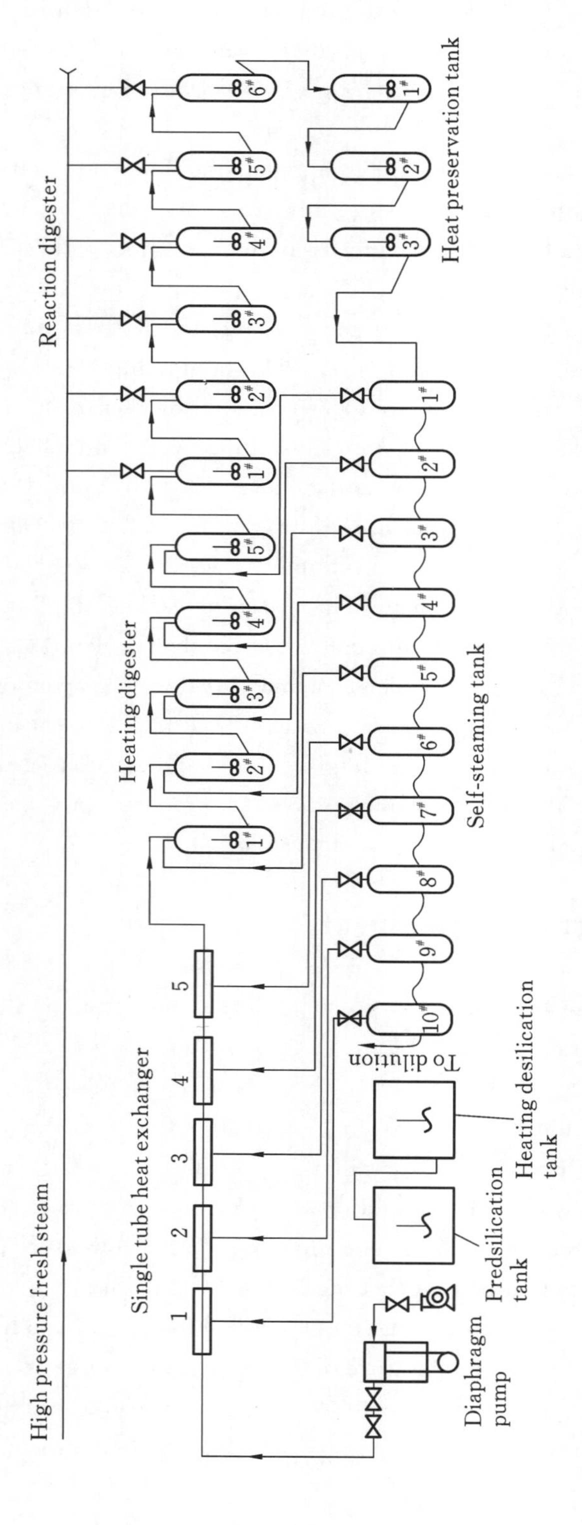

Fig. 4.4 Dissolution process of single-tube preheating-indirect heating autoclave

Tugas 4 Pelindian

Tugas dan persyaratan: Menguasai klasifikasi dasar pelindian; menguasai proses dasar dan peralatan utama pelindian asam dan pelindian basa; mempelajari produksi metalurgi dasar yang berorientasi pada produksi dan proses pelindian asam dan pelindian basa.

4.1 Istilah-istilah

Agen pelindian: Adalah reagen kimia yang dapat secara selektif dan sepenuhnya melarutkan komponen target dalam bijih, konsentrat, kalsin atau bahan padat lainnya ke dalam larutan. Agen pelindian yang umum digunakan dalam industri adalah air, larutan asam, basa dan garam.

Cairan pelindian: Adalah larutan yang diperoleh setelah komponen target dalam bijih, konsentrat, kalsin atau bahan padat lainnya dilarutkan oleh agen pelindian.

Terak pelindian: Adalah bahan padat yang tersisa setelah komponen target dalam bijih, konsentrat, kalsin atau bahan padat lainnya dilarutkan oleh agen pelindian. Ada banyak jenis terak pelindian dihasilkan dalam metalurgi logam non-ferro, yang dihasilkan dalam jumlah besar dan bernilai untuk didaur ulang terutama adalah lumpur merah yang dihasilkan dari pelindian bijih bauksit dan terak pelindian kalsin seng.

Efisiensi pelindian: Adalah persentase jumlah komposisi target yang dipindahkan ke dalam larutan di bawah kondisi pelindian terhadap jumlah totalnya dalam bahan baku. Efisiensi pelindian menunjukkan tingkat pelindian komposisi target yang ingin diekstraksi, dan mencerminkan tingkat pemanfaatan sumber daya. Proses pelindian harus sedapat mungkin mencapai efisiensi pelindian tertinggi dari komposisi target.

Potensial listrik: Ketika sel primer terbentuk dari elektroda hidrogen standar sebagai anoda dan elektroda yang akan diuji sebagai katoda, gaya gerak listrik E baterai adalah potensial elektroda yang akan diuji, yang dinyatakan dengan φ.

pH: Adalah derajat keasaman atau kebasaan suatu larutan.

4.2 Mengenali "Pelindian"

Pelindian adalah unit proses pertama dan terpenting dalam hidrometalurgi, yang memisahkan komposisi target dan komposisi pengotor dengan menambahkan bahan padat (seperti mineral mentah, produk antara padat dalam proses metalurgi, dll.) ke dalam pelarut cair (umumnya larutan anorganik) agar pelarut secara selektif melarutkan komposisi tertentu dalam mineral mentah sementara komposisi lainnya tidak larut. Pelindian merupakan unit proses terpenting dalam hidrometalurgi dan sangat menentukan efisiensi proses hidrometalurgi logam.

Bengkel Pelindian

Prosespelindian diwujudkan melalui serangkaian reaksi kimia. Pelindian dibagi menjadi banyak jenis, terutama termasuk pelindian asam, pelindian basa, pelindian oksidasi, pelindian klorinasi, pelindian bakteri, dll., tetapi dalam pratik sebenarnya, proses pelindian tidak dapat dibedakan secara ketat menurut klasifikasi di atas, misalnya, ada beberapa proses pelindian yang tidak hanya melibatkan asam (atau basa), tetapi juga oksigen.

A: B, proses pelindian terutama adalah reaksi antara agen pelindian dan komposisi padat. Karena ada banyak jenis agen pelindian, jadi yang perlu kita lakukan adalah memilih agen pelindian yang tepat sesuai dengan sifat fisik dan kimia, bentuk logam berharga dan sifat mineral ikutan dari mineral dalam bahan baku yang berbeda, agar memastikan bahwa mineral logam berharga dapat dibebaskan dulu sementara mineral ikutan dan *gangue* tidak bereaksi. Hal ini sangat penting ketika mengolah bahan kadar rendah.

B: Reagen mana yang bisa digunakan sebagai agen pelindian?

A: Agen pelindian yang umum digunakan dalam industri termasuk air, larutan asam, larutan basa, dan larutan garam, seperti asam sulfat encer, air raja (*aqua regia*), larutan natrium hidroksida, dan larutan besi klorida.

B: Artinya, reaksi pelarutan terutama terjadi saat air digunakan sebagai agen pelindian, dan reaksi kimia terutama terjadi saat larutan asam, basa, atau garam digunakan sebagai agen pelindian.

A: Sesuai dengan sifat agen pelindian, kita dapat mengolah mineral mentah secara bertujuan, sepertinya melakukan pemanggangan sulfasi atau pemanggangan oksidasi saat memanggang. Asam klorida encer dan asam sulfat encer adalah agen pelindian yang paling umum digunakan dalam pelindian asam. Dan karena asam klorida adalah asam kuat yang sangat korosif dan mudah menguap, dengan meningkatnya konsentrasi HCl dalam larutan, dampak negatif dari peningkatan suhu pelindian perlu dihindari.

B: Artinya penguapan asam klorida akan menyebabkan korosi pada peralatan-peralatan di bengkel dan berdampak pada lingkungan kerja di bengkel.

A: Benar. Jadi sangat pentingnya mengambil tindakan anti korosi pada peralatan- peralatan di bengkel. misalnya, jika suhu operasi di bawah 100 ℃, bahan pelapis peralatan pelindian dapat berupa grafit atau *asbestos phenolics*, dan *enamel vitreous* juga dapat digunakan.

B: Apakah itu sama saja bagi agen pelindian asam sulfat?

A: Ya. Meskipun volatilitas asam sulfat tidak sekuat asam klorida, ia juga akan menyebabkan lingkungan kerja di bengkel memburuk.

B: Pelindian asam dipakai untuk produksi logam apa?

A: Contohnya, saat memproduksi seng, mengolah bijih perak atau bijih tembaga oksida kadar rendah, pelindian asam digunakan untuk memperoleh larutan senyawa logam. Dan saat memproduksi aluminium, pelindian asam digunakan untuk memperoleh larutan natrium aluminat.

4.3 Pelindian Asam

4.3.1 Pengetahuan Dasar Mengenai Pelindian Asam

A: Pelindian asam dipakai dalam produksi banyak jenis logam, sepertinya dipakai dalam hidrometalurgi logam seng.

B: Sayaingat ketika belajar proses pemanggangan saya pernah melihat bijih seng sulfida yang dipangkang di tungku *fluidized bed*, jika ingin mengubah bijih ini menjadi seng sulfat, apakah kalsin yang diperoleh perlu mengalami pelindian asam?

A: Ya, ide ni bagus! Kami bisa menggunakan asam sulfat encer sebagai agen pelindian untuk sejauh mungkin melarutkan logam induk seng yang terdapat dalam bahan baku seperti bijih kalsin, bubuk seng oksida, asap yang mengandung seng dan bijih seng oksida ke dalam larutan secara sepenuhnya. Jika pelindian tunggal memiliki tingkat kelarutan rendah, pelindian multi-tahap perlu dilakukan, atau keasaman agen pelindianan perlu ditingkatkan untuk memperkuat efek proses. Selain itu, pengotor lain (seperti besi, tembaga, kadmium, kobalt, nikel, arsen, antimon, dan logam jarang) yang akan larut dan masuk bersama ke dalam larutan harus dihilangkan dalam proses selanjutnya.

B: Pengotor yang tidak larut akan terbentuk menjadi terak, sehingga dapat dipisahkan dari logam berharga dalam larutan.

A: Ya. Sulfat seng, besi, tembaga, kadmium, nikel, dan kobalt dapat larut dalam larutan berair dengan baik, sedangkan sulfat timbel dan kalsium sulit larut dalam air dan masuk ke dalam terak pelindian, tetapi mereka akan mengkonsumsi asam sulfat, jadi pelindian dengan asam sulfat tidak cocok untuk bahan bakunya yang mengandung kalsium tinggi, bahan baku ini dapat diolah dulu untuk menghilangkan kalsium.

B：Pengotor yang dapat menimbulkan bahaya terhadap proses pelindian harus dihilangkan dari sumbernya. Kita perlu memastikan pelarutan logam induk agar mengekstraksi logam sebanyak mungkin dalam proses elektrodeposisi berikutnya.

A：Benar. Dalam industri，"dua tahap arus balik" umumnya digunakan untuk pelindian kalsin seng，yaitu pelindian netral dilakukan terlebih dahulu (suhu pelindian 50 - 60 ℃) untuk membuat sebagian seng dalam kalsin larut dalam larutan，kemudian pH larutan selanjutnya dikotrol pada sekitar 5，sehingga besi，arsen，antimon，silikon dan lainnya yang memasuki larutan diendapkan menjadi fase terak，larutan pelindian netral dengan kemurnian tinggi diperoleh dan dikirim ke bengkel pembersihan untuk penghilangan tembaga dan kadmium. Namun，efisiensi pelindian pada tahap pelindian netral agak rendah，sekitar 20% di beberapa pabrik. Oleh karena itu，terak pelindian netral mengandung seng tinggi，pelindian asam (atau asam panas) lebih lanjut diperlukan untuk membuat seng ferit ($ZnO \cdot Fe_2O_3$) dalam terak dilarutkan，agar mengurangi kandungan seng dalam terak hingga tingkat yang memungkinkan terak dibuang. Tapi dalam kondisi pelindian asam panas，banyak pengotor juga akan masuk ke dalam larutan pelindian asam，jika langsung dikirim ke proses pelindian netral，koloid $Fe(OH)_3$ akan diendapkan dalam jumlah besar，yang berdampak pada klarifikasi dan penyaringan. Pada saat ini，larutan pelindian asam panas mengalami proses jarosit，proses goetit dan proses hematit untuk mengendapkan besi，kemudian dikembalikan untuk pelindian netral，dan akhirnya dikirim ke unit proses pembersihan selanjutnya.

B：Bagaimana cara memisahkan larutan dan residu pengotor dalam industri?

A：Biasanya ada dua cara untuk pemisahan padat-cair：Satu adalah zat padat tenggalam dan terpisah dari bubur di bawah aksi gravitasi diri，yang disebut konsentrasi；yang lain adalah memisahkan zat padat dan cair secara paksa dengan menggunakan peralatan，ini disebut penyaringan. Kedua cara ini umum digunakan dalam kehidupan kita sehari-hari dan lebih mudah dipahami.

B：Ya.Apakah ada proses pelindian asam lainnya?

A：Proses hidrometalurgi bijih tembaga oksida juga merupakan proses pelindian asam yang tipikal. Konsentrat tembaga memiliki komposisi yang sangat kompleks，jadi umumnya diproses dengan proses pirometalurgi，tetapi untuk bijih tembaga dan bijih oksida kadar rendah，proses hidrometalurgi memiliki keunggulan yang lebih besar，tetapi ini bukan proses produksi tembaga yang dominan saat ini. Proses hidrometalurgi tembaga (Gambar 4.1) umumnya meliputi empat bagian：Pelindian，ekstraks，ekstraksi balik dan elektrodeposisi，yang membentuk tiga siklus.

B：Bijih tembaga kadar rendah mengacu pada sumber daya apa?

A：Bijih tembaga kadar rendah termasuk bijih tembaga oksida kadar rendah yang sulit diolah，bijih campuran oksida-sulfida，limbah batuan yang mengandung tembaga，dll. Bijih ini dicirikan dengan kadar rendah，cadangan kecil，dan distribusi yang tersebar，dan cara pelindi-

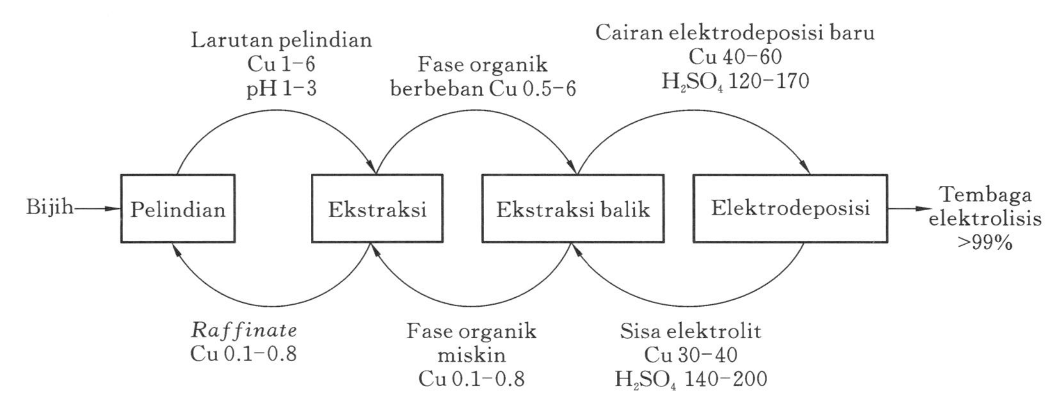

Gambar 4.1 Diagram skema aliran proses hidrometalurgi tembaga
(unit konsentrasi adalah g/L kecuali untuk indikasi)

annya sangat berbeda dengan kalsin seng, yaitu kalsin seng mengadopsi pelindian tangki, sedangkan bijih tembaga kadar rendah mengadopsi pelindian tumpukan (*heap leaching*).

B: Apa itu pelindian tumpukan?

A: Bijih yang akan dilakukan pelindian ditumpuk di tempat terbuka, dan digali parit atau diletakkan pipa air untuk memudahkan pengumpulan larutan. Agen pelindian disemprotkan pada tumpukan bijih dengan pompa, agar mengalir melalui tumpukan bijih dan bereaksi dengan bijih, sehingga unsur-unsur berharga dilarutkan, lalu dikumpulkan oleh pipa-pipa di parit bawah. Untuk memperkaya logam berharga dalam larutan pelindian hingga konsentrasi tertentu, larutan tersebut selalu didaur ulang hingga persyaratan ini terpenuhi. Setelah tumpukan bijih mengalami pelindian selama beberapa waktu, dan sebagian besar logam berharga telah didaur ulang, bijih tersebut dapat dibuang. Periode pelindian berlangsung selama 1 - 3 tahun untuk timbunan bijih berskala besar, dan selama 5 - 6 minggu untuk timbunan bijih berskala kecil (ribuan ton bijih).

Heap leaching

4.3.2 Peralatan Pelindian Asam

Peralatan pelindian asam terutama adalah tangki pelindian pengadukan. Menurut cara dan daya pengadukan yang berbeda, tangki pelindian pengadukan dibagi menjadi tangki pelindian pengadukan mekanis (Gambar 4.2) dan tangki pelindian pengadukan udara (Gambar 4.3). Peralatan pelindian pengadukan tidak hanya perlu memiliki efek pengadukan yang baik, dapat mengontrol suhu dan tekanan sesuai dengan persyaratan proses, tetapi juga perlu memiliki kekuatan dan ketahanan korosi yang memadai. Peralatan ini tidak hanya digunakan untuk proses pelindian, tetapi juga untuk proses hidrometalurgi lainnya seperti pembersihan larutan.

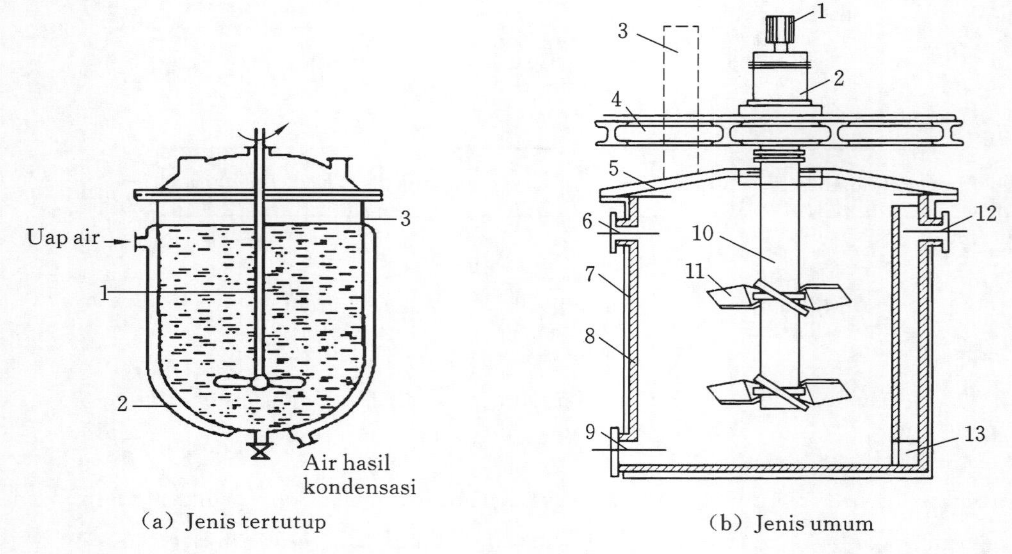

(a) Jenis tertutup　　(b) Jenis umum

(a) 1.Pengaduk; 2.Jaket; 3.Tubuh tangki; (b) 1.Perangkat transmisi; 2.Transmisi; 3.Lubang ventilasi; 4.Braket jembatan; 5.Tutup tangki; 6.Saluran masuk; 7.Tubuh tangki; 8.Ubin keramik tahan asam; 9.Lubang kuras; 10.Poros pengaduk; 11.*Blade pengaduk*; 12.Saluran keluar; 13.Lubang keluar.

Gambar 4.2　Tangki pelindian pengadukan makanis

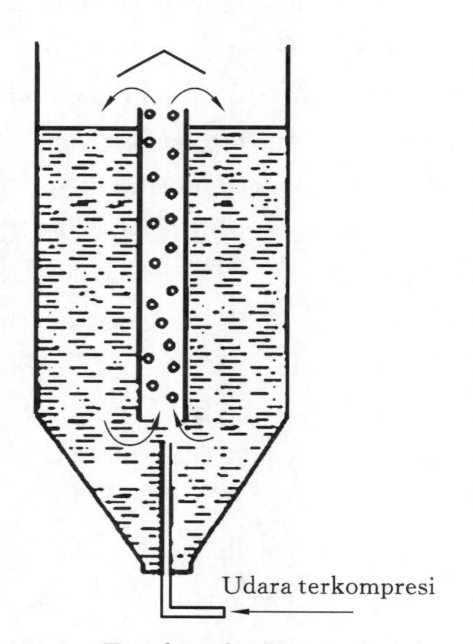

Tangki pengadukan mekanis dan tangki pengadukan udara

Gambar 4.3　Tangki pelindian pengadukan udara

Tangki pelindian pengadukan udara juga disebut tangki Pachuca. Sebuah tabung ditempatkan di tengah tangki dengan kedua ujungnya terbuka, udara terkompresi dimasukkan dari bagian bawah tabung ini. Dengan naiknya gelembung udara di sepanjang tabung, *pulp* disedot masuk dari bagian bawah tabung kemudian mengalir keluar dari ujung atas tabung, dan mengalir ke bawah di luar tabung, demikian berulang. Dibandingkan dengan tangki pelindian pengadukan mekanis, tangki pelindian pengadukan udara dicirikan dengan struktur sederhana, perawatan dan pengoperasian yang mudah, dan kondusif untuk reaksi antara fase gas-cair atau gas-cair-padat, tetapi konsumsi daya dinamisnya agak besar, jadi sering digunakan dalam pelindian logam mulia.

4.4 Pelindian Basa

4.4.1 Pengetahuan Dasar Mengenai Pelindian Basa

Pelindian basa umumnya digunakan untuk produksi logam ringan.

A: Logam ringan yang paling banyak kita gunakan adalah aluminium. Proses produksinya dibagi menjadi dua tahap: ① Memproduksi alumina dari bauksit; ② Alumina mengalami elektrolisis leburan garam untuk menghasilkan logam aluminium. Pelindian basa berupa unit proses dalam proses produksi alumina.

B: Proses pelindian basa yang saya belajar adalah mengolah bauksit dengan menambahkan NaOH atau Na_2CO_3 untuk memperoleh larutan natrium aluminat, kemudian larutan natrium aluminat dibersihkan (*purified*), dan didekomposisi secara paksa dengan pendinginan atau karbonasi untuk memperoleh aluminium hidroksida, dan kemudian dipanggang untuk dehidrasi, sehingga memperoleh produk alumina.

A: Ya.Proses pelindian basa untuk produksi alumina dibagi menjadi tiga jenis: proses Bayer, proses penyinteran dan proses gabungan. Berikutnya izinkan saya memberi tahu Anda tentang proses Bayer secara rinci, karena jumlah alumina yang dihasilkan dengan proses Bayer sudah mencapai lebih dari 90% dari total produksi alumina.

Produksi alumina dengan proses Bayer adalah menciptakan berbagai kondisi untuk membuat reaksi berikut berlangsung secara bergantian dalam arah yang berbeda:

$$Al_2O_3 \cdot xH_2O + 2NaOH + aq \underset{\text{Kristalisasi}}{\overset{\text{Pelarutan}}{\rightleftharpoons}} 2NaAl(OH)_4 + aq$$

Larutan NaOH digunakan untuk melarutkan bauksit pada kondisi suhu tinggi dan tekanan tinggi, sehingga alumina hidrat dalam bauksit bereaksi menuju ke arah kanan untuk memperoleh larutan natrium aluminat; ketika benih kristal terurai, pendingian dan pengadukan dilakukan untuk membuat reaksi pada rumus di atas menuju ke arah kiri untuk mengendapkan aluminium hidroksida.

B: Apakah keseluruhan proses ini harus mengalami banyak unit proses?

A: Ya. Unit-unit proses utama meliputi: penghancuran, penggilingan basah, pelarutan (*digestion*), pengenceran, pengendapan dan pemisahan lumpur merah, pencucian lumpur merah, penguraian benih kristal, kalsinasi, penguapan dan kaustikisasi (*causticization*), dll.

Penggilingan basah: Adalah unit proses mencampur bauksit dengan batu kapur dan cairan induk yang beredar sesuai dengan persyaratan *proportioning* dan digiling menjadi bubur bijih mentah yang memenuhi syarat. Peralatan yang digunakan adalah *ball mill*.

Pelarutan (*digestion*): Yaitu pelindian, biasanya disebut pelarutan dalam produksi alumina, adalah unit proses yang melarutkan alumina hidrat dari bijih bauksit di bawah kondisi suhu tinggi dan tekanan tinggi untuk memperoleh larutan natrium aluminat, dan pengotor seperti besi dan silikon masuk ke dalam lumpur merah. Peralatan yang digunakan adalah *digester* bertekanan tinggi.

Pengenceran: Adalah unit proses mengencerkan bubur yang diperoleh dengan larutan pencucian lumpur merah untuk selanjutnya menghilangkan silikon di dalamnya, sehingga menciptakan kondisi yang diperlukan untuk pengendapan dan pemisahan lumpur merah, dan penguraian benih kristal. Peralatan yang digunakan adalah tangki pengencer dengan alat pengaduk.

Pemisahan pengendapan lumpur merah: Adalah unit proses mengirim cairan bubur *digestion* yang sudah diencerkan ke tangki pengendapan untuk diolah, sehingga memisahkan larutan natrium aluminat dan lumpur merah.

Pencucian lumpur merah: Adalah unit proses menggunakan air untuk mencuci bubur lumpur merah yang diperoleh dari proses pemisahan pengendapan, agar mendaur ulang komposisi yang berguna (alkali dan alumina) dalam cairan terabsorpsi lumpur merah. Semakin banyak kali dicuci, semakin sedikit kehilangan komposisi yang berguna. Jumlah pencucian umumnya adalah 5 – 8 kali. Peralatan pencucian yang digunakan adalah tangki pengendapan.

Penguraian benih kristal: Adalah unit proses mengirim larutan natrium aluminat (cairan yang dihaluskan) yang telah sepenuhnya dipisahkan lumpur merah ke dalam tangki penguraian, menambahkan benih kristal $Al(OH)_3$, mengaduk terus menerus dan mendinginkannya secara bertahap, agar membuatnya mengalami reaksi penguraian sehingga mengendapkan $Al(OH)_3$, dan memperoleh larutan induk yang mengandung NaOH. Peralatan penguraian yang digunakan adalah tangki pengendapan benih (*disparting-genus trough*) dengan alat pengaduk.

Kalsinasi: Adalah unit proses menghilangkan air berdampingan (*absorbed water*) dan air kristalisasi $Al(OH)_3$ dengan peralatan kalsinasi pada suhu tinggi untuk mendapatkan alumina yang memenuhi syarat produksi untuk elektrolisis aluminium. Peralatan kalsinasi yang digunakan adalah kiln putar, kalsiner sirkulasi dengan unggun terfluidakan dan kalsiner kilat dengan unggun mendidih.

Penguapan: Adalah unit proses mengonsentrasikan cairan induk yang diperoleh dari proses penguraian benih kristal di evaporator untuk meningkatkan konsentrasi alkali, sehingga cairan induk yang bersirkulasi memenuhi persyaratan *digestion* (pelarutan) dengan proses Bayer. Peralatan yang digunakan adalah evaporator.

Kaustikisasi: Adalah unit proses menggunkan $Ca(OH)_2$ untuk mengkaustikisasi $Na_2CO_3 \cdot H_2O$ yang mengkristal dan mengendap dari larutan induk selama proses penguapan menjadi larutan NaOH, dan mengirimnya bersama dengan larutan induk yang diuapkan untuk penggilingan basah dan *proportioning*. Dengan demikian mewujudkan pemanfaatan daur ulang alkali.

4.4.2 Peralatan Pelindian Basa

Proses *digestion* pada tekanan tinggi yang digunakan dalam produksi alumina di industri adalah proses *digestion* kontinu, yang dapat dibagi menjadi proses *digestion digester* (Gambar 4.4) dan proses *digestion* pipa sesuai dengan peralatan *digestion* yang berbeda.

Aliran prosesnya adalah, bubur bijih mentah yang sudah digiling dipanaskan dari suhu 70 ℃ hingga 100 ℃ dalam tangki pemanasan, dan didesilikonisasinya dalam tangki pra-desilikonisasi selama 4 – 8 jam pada tekanan atmosfir untuk meminimalkan keropeng pada permukaan pemanas dan memperpanjang siklus pembersihan. Kemudian ditambahkan alkali dalam jumlah yang sesuai, dan dikirim dengan pompa diafragma bertekanan tinggi ke alat penukar panas tabung tunggal lima tahap yang panjang 2.400 m, dan dipanaskan dengan uap untuk mencapai 155 ℃. Selanjutnya dimasukkan ke lima buah digester pemanasan (pemanasan tidak langsung) untuk dipanaskan dengan uap hingga 220 ℃, lalu dipanaskan lagi hingga suhu pelarutan 260 ℃ dengan uap baru bertekanan tinggi dalam 6 digester reaksi, dan mengalami reaksi isolasi termal di tiga buah tangki isolasi termal selama 45 – 60 menit. Akhirnya, bubur hasil *digestion* pada suhu tinggi itu didinginkan hingga 130 ℃ dan dikirim ke tangki pengenceran.

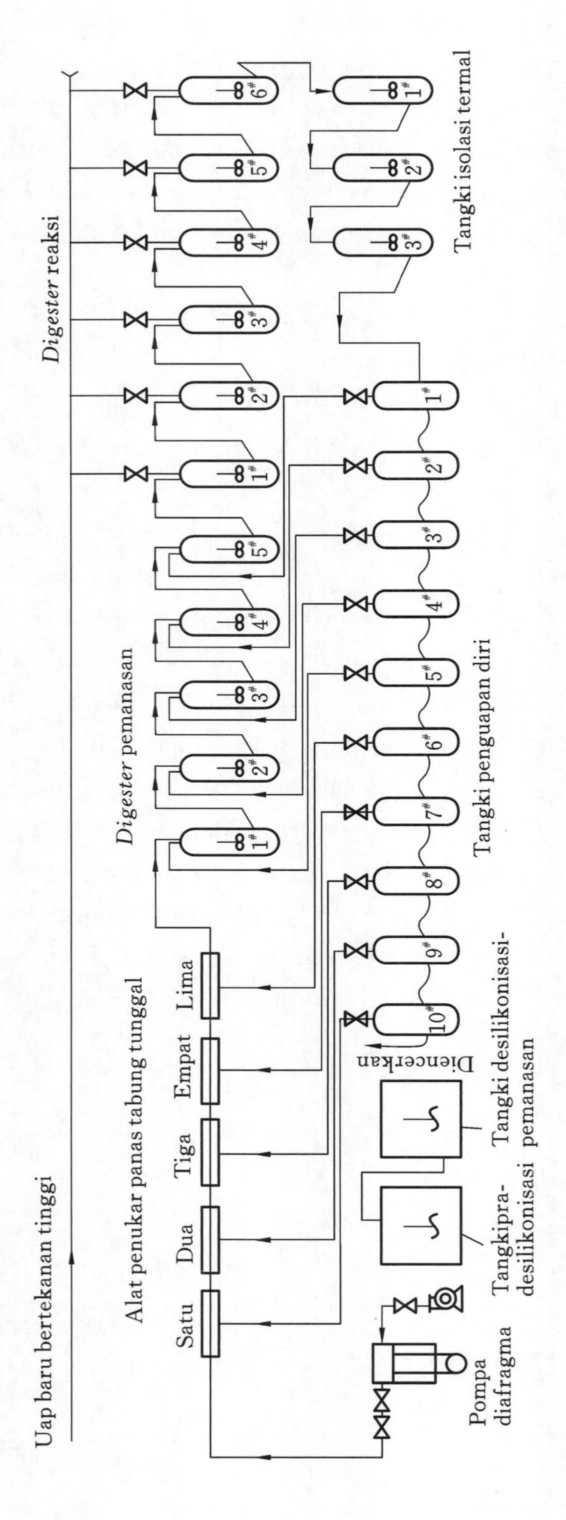

Gambar 4.4 Aliran proses digestion autoklaf dengan pemanasan awal tabung tunggal-pemanasan tidak langsung

任务 5　净　化

任务及要求:掌握净化的基本方法;学习不同净化方法的基础冶金知识和常用设备;了解电位-pH 图。

5.1 专业名词

净化液:净化除杂之后得到的溶液。

净化渣:净化之后得到的富集有杂质的沉淀相。

过滤:使液体混合物强制通过多孔性过滤介质,将其中的悬浮固体颗粒截留,实现相态的分离。

综合回收:对生产过程中产生的废渣、废水(液)、废气等进行有价金属的回收和合理利用。

萃取剂:能与被萃取物形成溶于有机相的萃合物的化学试剂。

稀释剂:在萃取过程中用于改善有机相物理性质的有机溶剂。

萃合物:萃取剂与被萃取物发生反应生成的不溶于水相而易溶于有机相的化合物。

萃取率:被萃取物进入有机相中的量占萃取前料液中被萃取物总量的百分比,表示萃取平衡中萃取剂的实际萃取能力。

反萃取:被萃取物从有机相返回水相的过程,是萃取的反过程。

萃取液:在萃取过程中得到的包含了被萃取物质的有机混合液。

萃余液:原料溶液经过萃取之后剩下的不包含被萃取物质的无机溶液。

5.2 认识"净化"

矿物在浸出过程中,当需要提取的有价金属从原料中溶解进入溶液时,其他一些杂质也会一同溶解进入溶液。为了方便后面的工序提取主金属,必须在净化过程将影响电解沉积的杂质除去,获得尽可能纯净的溶液。例如,湿法炼锌生产中通过净化将锌浸出液中的铁、砷、锑、镉、钴等尽可能除去。

净化单元往往跟随于浸出单元之后,处理浸出的溶液。针对溶液相,要想把其中的某些杂质金属和主金属物质分离开来,最常见的就是生成沉淀,也就是产生了一个新的固相区别于原来的液相,让主金属和杂质金属分别存在溶液相和沉淀相中,然后进行固液分离使两相分开，完成主金属在杂质的分离。

因此，净化单元处理的原料一般是“溶液”，产出的产品根据后续工艺要求，可以是更为纯净的溶液，也可以是更为纯净的固体（沉淀）。

所以，净化的目的有两个：①将溶液中的杂质控制在下一工序要求的范围内，保证生产的进行；②富集有价金属，提高金属的综合回收率与利用率。

净化过程中采用的方法仍然是以化学反应为基础的，主要有离子沉淀法、共沉淀法、置换沉淀法、有机溶剂萃取法等。

5.3 净化的基本方法和工艺流程

5.3.1 离子沉淀法

离子沉淀法是指通过向溶液中加入化学试剂，使某种离子形成难溶化合物而沉淀的过程。在工业生产中有两种不同的做法：一是使杂质呈难溶化合物沉淀，而主金属留在溶液中，这是溶液净化沉淀法，后面继续处理溶液提取有价金属；二是使主金属呈难溶化合物沉淀，而杂质金属留在溶液中，这称为制备纯化合物沉淀法，后面继续处理沉淀提取有价金属。

湿法冶金过程中经常遇到的难溶化合物有氢氧化物沉淀、硫化物沉淀、碳酸盐沉淀等，但是生产中最为常用的是形成难溶氢氧化物的水解法和形成硫化物沉淀的选择分离法。

5.3.1.1 水解沉淀除溶液中的杂质 Fe^{3+}

A：B，你知道吗，除了少数碱金属的氢氧化物外，大多数金属的氢氧化物都属于难溶化合物。

B：也就是都能生成氢氧化物沉淀？

A：对。比如在湿法炼锌过程中，中性浸出液中的杂质 Fe^{3+} 形成了 $Fe(OH)_3$ 沉淀物而与溶液中的 Zn^{2+} 分开的。

B：我们需要怎么做才能生成这样的沉淀呢？

A：需要控制溶液的 pH 值（可以生成金属的氢氧化物沉淀）。生成难溶氢氧化物的反应我们称为水解反应，反应的化学通式是

$$Me^{z+}(l)+zOH^{-}(l)=\!=\!=Me(OH)_z(s)$$

观察一下，反应正向进行是生成氢氧化物沉淀，我们叫作水解；逆向进行则是氢氧化物沉淀的分解。如果我们要除去杂质获得较为纯净的溶液，应该让反应向着哪个方向进行呢？

B：肯定是正向水解方向啊。

A：对呀。任何反应都有一个平衡条件，达到化学平衡状态时，体系中各反应物和生成物的物质的量都不再发生变化。对于水解过程，在温度、离子活度等条件一定时，对反应平衡影响最大的就是溶液的 pH 值了。

简单一点说，每一个金属的 $Me^{z+}(l)+zOH^{-}(l)=\!=\!=Me(OH)_z(s)$ 反应都有一个平衡

pH 值，当环境溶液的 pH 值大于这个水解反应的平衡 pH 值时，反应就正向进行，生成金属氢氧化物沉淀；反之则发生氢氧化物的分解。

B：明白了。若是需要除去硫酸锌溶液中的 Fe^{3+}，就得让溶液的 pH 值大于 $Fe^{3+}(l)+3OH^-(l)$ ══ $Fe(OH)_3(s)$ 的平衡 pH 值。

A：嗯嗯，你很棒。可是别忘了浸出得到的硫酸锌溶液中除了 Fe^{3+} 之外，还有很多杂质离子和主金属离子 Zn^{2+}，我们可不能把 Zn^{2+} 给沉淀下来。

B：那么溶液的 pH 值应小于 $Zn^{2+}(l)+2OH^-(l)$ ══ $Zn(OH)_2(s)$ 的平衡 pH 值，而大于 $Fe^{3+}(l)+3OH^-(l)$ ══ $Fe(OH)_3(s)$ 的平衡 pH 值。

A：非常正确！

B：金属发生水解反应的平衡 pH 值从哪里知道呢？

A：一般我们在温度 298K 时，假定金属离子的活度为 1，通过计算获得平衡 pH 值。当然已经有研究人员完成了这些工作，我们只需要把数据（表 5.1）拿来认真分析，就可以灵活地使用中和水解法了。

表 5.1 生成不同 $Me(OH)_z$ 的平衡 pH 值

水解反应	生成 $Me(OH)_z$ 的平衡 pH 值
$Ti^{3+}+3OH^-$ ══ $Ti(OH)_3$	−0.5
$Sn^{4+}+4OH^-$ ══ $Sn(OH)_4$	0.1
$Co^{3+}+3OH^-$ ══ $Co(OH)_3$	1.0
$Sb^{3+}+3OH^-$ ══ $Sb(OH)_3$	1.2
$Sn^{2+}+2OH^-$ ══ $Sn(OH)_2$	1.4
$Fe^{3+}+3OH^-$ ══ $Fe(OH)_3$	1.6
$Al^{3+}+3OH^-$ ══ $Al(OH)^3$	3.1
$Bi^{3+}+3OH^-$ ══ $Bi(OH)_3$	3.9
$Cu^{2+}+2OH^-$ ══ $Cu(OH)_2$	4.5
$Zn^{2+}+2OH^-$ ══ $Zn(OH)_2$	5.9
$Co^{2+}+2OH^-$ ══ $Co(OH)_2$	6.4
$Fe^{2+}+2OH^-$ ══ $Fe(OH)_2$	6.7
$Cd^{2+}+2OH^-$ ══ $Cd(OH)_2$	7.0
$Ni^{2+}+2OH^-$ ══ $Ni(OH)_2$	7.1
$Mg^{2+}+2OH^-$ ══ $Mg(OH)_2$	8.4
$Ti^{+}+OH^-$ ══ $Ti(OH)$	13.8

B：师姐，逐一比对这些平衡 pH 值的大小，就能确定溶液大致的 pH 值，但是这样很麻烦啊，容易看错。

A：我们可以使用溶液的电位-pH 值图（图 5.1）。

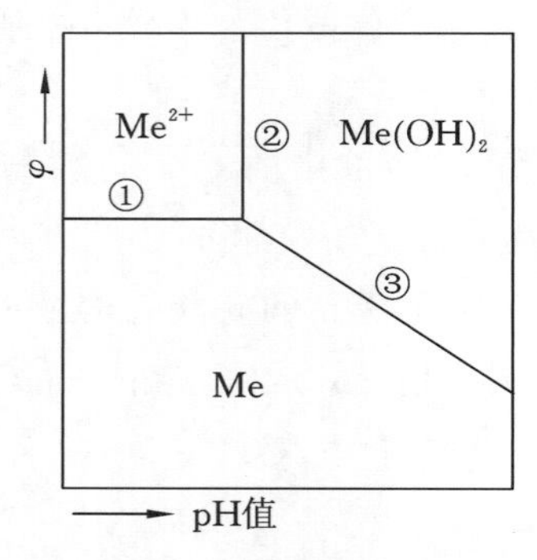

图 5.1　溶液的电位-pH 值图

湿法冶金稳定区

图 5.1 中有①、②、③三条线将 Me—H_2O 体系划分为三个稳定区域，分别是金属离子的稳定区、氢氧化物沉淀的稳定区、金属的稳定区。对于中和水解法，我们只需要关注②线的位置，选择溶液 pH 值低于主金属的②线而大于杂质金属的②线即可。

B：能不能举个例子？

A：好的。图 5.2 是硫酸锌溶液的电位-pH 值图，硫酸锌溶液中除了主金属锌外，还有铁、铜、镉、镍、钴等很多杂质，我们的目的是要让杂质形成沉淀从溶液中分离开。

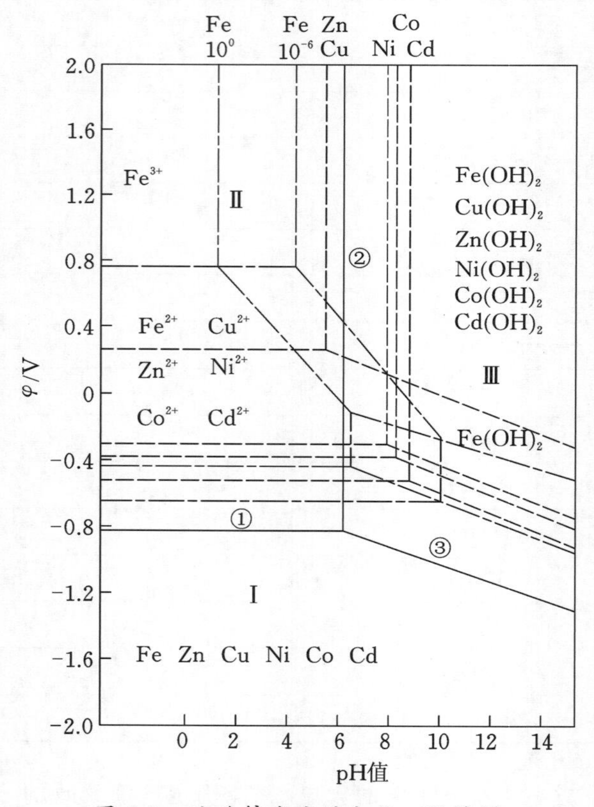

图 5.2　硫酸锌溶液的电位-pH 值图

观察所有的垂直线，它们对应着不同的pH值，这些pH值就是金属的水解平衡pH值。其中实线是主金属锌的，虚线是杂质的。

B：似乎只有铁和铜这个两个杂质能够除去，因为只有它们的平衡pH值线在锌的平衡pH值线左边，其他杂质的都在锌的右边。溶液的pH值不能超过②线，这样锌会沉淀下来的。

A：对。但是还有两个小细节需要注意：一个是杂质铜的平衡pH值和主金属锌的平衡pH值很接近，在工业生产中不容易控制条件，因此不会采用中和水解法除去杂质铜；另一个是杂质铁在硫酸锌溶液中实际上有两种离子价态，Fe^{3+}和Fe^{2+}。Fe^{3+}可以被沉淀除去，而Fe^{2+}不行，因为Fe^{2+}的平衡pH值线在主金属锌的平衡pH值线右边。

5.3.1.2 湿法冶金中的氧化剂

因为在湿法冶金中化合价态高的离子比化合价态低的离子容易沉淀而被除去，就像控制溶液的pH值在5.2时，Fe^{3+}可以被水解生成沉淀除去，而Fe^{2+}不行。那么往往会使用氧化剂将低价态的离子转化为高价态离子。冶金中常用的氧化剂有：双氧水（H_2O_2）、高锰酸钾（$KMnO_4$）、次氯酸钠（$NaClO_3$）、氯气（Cl_2）、二氧化锰（MnO_2）、氧气（O_2）。其中H_2O_2的氧化性最强，其余的依次逐渐减弱。$NaClO_3$价格比较昂贵。O_2容易获得，常常使用空气来代替，因此在常压条件下反应较慢。一般在锌、铜湿法冶金中主要采用MnO_2和O_2作氧化剂，而在镍钴湿法冶金中广泛采用Cl_2作氧化剂。

5.3.2 共沉淀法

A：B，你知道吗，冶金中有很多有意思的化学现象，比如在净化生产中，除去一种杂质的同时把另外的杂质也给“消灭”了。

B：啊？

A：在发生沉淀的过程中，一些组分会跟随着难溶化合物沉淀而部分沉淀下来，这种现象我们称为“共沉淀”。

B：哦，那是不是只要有沉淀生成都能有共沉淀？

A：不是的。要组分和沉淀之间刚好有一些特殊的情况发生，才会有共沉淀现象，比如形成固溶体、有表面吸附等。我们只要记住在湿法炼锌中，氢氧化铁[$Fe(OH)_3$]沉淀生成了，就能同时把砷、锑两种杂质共沉淀下来。

B：嗯，那么就是中和水解除铁的时候，又共沉淀了杂质砷和锑。

A：你很聪明。在提取冶金中，常常利用共沉淀除去一些难除的杂质。但是当需要沉淀析出纯的化合物时，就必须避免共沉淀现象的发生，这会影响产品的纯度。

5.3.3 置换沉淀法

A：我们接下来开始学习另外一种净化方法啦。B，你之前有见到过金属铝放到稀盐酸里的实验吗？

B：有，我学习过，会有氢气跑出来。

A:这就是置换反应,较负电性(活泼)的金属从溶液中取代出较正电性金属(不活泼)的过程就叫作置换沉淀。

B:在湿法冶金中有哪些例子呢?

A:湿法炼锌中将纯净的锌粉加到硫酸锌中性浸出液里置换杂质铜、镉等,锌进入溶液中,杂质沉淀下来,得到的溶液正好就是我们生产需要的硫酸锌溶液。这里之所以用锌来置换,就是因为它除去杂质的同时不会引入新的杂质。

B:又是湿法炼锌,这些方法对炼锌很有用啊。

A:慢慢来,多学习一点你会发现冶金方法的使用是有规律的。

5.3.4 有机溶剂萃取法

A:有时候溶液中某些金属离子的性质非常接近,上面我们说的那些方法都不能让它们分开怎么办?

B:这个很麻烦,我可不能用手把他们分开,我做不到。

A:哈哈。有时候溶液中某些金属离子的含量非常少,但是它的价值又很高,可以采用萃取这种方法,就是在水溶液中加入与水互不混溶的有机溶剂(萃取剂),使原来溶液中的一种或几种组分转移到有机相,而其他组分仍留在水溶液中,从而达到彼此分离的目的。

B:这些转移的物质和萃取剂发生反应了吗?

A:当然,能够和萃取剂反应的物质转移到有机相中,不能发生反应的物质留在原来的水溶液中。

B:明白了,然后把有机相和水相分开,就完成了杂质的分离。

A:很对!萃取适合处理贫矿、复杂矿,回收废液中的有价成分,它的选择性很强,分离和富集效果好。这里有一个萃取基本过程流程图(图5.3),你可以学习一下。

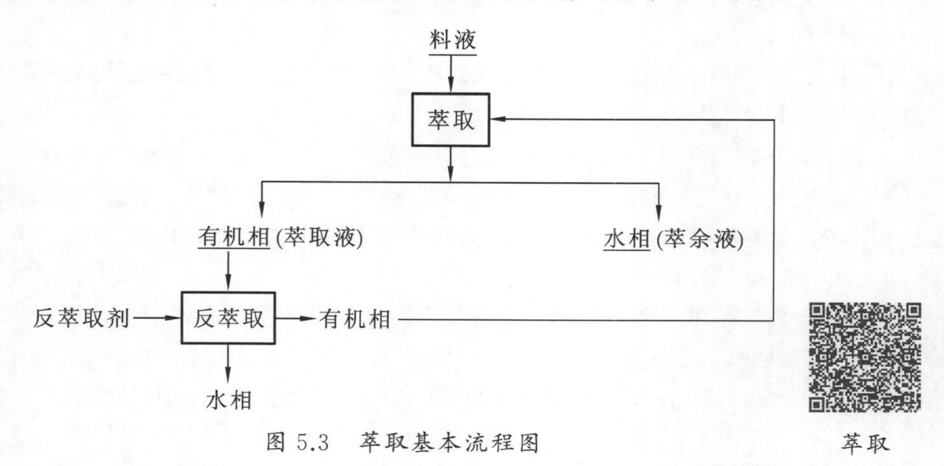

图5.3　萃取基本流程图

萃取

B:原料采用萃取方法富集有价金属。首先加入萃取剂,反应之后完成物质的转移,有价金属进入有机相得到萃取液,杂质留在水相中。然后向萃取液这个有机相里加入反萃取剂,得到水相和有机相,有机相返回到萃取这里。师姐,什么叫反萃取?

A:因为经过萃取之后的有价金属存在于有机相中,必须把它重新转移到水相中才能采用电化学的方法把它提取出来，所以会将一些无机酸，比如稀硫酸、稀盐酸，加到萃取液中，反应之后有价金属进入水相，而有机相得到了再生，可以返回萃取工序再次作为萃取剂使用。

B：我懂了！师姐，湿法冶金中常用的净化方法我都了解了，使用的设备还没有见过，你带我去看一下吧。

A：好的。

5.4 净化过程中的常用设备

5.4.1 净化槽

净化槽是净化反应的主要设备，有机械搅拌槽[结构见图 4.2(b)]和流态化净化槽(图 5.4)。工业上应用最广泛的是立式机械搅拌槽。一般搅拌槽顶盖的上方装设有传动装置，搅拌轴的中心线与罐体中心线重合，在搅拌轴上可装设一层、两层或更多层搅拌叶片。槽体是盛装料液的容器，材质有不锈钢及钢筋混凝土，但是湿法冶炼生产中的许多溶液具有强烈腐蚀性，因此常在罐体内壁上衬贴耐腐蚀的金属或非金属材料。与浸出单元过程不同，净化槽不使用空气搅拌槽。

机械搅拌槽工作过程

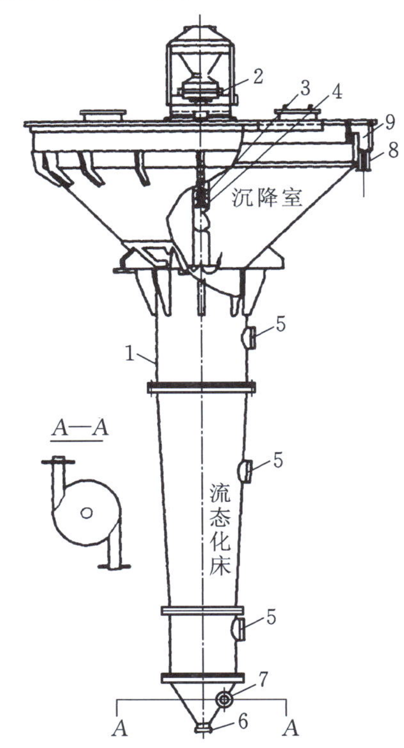

1.槽体；2.加料圆盘；3.搅拌机；4.下料圆筒；5.窥视孔；6.放渣口；7.进液口；8.出液口；9.溢流沟。

图 5.4　流态化净化槽

5.4.2 混合-澄清槽(萃取槽)

混合-澄清槽(图 5.5)是工业中最早也是使用最多的一种萃取设备,可进行组合应用。一个槽子就是一级萃取,多个槽子水平 180°旋转后放置在一起,就组成多级萃取设备。

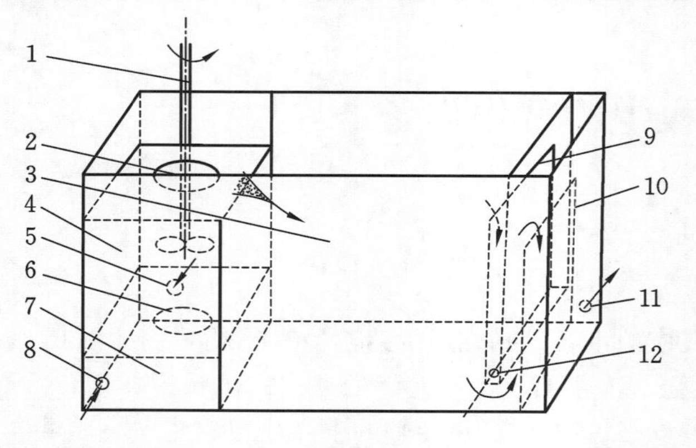

1.搅拌桨;2.混合相出口;3.澄清室;4.混合室;5.轻相进口;6.汇流口;7.重相室;8.重相进口;9.轻相溢流堰;10.重相堰;11.重相出口;12.轻相出口。

图 5.5 混合-澄清槽

运行过程

Task 5 Purifying

Tasks and requirements: Master the basic methods of purifying; learn the basic metallurgical knowledge and common equipment of different purifying methods; understand the electric potential-pH value diagram.

5.1 Technical Terms

Purified solution: Refers to a kind of solution obtained after purifying and removing impurities.

Clean slag: Refers to the precipitate phase enriched with impurities obtained after purifying.

Filtration: Refers to the phase separation of passing liquid mixture forcedly through the porous filter medium, and trap the suspended solid particles.

Comprehensive recovery: Refers to the recovery and rational utilization of valuable metals from waste slag, waste water (liquid) and waste gas produced in the production process.

Extractant: Refers to a chemical reagent that can form extracted compound dissolved in organic phase together with the extracted substances.

Diluent: Refers to an organic solvent used to improve the physical properties of organic phase during extraction process.

Extracted compound: Refers to a compound which is insoluble in aqueous phase but soluble in organic phase and generated by the reaction between the extractant and the extracted substances.

Extraction rate: Refers to the percentage of the extracted substances in the organic phase to the total extracted substances in the feed liquid before extraction, indicating the actual extraction capacity of the extractant in the extraction equilibrium.

Back extraction: Refers to a process of returning the extracted substances from the organic phase to the aqueous phase, which is the reverse process of extraction.

Extract: Refers to the organic mixture containing the extracted substances obtained in the extraction process.

Raffinate: Refers to the inorganic solution left after the extracted substances are extracted from the raw material solution.

5.2 Understanding of "Purifying"

In the mineral leaching process, when the valuable metals to be extracted dissolve into the solution from the raw materials, other impurities will also dissolve into the solution. In order to facilitate the extraction of the main metal in the following processes, the impurities affecting the electrolysis deposition must be removed in the purifying process to obtain the pure solution as possible. For example, in the hydrometallurgical production, zinc, iron, arsenic, antimony, cadmium and cobalt in zinc leaching solution shall be removed as much as possible through purifying process.

The purifying unit is often used to process the leached solution after the leaching unit. For the solution phase, the most common way to separate some impurity metals from the main metal substances is to generate the precipitate, that is, to produce a new solid phase different from the original liquid phase, so that the main metal and impurity metals exist in the solution phase and precipitate phase respectively, and then carry out solid-liquid separation to complete the separation of the main metal and impurities.

Therefore, the raw materials processed by the purifying unit is generally "solution", and the product may be a purer solution or solid (precipitate) according to the requirements of the subsequent processes.

So, there are two purposes of purifying as follow: ① Control the impurities in the solution within the scope required by the next process to ensure the smooth production; ② Enrich the valuable metals and improve the comprehensive recovery and utilization rate of metals.

The methods used in the purifying process are still based on the chemical reactions, mainly including ion precipitation, coprecipitation, displacement precipitation and organic solvent extraction.

5.3 Basic Methods and Process Flow of Purifying Process

5.3.1 Ion Precipitation

The ion precipitation is a process of adding chemical reagents to the solution to make some ions form the insoluble compounds and precipitates. There are two different methods in industrial production as follows: One is to precipitate the impurity metals as insoluble compounds, and remain the main metal in the solution, which is called the solution purifying precipitation method, and then subsequent processes are used to extract valuable metals from the solution; the other is to make the main metal precipitates as an insoluble compound, while remain the impurity metals in the solution, which is called the precipitation method of preparing pure compound, and then subsequent processes are used to extract valuable metals from the precipitates.

Hydroxide precipitates, sulfide precipitates, carbonate precipitates and other insoluble compounds are often encountered in hydrometallurgy, but the most commonly used methods in production are the hydrolysis to generate the insoluble hydroxides and the selective separation to generate the sulfide precipitates.

5.3.1.1 Removal of Fe^{3+} from the Solution by Hydrolysis Precipitation

A: Do you know that most metal hydroxides are insoluble compounds except a few alkali metal hydroxides?

B: It is to say that most of they can generate the hydroxide precipitates. Is it right?

A: Yes. For example, in the hydrometallurgical process of zinc, the impurity Fe^{3+} in neutral leaching solution can generate $Fe(OH)_3$ precipitate separated from Zn^{2+} in the solution.

B: What do we need to do to generate such a precipitate?

A: The pH value of the solution shall be controlled. The reaction of generating insoluble hydroxides is called the hydrolysis reaction, with the general chemical formula as follows:

$$Me^{z+}(l)+zOH^{-}(l)=\!=\!=Me(OH)_z(s)$$

It shall be noted that the forward reaction is used to generate the hydroxide precipitates, which is called the hydrolysis; the reverse reaction is used to decompose the hydroxide precipitates. If removing the impurities and obtaining a purer solution, which reaction direction shall be carried out?

B: It must be the forward hydrolysis reaction.

A: It's right. There is an equilibrium condition for any reaction, at which, the amounts of reactants and products in the system will not change. For the hydrolysis process, when the conditions such as temperature and ionic activity are constant, the pH value of the solution has the greatest influence on the reaction equilibrium.

In short, there is an equilibrium pH value for $Me^{z+}(l)+zOH^{-}(l)=\!=\!=Me(OH)_z(s)$ reaction of each metal. When the pH value of the environmental solution is greater than the equilibrium pH value of this hydrolysis reaction, the forward reaction will be carried out to generate the metal hydroxide precipitate; otherwise, the dissolution reaction of hydroxide will be carried out.

B: I see. If Fe^{3+} in zinc sulfate solution is removed, the pH value of the solution shall be greater than the equilibrium pH value of $Fe^{3+}(l)+3OH^{-}(l)=\!=\!=Fe(OH)_3(s)$. Is it right?

A: Yes, you are great. But it shall be noted that there are Fe^{3+}, many impurity ions and main ion Zn^{2+} in the zinc sulfate solution obtained by leaching process, so Zn^{2+} cannot be precipitated.

B: Then, the pH value of the solution shall be less than the equilibrium pH value of $Zn^{2+}(l)+2OH^-(l)=Zn(OH)_2(s)$, but greater than the equilibrium pH value of $Fe^{3+}(l)+3OH^-(l)=Fe(OH)_3(s)$.

A: Yes.

B: How to know the equilibrium pH value of metal hydrolysis reaction?

A: Generally, it is assumed that the activity of metal ions is 1 at the temperature of 298 K, with which, the equilibrium pH value can be calculated. Of course, these tasks have already been completed by some researchers; the hydrolysis method can be flexibly used by carefully analyzing these data (Table 5.1).

Table 5.1 Equilibrium pH values of generating different $Me(OH)_z$

Hydrolysis reaction	Equilibrium pH values of generating $Me(OH)_z$
$Ti^{3+}+3OH^-=Ti(OH)_3$	−0.5
$Sn^{4+}+4OH^-=Sn(OH)_4$	0.1
$Co^{3+}+3OH^-=Co(OH)_3$	1.0
$Sb^{3+}+3OH^-=Sb(OH)_3$	1.2
$Sn^{2+}+2OH^-=Sn(OH)_2$	1.4
$Fe^{3+}+3OH^-=Fe(OH)_3$	1.6
$Al^{3+}+3OH^-=Al(OH)^3$	3.1
$Bi^{3+}+3OH^-=Bi(OH)_3$	3.9
$Cu^{2+}+2OH^-=Cu(OH)_2$	4.5
$Zn^{2+}+2OH^-=Zn(OH)_2$	5.9
$Co^{2+}+2OH^-=Co(OH)_2$	6.4
$Fe^{2+}+2OH^-=Fe(OH)_2$	6.7
$Cd^{2+}+2OH^-=Cd(OH)_2$	7.0
$Ni^{2+}+2OH^-=Ni(OH)_2$	7.1
$Mg^{2+}+2OH^-=Mg(OH)_2$	8.4
$Ti^{+}+OH^-=Ti(OH)$	13.8

B: Senior sister, by comparing these equilibrium pH values one by one, we can determine the approximate pH value of the solution, but it is very troublesome and easy to be mistaken.

A: We can use the electric potential-pH value diagram of the solution (Fig. 5.1).

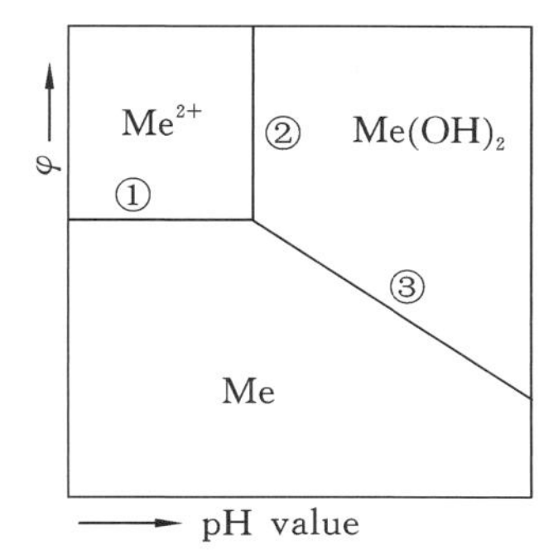

Fig. 5.1 Electric potential-pH value diagram of solution

Hydrometallurgical stable zone

There are three lines (①, ② and ③) in Fig. 5.1, which divide the Me-H_2O system into three stable zones, namely, the stable zone of metal ions, the stable zone of hydroxide precipitates and the stable zone of metals. For the neutralization hydrolysis, we only need to pay attention to the position of Line ②, and choose pH value of the solution below Line ② of the main metal and above that of the impurity metals.

B: Can you give me an example?

A: Ok. Fig. 5.2 shows the electric potential-pH value diagram of zinc sulfate solution. In addition to the main metallic zinc, there are many impurities such as iron, copper, cadmium, nickel and cobalt. We want to separate the impurities from the solution by precipitation.

Observe all the vertical lines correspond to different pH values, which are the hydrolysis equilibrium pH values of metals, in which the equilibrium pH values of main metallic zinc are indicated with the solid lines, and those of impurities are indicated with dotted lines.

B: It seems that only two impurities, iron and copper, can be removed, because only their equilibrium pH lines are located on the left of the equilibrium pH line of zinc, and those of all other impurities are on the right. The pH value of the solution shall not exceed Line②, otherwise the zinc will be precipitated. Is it right?

A: Yes. However, there are still two small details to be noted: One is that the equilibrium pH value of the impurity copper is very close to that of the main metal zinc, so it is difficult to control the conditions in industrial production, so the neutralization hydrolysis will not be used to remove the impurity copper; the other is that the impurity iron actually has two ionic valences in the zinc sulfate solution, i. e., Fe^{3+} and Fe^{2+}. Fe^{3+} can be removed but Fe^{2+} cannot be removed by precipitation, because the equilibrium pH line of Fe^{2+} is located on the right of the equilibrium pH line of the main metal zinc.

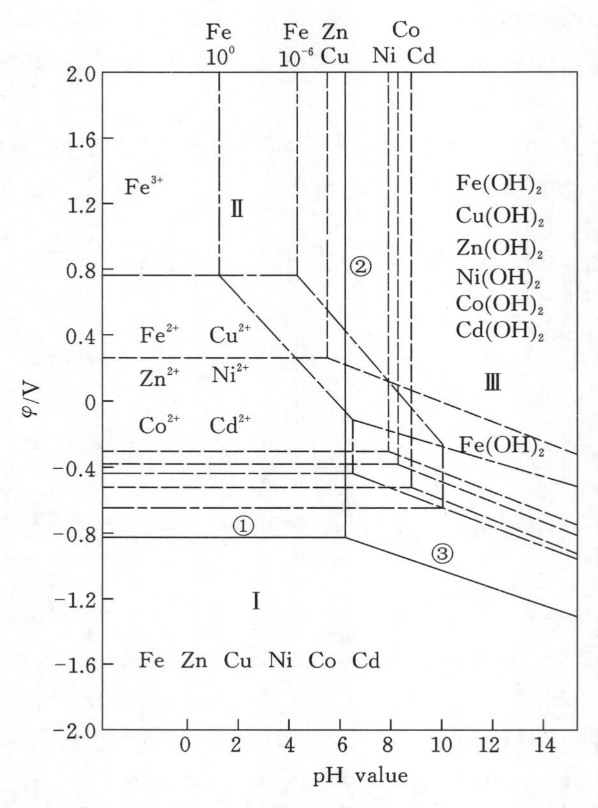

Fig. 5.2 Electric potential-pH diagram of zinc sulfate solution

5.3.1.2 Oxidants in Hydrometallurgy

Because in hydrometallurgy, the ions with high valences are easier to be removed by precipitation than the ions with low valences; for example, in the solution at pH 5.2, Fe^{3+} can but Fe^{2+} cannot be removed by precipitation. Therefore, then oxidants are often used to convert low-valence ions into high-valence ions. Commonly used oxidants in metallurgy include hydrogen peroxide (H_2O_2), potassium permanganate ($KMnO_4$), sodium hypochlorite ($NaClO_3$), chlorine (Cl_2), manganese dioxide (MnO_2) and oxygen (O_2), among which, H_2O_2 has the strongest oxidation capacity and the others are gradually weakened, $NaClO_3$ is expensive, O_2 is easy to obtain and often replaced by the air, so the reaction is carried out slowly under normal pressure. Generally, MnO_2 and O_2 are mainly used as the oxidants in zinc and copper hydrometallurgy, while Cl_2 is widely used as the oxidant in nickel and cobalt hydrometallurgy.

5.3.2 Coprecipitation

A: B, There are many interesting chemical phenomena in metallurgy. For example, in purifying process, when one impurity is removed, the other impurities may be “eliminated”.

B: Huh?

A: In the precipitation process, some components will be partially precipitated with the precipitate of insoluble compounds. This phenomenon is called the "coprecipitation".

B: Oh, can there be coprecipitation as long as a precipitation is generated?

A: No. The coprecipitation between the components and the precipitate only occur in some special cases, such as formation of solid solution and surface adsorption. It shall be noted that in the zinc hydrometallurgy, when the iron hydroxide [$Fe(OH)_3$] is precipitated, the arsenic and antimony can be coprecipitated at the same time.

B: Oh, so when the iron is removed with neutralizing hydrolysis, the impurities arsenic and antimony are also coprecipitated.

A: You are right. In extraction metallurgy, the coprecipitation is often used to remove some impurities which are difficult to remove. However, when some pure compounds are precipitated, the coprecipitation must be avoided, otherwise, it can affect the purity of products.

5.3.3 Displacement Precipitation

A: Next, let's learn another purifying method. Have you ever seen the experiment of putting the aluminum in dilute hydrochloric acid?

B: Yes, I have learned, and the hydrogen can escape.

A: It is a displacement reaction. The process in which a more negative electrical property (active) is used to replace a metal with more positive electrical property (inactive) in the solution is called the displacement precipitation.

B: What are the examples in hydrometallurgy?

A: In zinc hydrometallurgy, the pure zinc powder is added to the neutral leaching solution of zinc sulfate to replace the impurities such as copper and cadmium. When the zinc is added into the solution, the impurities will be precipitated, and the obtained solution is exactly the zinc sulfate solution required for production. The zinc is used here because it can remove the impurities without introducing new ones.

B: It is also a kind of zinc hydrometallurgy. These methods are very useful for zinc smelting process.

A: Take your time and learn more, then you will find that these metallurgical methods are used regularly.

5.3.4 Organic Solvent Extraction

A: Sometimes, some metal ions have very similar properties in the solution and cannot be separated with the above methods. What should we do?

B: This case is very troublesome. I cannot separate them by hand.

A: Haha. Sometimes, for some metal ions, their content is very low in the solutions, but their value is very high; in this case, the extraction method can be used, that is, an organic solvent (extractant) that is insoluble in water is added to the aqueous solution to transfer one or more components from the original solution to the organic phase, while other components remain in the aqueous solution, so as to separate them from each other.

B: Do these transferred substances react with the extractant?

A: Of course, the substances that can react with the extractant are transferred into the organic phase, and the substances that cannot react with it remain in the original aqueous solution.

B: I see. Then the organic phase is separated from the aqueous phase.

A: Yes. The extraction is suitable for processing lean and complex ores and recovering valuable components from spent liquor. It has strong selectivity, good separation and enrichment effects. Here is a flowchart of the basic extraction process (Fig. 5.3) for your understanding.

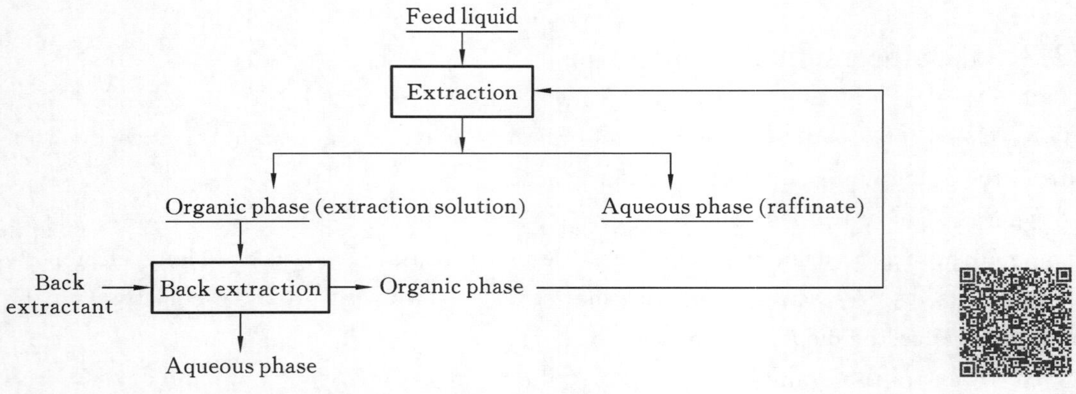

Fig. 5.3 Flowchart of basic extraction process

Extraction

B: The valuable metals are enriched by extraction in raw materials. Firstly, the extractant is added, and after the reaction, the transfer is completed. The valuable metals enter the organic phase to obtain the extract, and impurities remain in the aqueous phase, which is called the raffinate. Then, the back extractant is added to the organic phase of the extraction solution to obtain the aqueous phase and the organic phase, and the organic phase is returned for the extraction. Senior sister, what is the back extraction?

A: Because the extracted valuable metals exist in the organic phase, they must be transferred into the aqueous phase again for extraction by electrochemical method. Therefore, some inorganic acids, such as dilute sulfuric acid and dilute hydrochloric acid, are added to the extraction solution; after the reaction, the valuable metal can enter the aqueous phase, and the organic phase is regenerated, returned to the extraction process and used as the extractant again.

B: I see. Senior sister, I have known all the purifying methods commonly used in hydrometallurgy, but I haven't seen the equipment used yet. Please take me to see it.

A: Ok.

5.4 Common Equipment for Purifying Process

5.4.1 Purifying Tank

The purifying tank is the main equipment for purifying reaction, including mechanical stirring tank [Fig. 4.2(b)] and fluidized purifying tank (Fig. 5.4). The vertical mechanical stirring tank is the most widely used in industry. Generally, a driving device is arranged above the top cover of the stirring tank, and the center line of the stirring shaft coincides with the center line of the tank, and one, two or more layers of mixing blades can be installed

Working pocess of mechanical stirring tank

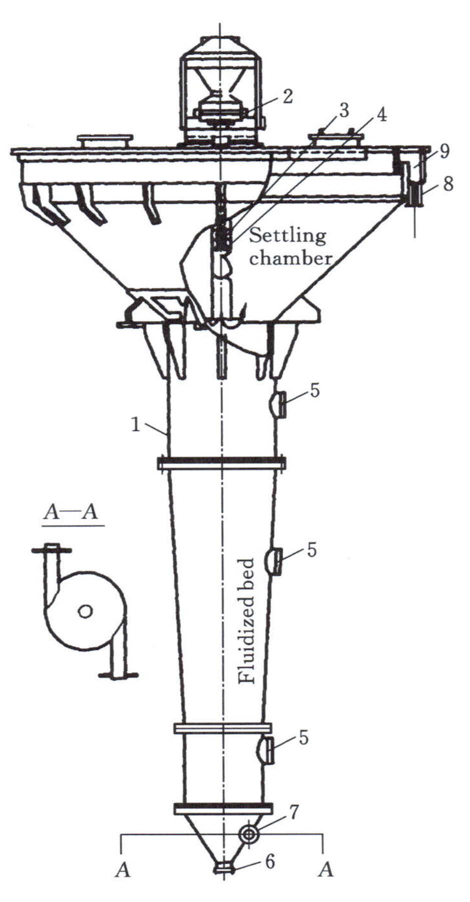

1.Tank body; 2.Feeding disc; 3.Stirrer; 4.Unloading cylinder; 5.Sight hole; 6.Taphole; 7.Liquid inlet; 8.Liquid outlet; 9.Overflow ditch.

Fig. 5.4 Fluidized purifying tank

on the stirring shaft. The tank body is a container containing the feed liquid, and made of stainless steel or reinforced concrete. However, many solutions are highly corrosive in hydrometallurgical production, so some corrosion-resistant metal or nonmetal materials are often lined on the inner wall of the tank body. Unlike the leaching process, the air stirring tank is not used as purifying tank.

5.4.2 Mixer-Settler (Extraction Tank)

The mixer-settler (Fig. 5.5) is the earliest and most widely used extraction equipment in industry, which can be used in combination. One tank is used for one-stage extraction, and many tanks are horizontally rotated by 180°and arranged together to form a multi-stage extraction device.

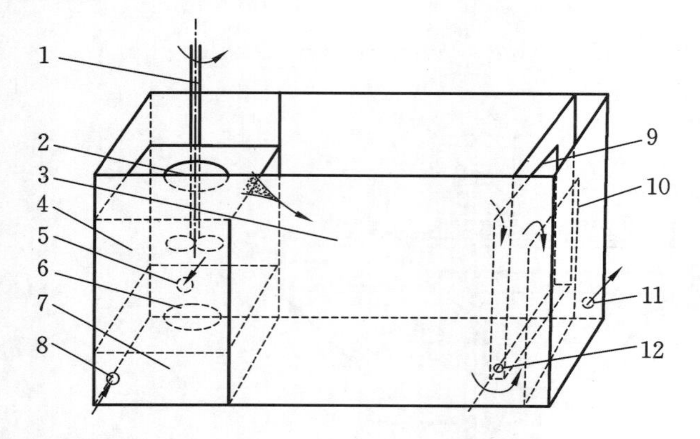

Running process

1.Impeller; 2.Mixed phase outlet; 3.Clarifying chamber; 4.Mixing chamber; 5.Light phase inlet; 6.Mixing port; 7.Heavy phase chamber; 8.Heavy phase inlet; 9.Light phase overflow weir; 10.Heavy phase overflow weir; 11.Heavy phase outlet; 12.Light phase outlet.

Fig. 5.5 Mixer-settler

Tugas 5 Pembersihan

Tugas dan persyaratan: Menguasai metode dasar pemurnian, mempelajari pengetahuan metalurgi dasar dan peralatan umum untuk metode pemurnian yang berbeda, memahami diagram potensial-pH.

5.1 Istilah-istilah

Larutan bersih (***purified solution***): Adalah larutan yang diperoleh setelah pembersihan dan penghilangan pengotor.

Terak pembersihan: Adalah fase endapan yang diperkaya dengan pengotor yang diperoleh setelah pembersihan.

Penyaringan: Adalah proses pemisahan fase yang memaksa campuran cairan melewati media filter yang berpori-pori agar partikel-partikel padat yang tersuspensi dalam campuran itu tersangkut.

Pemulihan komprehensif: Adalah memulihkan logam berharga dari terak, air limbah (limbah cair), limbah gas, dan limbah lain yang dihasilkan selama proses produksi, dan memanfaatkannya secara rasional.

Ekstraktan: Adalah reagen kimia yang bisa bersama zat yang diekstrak untuk membentuk ekstrak yang larut dalam fase organik.

Pengencer: Adalah pelarut organik yang digunakan untuk mengubah sifat fisik fase organik selama ekstraksi.

Ekstrak: Adalah senyawa yang tidak larut dalam air tetapi mudah larut dalam fase organik yang dihasilkan dari reaksi antara ekstraktan dan zat yang diekstrak.

Efisiensi ekstraksi: Adalah persentase jumlah zat yang diekstraksi yang memasuki fase organik terhadap jumlah total zat yang diekstraksi dalam bahan baku cair sebelum ekstraksi, yang menunjukkan kapasitas ekstraksi sebenarnya dari ekstraktan di bawah kesetimbangan ekstraksi.

Ekstraksi balik (***back***): Adalah proses kebalikan dari ekstraksi untuk memulihkan zat yang diekstraksi dari fase organik ke fase air.

Larutan ekstrak: Adalah campuran organik yang mengandung zat yang diekstraksi yang diperoleh dari proses ekstraksi.

Rafinat (*raffinate*): Adalah larutan anorganik yang tidak mengandung zat yang diekstraksi yang tersisa setelah larutan bahan baku mengalami ekstraksi.

5.2 Mengenali "Pembersihan"

Selama proses pelindian mineral, ketika logam berharga yang ingin diekstraksi dari dalam bahan baku larut dalam larutan, pengotor lainnya juga ikut larut dalam larutan. Untuk memudahkan ekstraksi logam induk pada proses selanjutnya, pengotor yang berdampak pada pengendapan elektrolisis harus dihilangkan selama proses pembersihan untuk mendapatkan larutan semurni mungkin. Misalnya, dalam produksi hidrometalurgi seng, besi, arsen, antimon, kadmium, kobalt, dan pengotor lain dalam larutan pelindian seng dihilangkan sedapat mungkin melalui proses pembersihan.

Unitproses pembersihan sering diatur setelah proses unit proses pelindian untuk mengolah larutan pelindian. Untuk fase larutan, penghasilan endapan adalah cara yang paling umum digunakan untuk memisahkan logam pengotor tertentu dari zat logam induk, yaitu menghasilkan suatu fase padat baru yang berbeda dari fase cair semula, sehingga logam induk dan logam pengotor masing-masing berada dalam fase larutan dan fase endapan, dan kemudian melakukan pemisahan padat-cair untuk memisahkan kedua fase tersebut.

Olehkarena itu, bahan baku yang diolah dalam proses pembersihan umumnya adalah "larutan", dan menurut persyaratan proses selanjutnya, produknya dapat berupa larutan yang lebih murni atau padatan (endapan) yang lebih murni.

Jadi tujuan pembersihan ada dua, yaitu: ① Mengontrol kadar pengotor dalam larutan dalam kisaran yang dipersyaratkan oleh proses selanjutnya agar memastikan kelancaran produksi; ② Memperkaya logam berharga dan meningkatkan tingkat pemulihan komprehensif dan pemanfaatan logam.

Metode-metode yang digunakan dalam proses pembersihan masih didasarkan pada reaksi kimia, terutama meliputi metode pengendapan ion, metode pengendapan bersama (*coprecipitation*), metode pengendapan penggantian, metode ekstraksi pelarut organik, dll.

5.3 Metode Dasar dan Aliran Proses Pembersihan

5.3.1 Metode Pengendapan Ion

Metode pengendapan ion adalah proses menambahkan reagen kimia ke dalam larutan untuk membuat ion tertentu membentuk senyawa yang sukar larut sehingga mengendap.

Ada dua metode yang berbeda digunakan dalam produksi industri: satu adalah metode pengendapan dengan pembersihan larutan, yaitu mengendapakan logam pengotor menjadi senyawa yang sukar larut, sedangkan logam induk tertinggal dalam larutan, dan larutan ini diproses selanjutnya untuk mengekstraksi logam berharga. Yang lain adalah metode pengendapan dengan pembuatan senyawa murni, yaitu mengendapkan logam induk menjadi senyawa yang sukar larut, sedangkan logam pengotor tertinggal dalam larutan, dan larutan ini diproses dan diendapkan selanjutnya untuk mengekstraksi logam berharga.

Senyawa yang sukar larut yang sering dijumpai dalam proses hidrometalurgi meliputi endapan hidroksida, endapan sulfida, endapan karbonat, dll., tetapi metode yang paling umum digunakan dalam produksi adalah metode hidrolisis yang membentuk hidroksida yang sukar larut dan metode pemisahan selektif yang membentuk endapan sulfida.

5.3.1.1 Penghilangkan Pengotor Fe^{3+} dalam Larutan dengan Pengendapan Hidrolisis

A: B, tahukah Anda bahwa kecuali beberapa hidroksida logam alkali, kebanyakan hidroksida logam adalah senyawa yang sukar larut.

B: Artinya semuanya dapat menghasilkan endapan hidroksida?

A: Benar. Misalnya, dalam proses hidrometalurgi seng, pengotor Fe^{3+} dalam larutan pelindian netral diendapkan menjadi $Fe(OH)_3$ agar dipisahkan dari Zn^{2+} dalam larutan.

B: Apa yang perlu kita lakukan untuk menghasilkan endapan seperti itu?

A: Kita perlu mengontrol pH larutan. Reaksi untuk menghasilkan hidroksida yang sukar larut disebut reaksi hidrolisis, dan rumus kimianya adalah

$$Me^{z+}(l) + zOH^-(l) = Me(OH)_z(s)$$

Melalui pengamatan, dapat ditemukan bahwa reaksi ke kanan (maju) akan menghasilkan endapan hidroksida, yang disebut hidrolisis; sedangkan reaksi ke kiri (mundur) akan menguraikan endapan hidroksida. Jadi jika kita ingin menghilangkan pengotor untuk mendapatkan larutan yang lebih murni, ke arah mana reaksi harus dilanjutkan?

B: Itu harus ke ke kanan untuk hidrolisis.

A: Ya, memang begitu. Kelangsungan setiap reaksi memerlukan keadaan kesetimbangan. Ketika keadaan kesetimbangan kimia tercapai, jumlah zat masing-masing reaktan dan produk dalam sistem tidak lagi berubah. Untuk proses hidrolisis, ketika kondisi seperti suhu dan keaktifan ion tetap konstan, pH larutan memiliki dampak terbesar pada kesetimbangan reaksi.

Ringkasnya, reaksi $Me^{z+}(l) + zOH^-(l) = Me(OH)_z(s)$ setiap logam memiliki satu nilai pH kesetimbangan, ketika nilai pH larutan lingkungan lebih besar dari nilai pH kesetimbangan reaksi hidrolisis ini, reaksinya berlangsung ke arah kanan untuk menghasilkan endapan logam hidroksida; sebaliknya, pelarutan hidroksida terjadi.

B: Saya mengerti. Artinya jika perlu menghilangkan Fe^{3+} dalam larutan seng sulfat, nilai pH larutan harus lebih besar dari nilai pH kesetimbangan reaksi $Fe^{3+}(l) + 3OH^-(l) =$

$Fe(OH)_3(s)$.

A: Wah, kaumemang hebat. Tapi jangan lupa bahwa selain Fe^{3+}, larutan seng sulfat diperoleh dengan pelindian masih mengandung banyak jenis ion pengotor dan logam induk Zn^{2+}, kita harus menjaga agar Zn^{2+} tidak diendapkan.

B: Maka nilai pH larutan harus lebih kecil dari nilai pH kesetimbangan reaksi $Zn^{2+}(l)+2OH^-(l)=Zn(OH)_2(s)$, tetapi lebih besar dari nilai pH kesetimbangan reaksi $Fe^{3+}(l)+3OH^-(l)=Fe(OH)_3(s)$ kan?

A: Benar sekali!

B: Tapi bagaimana cara mengetahui nilai pH kesetimbangan reaksi hidrolisis logam?

A: Umumnya, kita memperoleh nilai pH kesetimbangan melalui perhitungan dengan mengasumsikan bahwa keaktifan ion logam adalah 1 pada suhu 298K. Tentu saja, tugas ini sudah diselesaikan oleh peneliti, kita hanya perlu menganalisis data-data (Tabel 5.1) dengan seksama, dan kemudian dapat menggunakan metode hidrolisis secara fleksibel.

Tabel 5.1 Nilai-nilai pH kesetimbangan untuk menghasilkan $Me(OH)_z$ yang berbeda

Reaksi hidrolisis	Nilai pH kesetimbangan untuk menghasilkan $Me(OH)_z$
$Ti^{3+}+3OH^-=Ti(OH)_3$	−0,5
$Sn^{4+}+4OH^-=Sn(OH)_4$	0,1
$Co^{3+}+3OH^-=Co(OH)_3$	1,0
$Sb^{3+}+3OH^-=Sb(OH)_3$	1,2
$Sn^{2+}+2OH^-=Sn(OH)_2$	1,4
$Fe^{3+}+3OH^-=Fe(OH)_3$	1,6
$Al^{3+}+3OH^-=Al(OH)^3$	3,1
$Bi^{3+}+3OH^-=Bi(OH)_3$	3,9
$Cu^{2+}+2OH^-=Cu(OH)_2$	4,5
$Zn^{2+}+2OH^-=Zn(OH)_2$	5,9
$Co^{2+}+2OH^-=Co(OH)_2$	6,4
$Fe^{2+}+2OH^-=Fe(OH)_2$	6,7
$Cd^{2+}+2OH^-=Cd(OH)_2$	7,0
$Ni^{2+}+2OH^-=Ni(OH)_2$	7,1
$Mg^{2+}+2OH^-=Mg(OH)_2$	8,4
$Ti^{+}+OH^-=Ti(OH)$	13,8

B: Kak, walau kita bisa menentukan nilai pH larutan yang perlu dikontrol dengan membandingkan nilai-nilai pH kesetimbangan ini satu per satu, hal ini sangat merepotkan, karena mudah salah.

A: Kita bisa juga menentukannya dengan diagram potensial-pH larutan (Gambar 5.1).

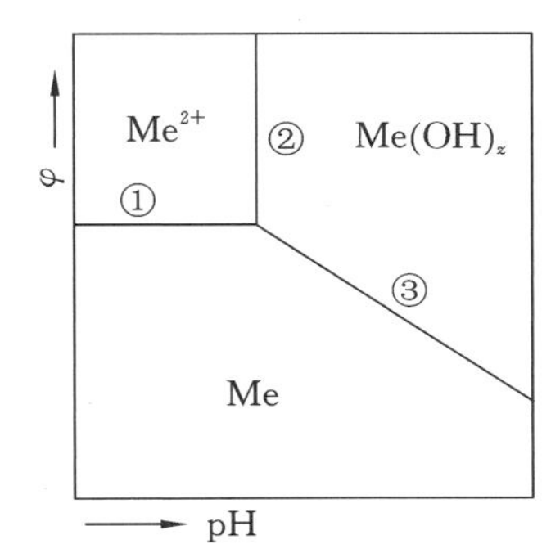

Gambar 5.1 Diagram potensial-pH larutan

Area stabil hidrometalurgi

Terlihat pada Gambar 5.1, garis ①, ②, dan ③ membagi sistem Me-H_2O menjadi tiga area yang stabil, yaitu area stabil ion logam, area stabil endapan hidroksida, dan area stabil logam. Untuk metode hidrolisis penetralan, kita hanya perlu memperhatikan posisi garis ②, dan memilih nilai pH larutan yang lebih rendah dari garis ② logam induk dan lebih besar dari garis ② logam pengotor.

B: Tolong berikan contohnya.

A: Baiknya. Seperti yang ditunjukkan pada Gambar 5.2 berikut adalah diagram potensial-pH larutan seng sulfat. Selain logam induk seng, larutan seng sulfat juga mengandung banyak pengotor seperti besi, tembaga, kadmium, nikel, dan kobalt. Tujuan kami adalah untuk mengendapkan pengotor untuk memisahkannya dari larutan.

Masing-masing garis vertical pada gambar mewakili nilai pH yang berbeda, yaitu nilai pH kesetimbangan hidrolisis logam. Diantaranya, garis padat mewakili nilai pH seng logam induk, sedangkan garis putus-putus mewakili nilai pH pengotor.

B: Terlihat pada Gambar 5.2, tampaknya hanya pengotor besi dan tembaga yang dapat dihilangkan, karena hanya garis pH kesetimbangannya yang berada di sisi kiri garis pH kesetimbangan seng, sedangkan garis-garis pH kesetimbangan pengotor lainnya berada di sisi kanan seng. Dan kita tidak bisa membiarkan nilai pH kesetimbangan larutan melebihi garis ②, karena seng akan mengendap.

A: Benar. Tapi ada juga dua detail kecil yang perlu diperhatikan: satu adalah bahwa nilai pH kesetimbangan pengotor tembaga sangat dekat dengan seng logam induk, dengan demikian kesulitan mengontrol kondisi dalam produksi industri, sehingga metode hidrolisis penetralan tidak akan digunakan untuk menghilangkan pengotor tembaga; yang lainnya adalah bahwa pengotor besi sebenarnya memiliki dua status valensi ion dalam larutan seng sulfat, yaitu Fe^{3+} dan Fe^{2+}. Di antaranya, Fe^{3+} bisa dihilangkan dengan pengendapan,

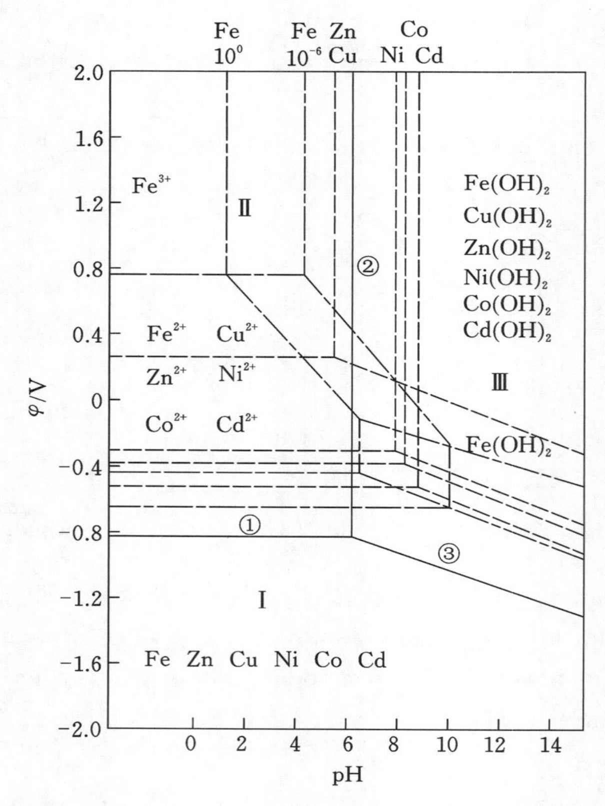

Gambar 5.2 Diagram potensial-ph larutan seng sulfat

tetapi Fe^{2+} tidak, karena garis pH kesetimbangan Fe^{2+} berada di sebelah kanan garis pH kesetimbangan logam induk seng.

5.3.1.2 Oksidan yang Digunakan dalam Hidrometalurgi

Karenadalam proses hidrometalurgi, ion bervalensi tinggi lebih mudah diendapkan dan dihilangkan daripada ion bervalensi rendah rendah, misalnya, ketika nilai pH larutan dikontrol pada 5,2, Fe^{3+} dapat dihidrolisis untuk menghasilkan endapan sehingga dihilangkan, tetapi Fe^{2+} tidak. Jadi oksidan sering digunakan untuk mengubah ion bervalensi rendah menjadi ion bervalensi tinggi. Oksidan yang umum digunakan dalam metalurgi meliputi: hidrogen peroksida (H_2O_2), kalium permanganat ($KMnO_4$), natrium hipoklorit ($NaClO_3$), klorin (Cl_2), mangan dioksida (MnO_2), dan oksigen (O_2). Di antaranya, H_2O_2 memiliki kemampuan oksidasi terkuat, dan yang lainnya melemah secara bertahap; $NaClO_3$ lebih mahal; oksigen (O_2) mudah diperoleh, sering digantikan dengan udara, dan bereaksi lambat pada tekanan atmosfir. Umumnya, mangan dioksida (MnO_2) dan oksigen (O_2) merupakan oksidan yang terutama digunakan dalam hidrometalurgi seng dan tembaga, sedangkan klorin (Cl_2) banyak digunakan sebagai oksidan dalam hidrometalurgi nikel-kobalt.

5.3.2 Metode Pengendapan Bersama (*Coprecipitation*)

A: B, tahukah Anda dalam bidang metalurgi ada banyak fenomena kimia yang menarik, misalnya dalam proses pembersihan, ketika suatu pengotor dihilangkan, pengotor lainnya juga "dihapus".

B: Hah?

A: Dalam proses pengendapan, beberapa komposisi akan diendapkan sebagian bersama dengan pengendapan senyawa yang sukar larut. Fenomena ini disebut "pengendapan bersama".

B: Oh, jadi apakah "pengendapan bersama" bisa terjadi selama ada pengendapan?

A: Tidak. "Pengendapan bersama" terjadi hanya ketika beberapa kondisi khusus terjadi antara komposisi dan endapan, seperti terbentuk larutan padat, terjadi adsorpsi permukaan, dll. Kita hanya perlu ingat bahwa, dalam proses hidrometalurgi seng, pengotor arsen dan antimoni bisa diendapkan bersama jika besi hidroksida [$Fe(OH)_3$] diendapkan.

B: Mmm, yaitu saat besi dihilangkan dengan hidrolisis penetralan, pengotor arsen dan antimon diendapkan bersama.

A: Kau benar-benar pintar. Dalam metalurgi ekstraksi, metode pengendapan bersama sering digunakan untuk menghilangkan pengotor yang sulit dihilangkan. Namun, ketika senyawa yang murni perlu diendapkan, pengendapan bersama harus dihindari karena akan mempengaruhi kemurnian produk.

5.3.3 Metode Pengendapan Penggantian

A: Selanjutnya mari kita mulai mempelajari metode pembersihan yang lain. B, apakah kamu pernah melihat percobaan dengan memasukkan logam aluminium ke dalam asam klorida encer?

B: Ya, saya pernah belajarnya, yang akan menghasilkan hidrogen.

A: Inilah reaksi penggantian, dan proses di mana logam yang lebih elektronegatif (aktif) menggantikan logam yang lebih elektropositif (tidak aktif) dari larutan disebut pengendapan penggantian.

B: Apa saja contohnya dalam hidrometalurgi?

A: Contohnya, dalam hidrometalurgi seng, bubuk seng murni ditambahkan ke larutan pelindian netral seng sulfat untuk menggantikan pengotor seperti tembaga dan kadmium. Dengan penambahan seng ke dalam larutan, pengotor diendapkan, larutan yang dihasilkan persis adalah larutan seng sulfat yang kita butuhkan untuk produksi. Seng digunakan karena ia bisa menghilangkan pengotor tanpa membawakan pengotor baru.

B: Lagi-lagi hidrometalurgi seng, metode ini memang sangat berguna untuk pembuatan seng.

A: Sabar hati, pelajari lebih lanjut dan kamu akan menemukan bahwa penggunaan metode metalurgi memiliki hukum tertentu.

5.3.4 Metode Ekstraksi Pelarut Organik

A: Terkadang beberapa ion logam dalam larutan memiliki sifat yang sangat mirip, jika metode yang disebutkan di atas tidak dapat memisahkannya, apa yang harus kita lakukan?

B: Repotnya sekali kalau begitu. Pasti tak bisa memisahkannya dengan tangan. Saya tak bisa melakukannya.

A: Haha ... Kadang-kadang kandungan suatu ion logam dalam larutan sangat kecil, tetapi bernilai sangat tinggi, maka cara ekstraksi ini dapat digunakan, yaitu menambahkan pelarut organik (ekstraktan) yang tidak dapat saling bercampur dengan air ke dalam larutan berair untuk memindahkan satu atau beberapa komposisi dalam larutan aslinya ke fase organik, sementara komposisi lainnya tetap tertinggal dalam larutan berair, sehingga mencapai tujuan pemisahan.

B: Apakah zat-zat yang dipindahkan itu bereaksi dengan ekstraktan?

A: Tentu saja, zat-zat yang dapat bereaksi dengan ekstraktan dipindahkan ke fase organik, sedangkan yang tidak dapat bereaksi dengan ekstraktan tetap tertinggal dalam larutan berair asli.

B: Ok, saya mengerti. Berikutnya fase organik dipisahkan dari fase air, proses pemisahan pengotor selesai.

A: Benar! Proses ekstraksi memiliki selektivitas yang kuat, efek pemisahan dan pengayaan yang baik, sehingga cocok untuk mengolah bijih kurus (*lean ore*) dan bijih kompleks, serta memulihkan komposisi yang berharga dalam larutan bekas. Berikut ini adalah diagram aliran proses dasar ekstraksi (Gambar 5.3), mari sama-sama kita pelajarinya.

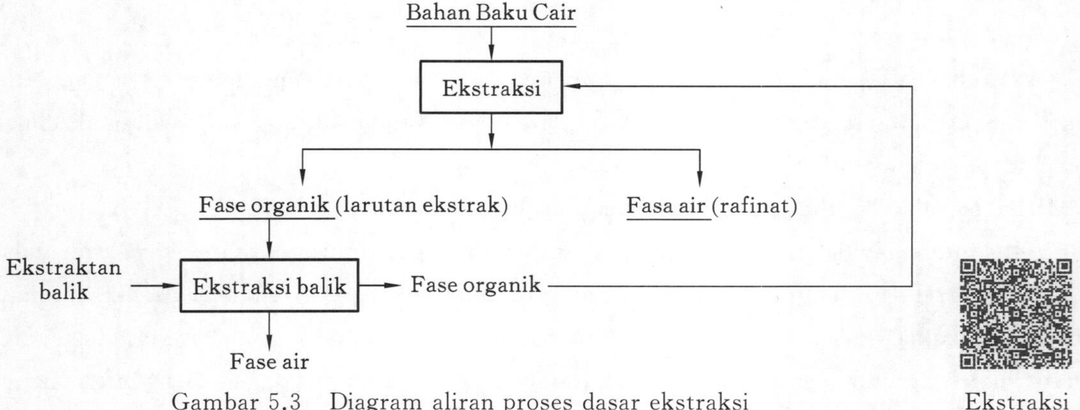

Gambar 5.3 Diagram aliran proses dasar ekstraksi

Ekstraksi

B: Metode ekstraksi digunakan untuk memperkaya logam berharga dalam bahan baku. Pertama menambahkan ekstraktan, setelah reaksi, zat-zat target dipindahkan, logam berharga memasuki fase organik untuk memperoleh larutan ekstrak, sedangkan pengotor tetap tertinggal dalam fase air, yang disebut rafinat. Kemudian, menambahkan ekstraktan balik ke fase organik dalam larutan ekstrak untuk memperoleh fase air dan fase organik, dan fase organik dikembalikan ke proses ekstraksi. Kak, apa itu ekstraksi balik?

A: Karenalogam berharga berada dalam fase organik setelah ekstraksi, ia harus dipindahkan ke fase air sebelum diekstraksi secara elektrokimia, jadi beberapa asam anorganik, seperti asam sulfat encer dan asam klorida encer, akan ditambahkan ke dalam larutan ekstrak. Setelah reaksi, logam berharga memasuki fase air, fase organik diregenerasi dan dapat dikembalikan ke proses ekstraksi untuk digunakan sebagai ekstraktan lagi.

B: Oh begitu! Kak, saya sudah tahu semua metode pembersihan yang biasa digunakan dalam hidrometalurgi, tetapi saya belum melihat peralatan yang digunakan. Tolong bawa saya untuk melihatnya.

A: Baiklah.

5.4 Peralatan yang Umum Digunakan Dalam Proses Pembersihan

5.4.1 Tangki Pembersihan

Tangki pembersihan adalah peralatan utama untuk reaksi pembersihan, termasuk tangki pengadukan mekanis [Gambar 4.2(b)] dan tangki pembersihan fluidisasi (Gambar 5.4). Yang paling luas digunakan dalam industri adalah tangki pengadukan mekanis vertikal. Umumnya, ada perangkat transmisi dipasang di atas tutup atas tangki pengadukan. Garis tengah poros pengaduk bertepatan dengan garis tengah tubuh tangki, dan poros pengaduk bisa dilengkapi dengan satu, dua atau lebih lapisan *impeller*. Tubuh tangki adalah wadah untuk menampung bahan baku cair, yang terbuat dari baja nirkarat dan beton bertulang, tapi bahan logam atau non-logam yang tahan korosi sering dilapisi pada dinding bagian dalam tangki karena banyak larutan dalam produksi hidrometalurgi sangat korosif. Berbeda dengan unit proses pelindian, tangki pengadukan udara tidak digunakan sebagai tangki pembersihan.

Proses kerja tanki pengadukan mekanis

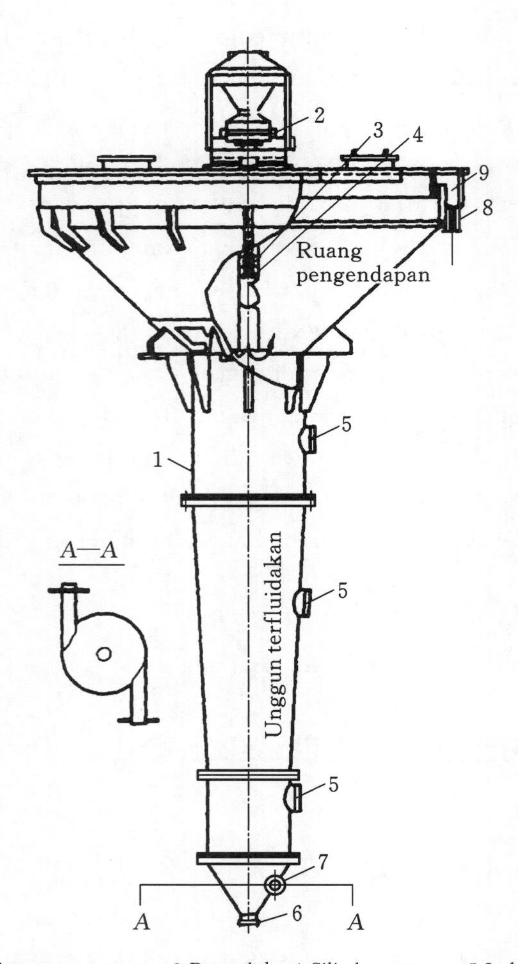

1.Tubuh tangki; 2.Piringan pengumpan; 3.Pengaduk; 4.Silinder pemuat; 5.Lubang intip; 6.*Taphole*;
7.Saluran masuk; 8.Saluran keluar; 9.Lubang pelimpah.

Gambar 5.4 Tangki pembersihan fluidisasi

5.4.2 Pencampur-Pengendap (Tangki Ekstraksi)

Pencampur-pengendap (Gambar 5.5) adalah peralatan ekstraksi yang paling awal dan paling banyak digunakan dalam industri, yang dapat digunakan secara kombinasi. Satu tangki adalah satu tahap, jadi setelah beberapa tangki diputar 180° secara horizontal dan ditempatkan bersama, peralatan ekstraksi multi-tahap terbentuk.

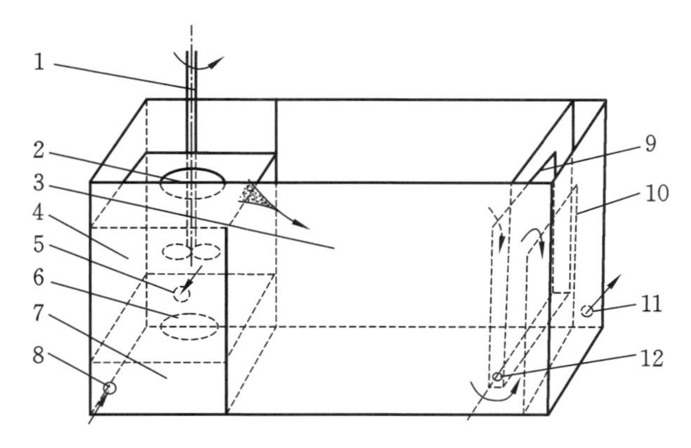

1.*Impeller*; 2.Saluran keluar fasa campuran; 3.Kompartemen pengendap;
4.Kompartemen pencampur; 5.Saluran masuk fase ringan; 6.Lubang pertemuan;
7.Kompartemen fase berat; 8.Saluran masuk fase berat; 9.Bendung pelimpah fase ringan;
10.Bendung fase berat; 11.Bendung fase berat; 12.Saluran keluar fase ringan.

Gambar 5.5 Pencampur-pengendap

Proses menjalankan

任务6 电 解

任务及要求:学习电解的基础冶金知识;掌握电解精炼、电解沉积和熔盐电解的基本冶金过程和主要设备;了解电解精炼、电解沉积和熔盐电解过程中的特殊现象。

6.1 专业名词

电极反应:在电极与溶液的界面上发生的反应。在阴极上,发生的反应是物质得到电子的还原反应,称为阴极反应。在阳极上,发生的反应是物质失去电子的氧化反应,称为阳极反应。

平衡电极电位:当电极上无电流通过时,电极处于平衡状态,此时的电位就是平衡电极电位。

极化:当直流电通过电极时,会产生电极电位偏离平衡电极电位的现象,这就是极化。

实际电极电位:是由极化现象引起的。阴极实际电极电位比平衡电极电位更负,阳极电极电位比平衡电极电位更正。

超电位:极化将使阴极电极电位比平衡电极电位更负,阳极电极电位比平衡电极电位更正,我们把实际电极电位与其平衡电位之差的绝对值称为超电位。超电位与许多因素有关,主要有阴极材料、电流密度、电解液温度、溶液的成分等。

熔盐:指盐在高温下熔化后形成的熔融体,例如用于铝电解的冰晶石熔盐、用于镁电解的氯化物熔盐。熔盐一般不含水,具有很多不同于水溶液的性质。

阳极效应:铝电解生产中的一种特殊的现象。

6.2 认识"电解"

电解是一个把电能转化为化学能的过程,它分为水溶液电解和熔盐电解。水溶液电解是在低温水溶液电解质中进行的金属提取过程;熔盐电解是在高温熔融电解质中进行的金属提取过程。

电解过程是阴、阳两个电极反应的综合过程。当直流电通过阴极、阳极导入装有水溶液电解质或者熔盐电解质的电解槽时,水溶液电解质或者熔盐电解质中的正、负离子便会分别向阴极和阳极迁移,并同时在两个电极与溶液的界面上发生电极反应,分别产出还原物与氧化物。金属离子在阴极表面还原生成纯金属。

通常,水溶液电解是湿法冶金生产单元过程,生产温度一般不超过90℃。它又分为两种方式:阳极可溶的电解精炼——主金属存在于阳极板上;阳极不可溶的电解沉积——主金属存在于电解液中。而熔盐电解是火法冶金生产单元过程,其生产温度一般在960℃左右。

6.2.1 水溶液电解

6.2.1.1 电解精炼

电解精炼是粗金属精炼过程中的一个环节,通常跟随于火法精炼单元之后,用于进一步除去金属中的杂质得到更为纯净的金属。比如传统的炼铜生产流程,粗金属采用火法精炼除去部分杂质之后,再进入电解精炼单元处理,最终可得到含铜量99.99%的阴极铜。

A:B,今天我们来的是电解精炼车间,你会有不一样的发现。

B:好啊,我已经自学了电解精炼的基本知识,但是还是不理解,无法想象金属在阴极析出的场景,今天正好可以解开疑问。

A:电解精炼使用的主要设备是电解槽,电解槽盛有电解液和许多对阳极板、阴极板,电流通过并联的方式连接。一个电解车间里有很多电解槽,电流通过串联的方式连接,这样无论是阳极板、阴极板之间,还是电解槽之间都形成了一个大的电流回路,槽内不断发生电化学反应,金属不断地溶解(氧化反应)和析出(还原反应)。

电解精炼原理

B:师姐,我知道电解精炼使用的阳极板是可溶解的,但是不理解为什么要把阳极溶解掉,也不理解为什么金属会在阴极析出。析出后的金属又怎么办呢?

A:哈哈,你的问题真的很多,我慢慢给你解释。首先,你得要知道每一个单元过程使用的原料是什么,你能告诉我电解精炼使用的原料是什么吗?

B:是经过火法精炼之后还含有一点杂质的精金属,要制成阳极板才能送到电解精炼车间使用。

A:对,那就是还需要继续把杂质除掉。电化学过程中,阳极和阴极的材料不同。当还没有电解现象发生时,阳极与阴极的平衡电位之差我们叫作理论分解电压。当有外加直流电流通过电极并不断增大电压,到达某一时刻会开始有电解现象出现,这个最小的外加电压叫作实际分解电压。要想电解过程顺利进行,给到电解槽的槽电压必须大于实际分解电压。

而在阳极或者阴极上,我们要比较可能会发生电化学反应的金属的电极电位。举个例子,当电解精炼铜的时候,其他金属的电极电位和铜的电极电位相比,可有三种情况:电极电位比铜正的、电极电位和铜接近的、电极电位比铜负的。

B:嗯嗯,对。铜要从阴极析出,那么阳极板上的铜就要溶解进入到溶液中才行。

A:这个电极电位就像合格的"安保人员",但是他们的工作职责不同,阳极上的"安保人员"只允许铜和电极电位比铜负的金属溶解,阴极上的"安保人员"只允许铜和电极电位比铜正的金属析出来。你能想象一下这个过程中发生了什么吗?

B:铜阳极板中的铜和电极电位比铜负的杂质能够溶解进入到溶液,而电极电位比铜正的杂质不会溶解而沉淀下来,它们就和铜分离开来了。溶液中的这些金属离子跑到阴极附近,铜和电极电位比铜正的杂质就在阴极析出来。但是溶液中是没有电极电位比铜正的杂质离子存在的。

A：对。所以阴极板上铜析出来，那些杂质就继续留在了溶液中。只有一些电极电位和铜很接近的杂质，在一些情况下有可能会析出，从而影响到金属铜的质量，所以我们必须保证这类金属杂质在原料阳极板中的含量不能过高。

B：真的很神奇，在看不见的地方发生了这么多，看得到的只有阳极板逐渐变薄和阴极板逐渐增厚。

A：是的。铜的电解精炼中使用的阳极是铜阳极板，阴极是纯铜薄片，我们叫作始极片，它是由种板槽生产而得。种板槽中发生的"故事"和正常电解槽中是一样的，只是生产出来的阴极铜片要把它剥下来，并进行矫直、钉耳、穿棒等工作，制成合格的阴极板，再放入正常的电解槽中使用。但是现在有一些工厂使用不锈钢板来做阴极，这成为一个发展趋势。

B：使用不锈钢阴极有什么优势吗？

A：不锈钢阴极可以反复使用，放入电解槽之前也不需要进行矫直，使用寿命可以达到15年以上，极大地简化了准备工作，工人们的劳动强度也减小了。

B：哦，师姐你看工人们现在吊出的是不是铜的极板(图6.1、图6.2)？

A：是的。

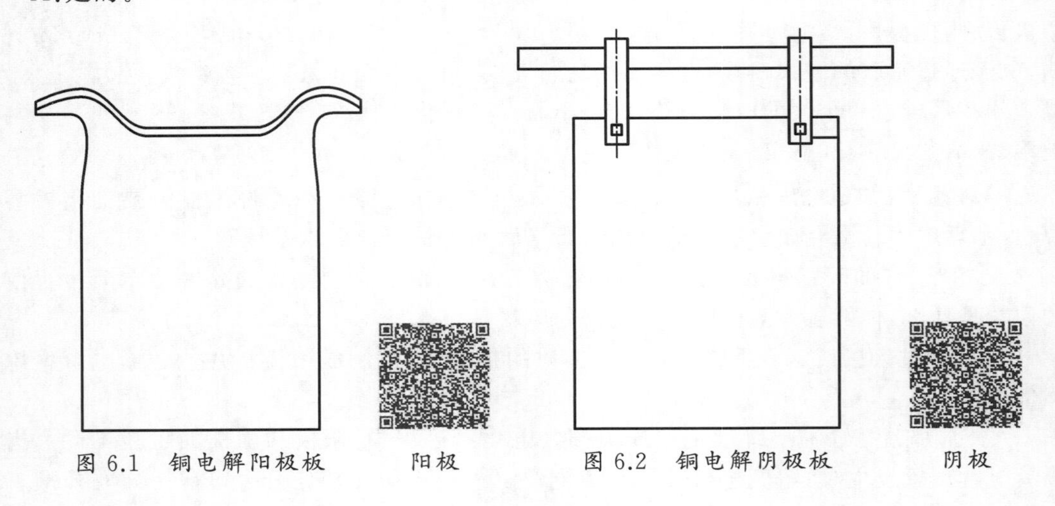

图6.1　铜电解阳极板　　阳极　　图6.2　铜电解阴极板　　阴极

6.2.1.2　电解沉积

A：接下来我们学习电解沉积。你看工作场景是不是和电解精炼车间很像？

B：是的。它们都是湿法冶金单元，是利用电化学能生产金属的过程。

A：对。我们以锌的生产为例，锌的电解沉积是从硫酸锌水溶液中把金属锌提取出来。通常已净化好的溶液会连续不断地被送入电解槽中。用Pb-Ag合金板作阳极，压延铝板作阴极。通上直流电后，阳极上将会不断析出O_2，阴极上不断析出金属锌。

锌电解沉积原理

B：那会不会随着电解的进行，金属锌被提取出来，电解液中的锌离子含量不断减少呢？

A：一定会的，电解液中锌离子含量不断减少而H_2SO_4浓度不断增加，就变成了废电解液。它要不停地从电解槽中排出，并持续送入新鲜的净化溶液以保证电解槽内锌离子含量。

废电解液中含有硫酸可以送到浸出工序循环利用浸出焙砂。

B:明白了。那么多长时间可以得到金属锌呢?

A:阴极上的析出锌按周期取出,一般是1～2天。锌片剥下后可熔化铸锭成成品锌锭,而阴极铝板需要经过清刷处理后再装入槽中继续使用。

B:电解沉积也是发生了和铜电解精炼一样的电化学过程吗?

A:可以说它们都是遵循了电化学的基本理论,电解沉积锌的时候以锌的电极电位为研究标准线,因为锌离子是存在于电解液中的,按道理来讲,锌析出的时候电极电位比锌正的杂质都会析出,但实际上我们最关注却是氢气的析出。

B:为什么?我知道锌的电极电位很负,很多杂质的电极电位都比它的正,杂质都会析出啊。

A:实际情况并不是这样的。首先在净化工序就要把杂质控制住。其次在锌的电解沉积过程中使用的是铝作为阴极,不同金属在铝这种材料上的析出超电位不同,氢也是一样。超电位的存在使得氢气析出的实际电极电位比锌负得多,所以一般情况下阴极析出以锌为主。我们只要保证生产时能够增大氢的超电位,就可以抑制氢气的析出,保证锌的顺利提取,不然整个生产的电流效率会受到很大影响。

B:什么是电流效率?

A:就是在阴极上实际析出金属的量与按照理论公式计算应该析出金属的量之比。实际生产的电流效率都无法达到100%。

B:因为有其他杂质(气体)的析出消耗了电?

A:是的。如果电解液中杂质含量超标,还会引起"烧板"现象,也就是析出的锌发生了反溶现象。烧板会导致生产停滞,我们要学会辨别烧板的原因,才能解决这个问题。

B:嗯嗯。师姐电解沉积的极板(图6.3、图6.4)和电解精炼的极板一样吗?

A:稍微有一点不同。

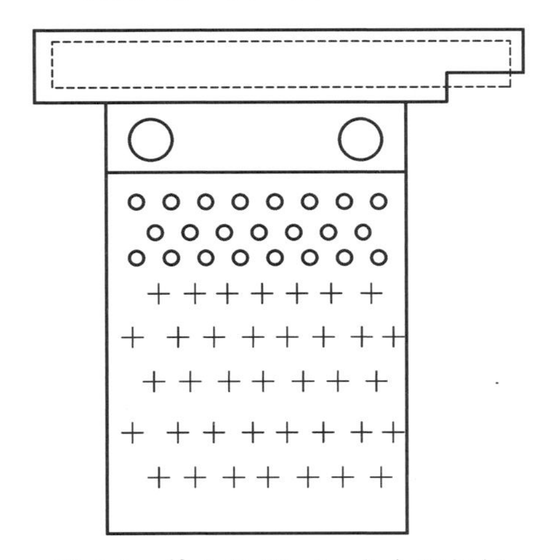

图6.3 锌电积Pb-Ag合金阳极板

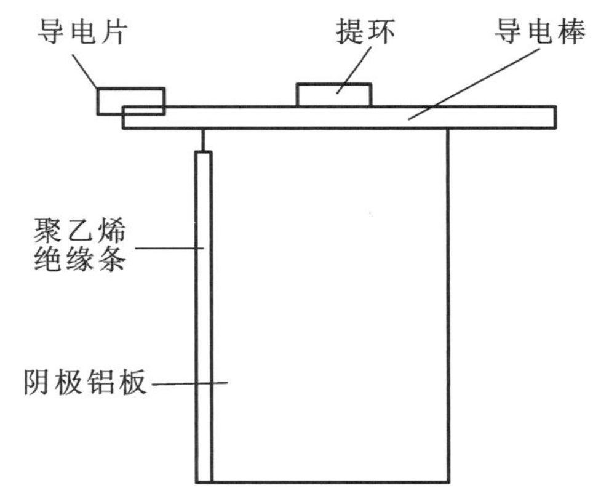

图6.4 电积压延铝板(阴极板)

6.2.1.3 水溶液电解槽

生产铜的电解槽见图6.5。

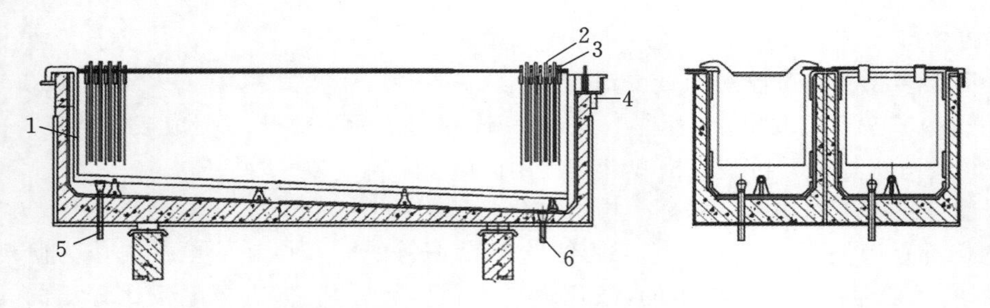

1.进液管;2.阳极;3.阴极;4.出液管;5.放液管;6.阳极泥管。

图 6.5　铜电解槽

电解槽

6.2.2　熔盐电解

A:B,看过了水溶液电解之后,我们要去学习熔盐电解了,还记得它的生产温度有多高吗?

B:记得,960℃左右,可以算作火法冶金的单元过程。

A:对。熔盐电解一般用于轻金属铝的生产,它同样是在电解槽中进行的。

电解质

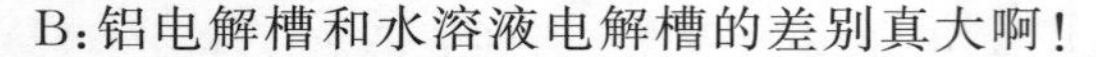

B:铝电解槽和水溶液电解槽的差别真大啊!

A:是的。铝电解的原料是氧化铝,电解质是熔融的冰晶石,电解阳极、阴极均由碳素材质制成。通入直流电后,阴极上得到熔融铝,而阳极上析出 CO_2。

因为熔融的金属铝比冰晶石熔体重,会沉在电解质下面,需要定期用真空抬包,把它从电解槽中抽吸出来,并运往铸造车间。在那里倒入混合炉,进行成分调配,要么配制合金,要么经过除气和排杂质等净化作业后进行铸锭得到产品铝锭。而电解槽内排出的气体,通过捕集系统送处理操作,达到环保要求后排放到大气中。

出铝

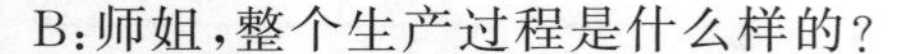

B:师姐,整个生产过程是什么样的?

A:我们将固体氧化铝加入到熔融的冰晶石中,在电的作用下阳极表面和阴极表面都会发生电极反应,析出铝的同时阳极也被消耗,生成 CO_2。生产中需要定时向电解槽里加入氧化铝,也要定期更换新的阳极。

阳极炭块组

B:明白了。

A:铝电解生产中有一种特殊的现象叫作“阳极效应”,它对生产有有利的方面也有不利的方面。我们需要了解它并熄灭效应,这也是现场的主要操作之一。

阳极效应

B:那么怎么判断阳极效应呢?

A:通常有这样一些特征出现的时候,就意味着阳极效应来了:①观察到从电解槽火眼中冒出的火苗颜色由淡蓝变紫进而变黄,电解质与阳极接触周边有弧光放电,伴有劈啪响声;②观察到电解槽槽压急剧升高到 30～60V,阳极四周的电解质停止沸腾;③与电解槽并联的效应信号灯闪亮。

B:阳极效应时需要做些什么呢?

A:阳极效应的产生和氧化铝浓度偏低有很大关系,我们一般使用"插木棒法"来熄灭效应。先要确认发生阳极效应的电解槽槽号,向该槽下入氧化铝,携带用于熄灭效应的木棒,赶到电解槽出铝端放好,查看槽控机面板上数据的显示情况(正常的效应电压为20～30V)。再绕槽巡视一周后开启出铝端槽罩,打开出铝口,一般等待5min左右,当氧化铝浓度恢复到正常范围时把木棒从出铝口插入一侧阳极底掌下铝液中即可。确认效应熄灭后抽出木棒,并打捞碳渣,处理结束后盖好槽罩,清理现场,将废木棒收至定点摆放处。

6.2.2.1 铝电解槽

工业铝电解槽(图6.6)通常分为阴极结构、上部结构、母线结构和电气绝缘四大部分。阴极结构是指电解槽槽体部分,由槽壳和内衬构成。槽壳为长方形钢体,外壁和槽壳底部用型钢加固,槽壳内用内衬砌体。它是盛装内衬砌体的容器,还承担着使内衬材料在高温下不发生较大变形和断裂的作用。大型电解槽一般采用刚性极大的"U"形摇篮式槽壳。阴极炭块和阴极钢棒在修筑电解槽时放置于槽底内衬之上。

槽体之上的金属结构部分,统称上部结构,分为门式支架及桁架、阳极提升装置、打壳下料装置、阳极母线和阳极组、集气和排烟装置。门式支架支承着包括预焙阳极块等在内的所有槽体上部的重量。

电解槽有阳极母线、阴极母线、立柱母线和软带母线。两个阳极大母线两端,悬挂在螺旋起重机丝杆上,阳极炭块组通过卡具卡紧在大母线上。阳极大母线既起导电作用,又承担阳极重量。阳极炭块根据电解槽电流的大小和工艺的不同,尺寸也不一样,使用周期一般为20～28d。

槽子产生的烟气由上部结构下方的集气箱会集到支烟管后,再进入到墙外总烟管去净化系统。

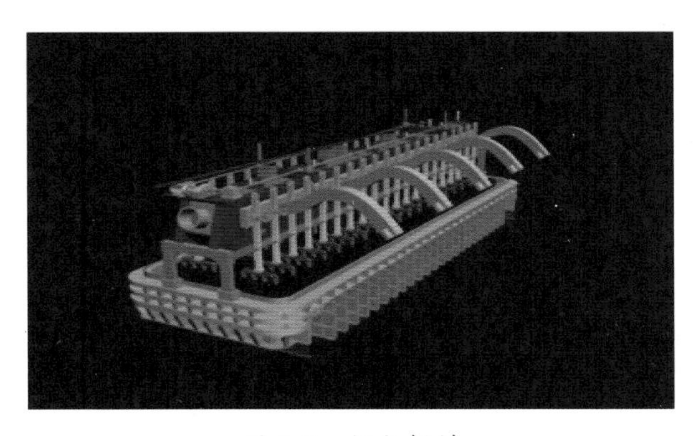

图6.6 铝电解槽

结构

6.2.2.2 真空抬包

真空抬包(图6.7)由包体、吊杆、横梁和传动装置等组成,承担铝液的暂时存放和运输工作。

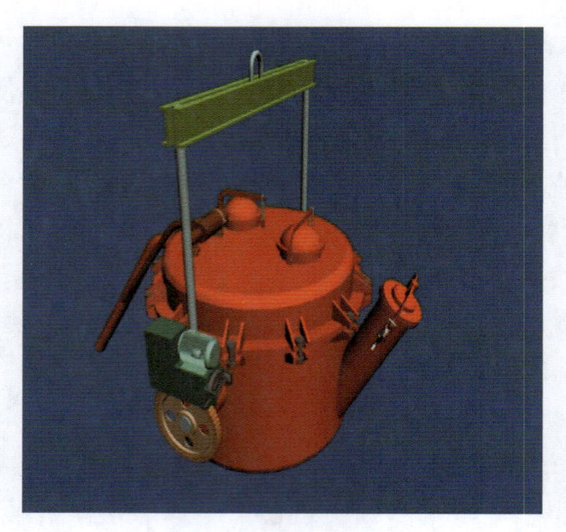

图 6.7　真空抬包

真空抬包

6.2.2.3　铝电解槽的电路连接

铝电解厂房内的电解槽排列方式有纵向排列(图 6.8)、横向排列(图 6.9)两种，每种排列方式又有单行排列和双行排列。纵向排列是电解槽纵轴与电解厂房的纵轴平行，横向排列就是电解槽的纵轴与电解厂房的纵轴相垂直。无论哪种排列方式，系列中的电解槽都是串联的。直流电从整流所的正极经铝母线送到电解槽的阳极，通过电解质层和铝液层导至阴极，串联到下一台电解槽的阳极。依此类推，从最后一台电解槽的阴极流出的电流经铝母线送回整流所的负极，构成一个封闭的回路。每个系列的电解槽数必定是偶数。

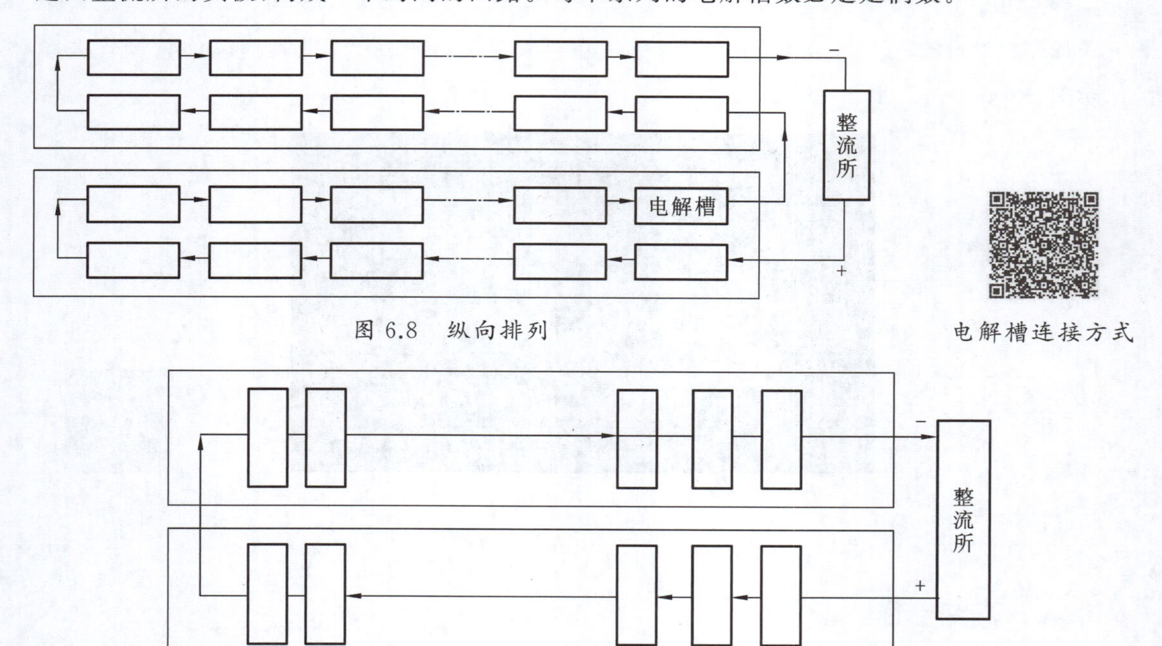

图 6.8　纵向排列

电解槽连接方式

图 6.9　横向排列

Task 6 Electrolysis

Tasks and requirements: Learn the basic metallurgical knowledge of electrolysis; master the basic metallurgical processes and main equipment of electrolytic refining, electrolytic deposition and molten salt electrolysis; understand the special phenomena in electrolytic refining, electrolytic deposition and molten salt electrolysis.

6.1 Technical Terms

Electrode reaction: Refers to the reaction that occurs at the interface between the electrode and the solution. On the cathode, there is a reduction reaction that the substance gets electrons, which is called the cathode reaction. On the anode, there is an oxidation reaction that the substance loses electrons, which is called the anode reaction.

Equilibrium electrode potential: Refers to the electric potential when no current flows through the electrode in an equilibrium state.

Polarization: Refers to a phenomenon that the electrode potential will deviate from the equilibrium electrode potential when a direct current passes through the electrode.

Actual electrode potential: Refers to the actual electrode potential caused by polarization. The actual electrode potential of the cathode is more negative than the equilibrium electrode potential, and the anode electrode potential is more positive than the equilibrium electrode potential.

Overpotential: Refers to the absolute value of the difference between the actual electrode potential and its equilibrium electrode potential (the polarization will make the cathode electrode potential more negative than the equilibrium electrode potential and the anode electrode potential more positive than the equilibrium electrode potential). The overpotential is related to many factors, such as cathode material, current density, electrolyte temperature and solution composition.

Molten salt: Refers to the melt formed by melting the salt at high temperature, such as cryolite molten salt used for aluminum electrolysis and chloride molten salt used for magnesium electrolysis. The molten salt generally does not contain water and has many properties different from those of aqueous solutions.

Anode effect: Refers to a special phenomenon in aluminum electrolysis production.

6.2 Understanding of "Electrolysis"

The electrolysis is a process of converting electrical energy into chemical energy, including aqueous solution electrolysis and molten salt electrolysis. The aqueous solution electrolysis is a process of metal extraction in aqueous electrolyte at low temperature, while the molten salt electrolysis is a process of metal extraction in molten electrolyte at high temperature.

The electrolysis process is a comprehensive process of the reaction between the cathode and the anode. When a direct current is introduced into the electrolyzer filled with an aqueous solution (electrolyte) or molten salt (electrolyte) through the cathode and the anode, the positive and negative ions in the aqueous solution or molten salt electrolyte will be migrated to the cathode and anode respectively, and at the same time, the electrode reactions will occur at the interface between the two electrodes and the solution to produce the reductants and oxides respectively, and reduce the metal ions to pure metal on the cathode surface.

Generally, the aqueous solution electrolysis is a unit process of hydrometallurgical production at the temperature of no more than 90 ℃ in two ways as follows: Electrolysis refining with soluble anode (the main metal exists on the anode plate) and electrolysis deposition with insoluble anode (the main metal exists in the electrolyte). The molten salt electrolysis is a unit process of pyrometallurgical production at the temperature of about 960 ℃.

6.2.1 Aqueous Solution Electrolysis

6.2.1.1 Electrolysis Refining

The electrolysis refining is a link in the refining process of crude metals, usually following the pyrometallurgical refining unit, which is used to further remove the impurities from the metal and get the purer metal. For example, in the traditional copper smelting process, the crude metal is pyrometallurgical refined to remove some impurities, and then followed by the electrolysis refining process, to finally obtain the cathode copper with copper content of 99.99%.

A: B, here is the electrolysis refining workshop, and you will find some differences.

B: Ok. I have taught myself the basic knowledge of electrolysis refining, but I still don't understand them fully. I cannot imagine the scene of metal precipitation at the cathode, which can be just explained.

Principle of electrorefining

A: The main equipment for electrolysis refining is the electrolyzer, which contains the electrolyte and many pairs of anode plates and cathode plates connected in parallel as the current channels. There are many electrolyzers connected in series in an electrolysis workshop, so as to form a large current loop between the anode, cathode plates and the electrolyzers, in which, the electrochemical reactions constantly occur, and the metals are constantly dissolved (oxidized) and precipitated (reduced).

B: Senior sister, I know that the anode plate used in electrolysis refining is soluble, but I don't understand why the anode is dissolved or why the metal is precipitated at the cathode. How to process the precipitated metal?

A: Haha. You really have a lot of questions. I'll explain them to you slowly. First of all, you shall know what raw materials are used in each unit process. Can you tell me what raw materials are used in electrolysis refining?

B: It's the refined metal with a small amout of impurities after pyrometallurgical refining, which shall be made into anode plates before sending to the electrolysis refining workshop.

A: Yes. It means that the impurities shall be removed completely. In the electrochemical process, the materials for the anode are different from those for the cathode. When no electrolysis has occurred, the equilibrium potential difference between the anode and cathode is called the theoretical decomposition voltage. When DC passes through the electrodes and the voltage is continuously increased to a certain level, the electrolysis will occur. This minimum applied voltage is called the actual decomposition voltage. If the electrolysis process is carried out smoothly, the voltage applied on the electrolyzer must be greater than the actual decomposition voltage.

On the anode or cathode, we shall compare the electrode potentials of metals that may undergo the electrochemical reactions. For example, in electrolysis refining of copper, the electrode potentials of other metals can be compared with that of copper in three situations: The electrode potential is more positive, close to and more negative compared with that of copper.

B: Hmm, right. If the copper is precipitated from the cathode, the copper on the anode plate must be dissolved into the solution.

A: This electrode potential is like a qualified "security guard" with different "job responsibilities". The "security guard" on the anode only allows the copper and the metals with more negative electrode potential to dissolve, while the "security guard" on the cathode only allows the copper and the metals with more positive electrode potential to precipitate. Can you imagine what happened in this process?

B: The copper and the impurities with more negative electrode potential on the copper anode plate can be dissolved in the solution, while the impurities with more positive electrode potential cannot be dissolved and precipitated, and they will be separated from the copper. These metal ions in the solution will be moved near the cathode, the copper and the impurities with more positive electrode potential are precipitated at the cathode, but there are no impurity ions with more positive electrode potential in the solution.

A: You are right. So, the copper on the cathode plate is precipitated, and those impurities still remain in the solution. Only some impurities with almost same electrode potential may be precipitated in some cases, thus affecting the quality of copper, so we must ensure that the content of such impurities in the anode plate cannot be too high.

B: It's really amazing that so many processes happen acctually in the invisible place, and all we can see is that the anode plate is getting thinner and the cathode plate is getting thicker.

A: Yes. The anode used in electrolysis refining of copper is the copper anode plate, and the cathode is pure copper sheet. And it is called the starting sheet. And it is produced with the stripper tank. The "story" in the stripper tank is the same as that in the normal electrolyzer, except that the produced cathode copper sheet shall be peeled off, straightened, nailed and punched to make the qualified cathode plates, and then put into the normal electrolyzer for use. However, some plants can use the stainless steel plates as cathodes, which has become a new development trend.

B: What are the advantages of stainless steel cathode?

A: The stainless steel cathode can be used repeatedly, and does not need to be straightened before being put into the electrolyzer, it has a service life of more than 15 years, which greatly simplifies the preparation work and reduces the labor intensity of workers.

B: Oh, senior sister, are the workers hanging the copper plates (Fig. 6.1 and Fig. 6.2)?

A: Yes.

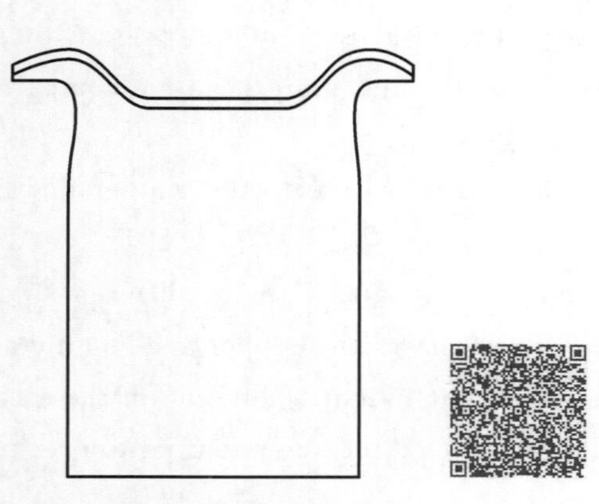

Fig. 6.1 Anode plate for copper electrolysis

Anode

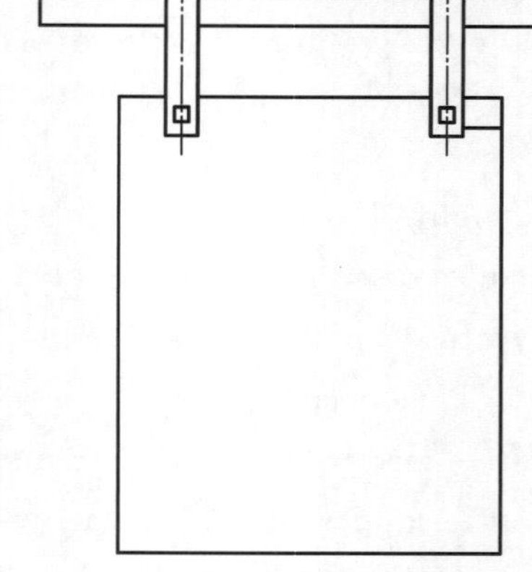

Fig. 6.2 Cathode plate for copper electrolysis

Cathode

6.2.1.2 Electrolysis Deposition

A: Next, we will learn about the electrolysis deposition. Do you think the operating scene is very similar to that in the electrolysis refining workshop?

B: Yes. They are all hydrometallurgical process for producing the metals with the electrochemical energy.

A: You are right. We take the production of zinc as an example. The electrolysis deposition of zinc is to extract the metallic zinc from the zinc sulfate solution. Usually, the purified solution is continuously fed into the electrolyzer, Pb-Ag alloy plate is used as the anode and the calendaring aluminum plate is used as cathode. After DC voltage is applied, O_2 and the zinc will be continuously precipitated on the anode and the cathode, respectively.

Principle of zinc electrolysis deposition

B: As electrolysis proceeds and metal zinc is extracted, does the zinc ion content in the electrolyte decrease continuously?

A: Sure. The zinc ion content in the electrolyte is decreasing and the H_2SO_4 concentration is increasing, so it will become the waste electrolyte and continuously discharged from the electrolyzer, and the fresh purified solution shall be continuously fed to ensure the proper zinc ion content in the electrolyzer. The sulfuric acid contained in the waste electrolyte can be sent to the leaching process of the calcine for recycle.

B: I see. So how long will it take to get the metal zinc?

A: The zinc precipitated on the cathode shall be removed periodically, usually within 1 – 2 days. After the zinc sheet is peeled off, it can be melted and cast into the finished zinc ingots, while the cathode aluminum plate shall be cleaned and then put into the tank for further use.

B: Is the electrolysis deposition the same electrochemical process as the copper electrolysis refining?

A: It can be said that they all follow the basic electrochemical theory. When the zinc is electrodeposited, the electrode potential of zinc is taken as the research reference line, because the zinc ions exist in the electrolyte. In theory, the impurities with more positive electrode potential than that of zinc will be precipitated together with the zinc. But in fact, the precipitation of hydrogen is most concerned about.

B: Why? I know that the electrode potential of zinc is very negative, and the electrode potential of many impurities is more positive than it and then can be precipitated.

A: It's not the actual case. First of all, it is required to control the impurities in the purifying process. Secondly, the aluminum is used as the cathode in the electrolysis deposition of zinc, and the precipitation overpotentials on the aluminum are different for different metals, which is same as for the hydrogen. The overpotential makes the actual electrode potential of hydrogen precipitation much negative than that for the zinc, so the zinc is the main precipitate on the cathode generally. As long as we can increase the overpotential of hydrogen during production, the precipitation of hydrogen can be suppressed for the smooth extraction of zinc, otherwise the current efficiency of the whole production will be greatly affected.

B: What is the current efficiency?

A: It is the ratio of the actual amount of metal precipitated on the cathode to the amount of metal calculated with the theoretical formula. The current efficiency cannot reach 100% in actual production.

B: Because the electrical energy is consumed in precipitation of other impurities (gases).

A: Yes. If the impurity content is too high in the electrolyte, it will also cause the phenomenon of "cathode deposit resolution", that is, the precipitated zinc will be reversely dissolved. The "cathode deposit resolution" will lead to production stagnation; therefore, we must identify the causes of "cathode deposit resolution" in order to solve this problem.

B: Hmm. Is the electrode plate for electrolysis deposition (Fig. 6.3 and Fig. 6.4) the same as that for electrolysis refining?

A: There is a little difference between them.

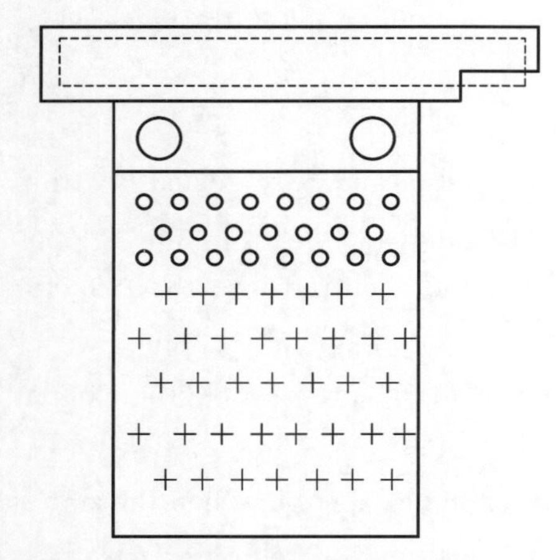

Fig. 6.3 Pb-Ag alloy anode plate for zinc electrolysis deposition

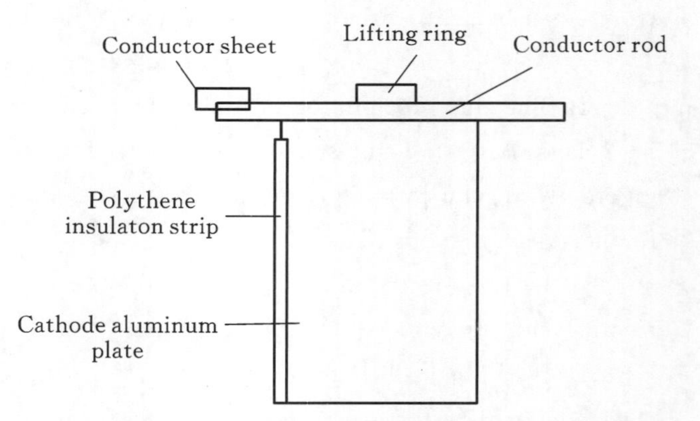

Fig. 6.4 Calendaring aluminum plate for electrolysis deposition (cathode plate)

6.2.1.3 Aqueous Solution Electrolyzer

The electrolyzer for copper production is shown in Fig. 6.5.

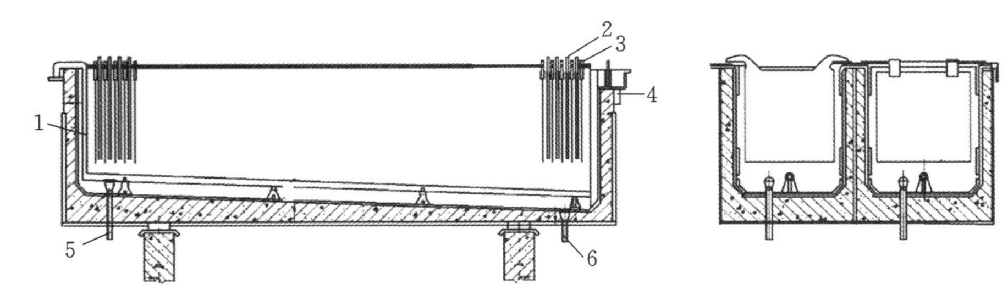

1.Liquid inlet pipe; 2.Anode; 3.Cathode; 4.Liquid outlet pipe; 5.Drain pipe; 6.Anode mud pipe.

Fig. 6.5 Copper electrolyzer

Electrolyzer

6.2.2 Molten Salt Electrolysis

A: B, after the aqueous solution electrolysis, we will learn the molten salt electrolysis. Do you remember what is its production temperature?

B: It's about 960 ℃ and the process can be regarded as a unit process of pyrometallurgical production.

A: Yes. The molten salt electrolysis is generally used in the production of light metal aluminum, which is also carried out in electrolyzer.

B: There is a big difference between an aluminum electrolyzer and an aqueous solution electrolyzer!

Electrolyte

A: Yes. The raw material for aluminum electrolysis is the alumina, the electrolyte is the molten cryolite, and the anode and cathode for electrolysis are made of the carbon. After a DC voltage is applied, the molten aluminum is obtained on the cathode, while CO_2 is precipitated on the anode.

Because the molten aluminum is heavier than the cryolite, it will sink under the electrolyte, so it shall be pumped out of the electrolyzer with the vacuum ladle and transported to the casting shop, in which it is poured into a mixing furnace for ingredient proportioning to prepare alloys or casting aluminum ingots after purifying operations such as degassing and removal of impurities. The gas discharged from the electrolyzer is sent into the collection system for treatment according to the environmental requirements and then discharged into the atmosphere.

Aluminum discharging

B: Senior sister, what is the whole production process?

A: The solid alumina is added into the molten cryolite. Under the action of electricity, the electrode reactions will occur on the anode and cathode surfaces to precipitate the aluminum, consume the anode and generate CO_2. In production, it is necessary to add the alumina to the electrolyzer and replace the anode regularly.

Anode carbon block

B: I see.

A: There is a special phenomenon called the "anode effect" in the aluminum electrolysis production, which has both advantages and disadvantages for production. This effect shall be understood and terminated, which is also one of the main on-site operations.

Anode effect

B: So, how to determine the anode effect?

A: Usually, the anode effect shows some characteristics as follows. ① The color of the flame from the fire hole of electrolyzer changes from light blue to purple and then to yellow, and there is arc discharge around the contact between the electrolyte and the anode, accompanied by "click" sound. ② The cell voltage in electrolyzer increases sharply to 30 - 60 V, and the electrolyte around anode does not boil. ③ The effect signal indicator connected in parallel with the electrolyzer flashes.

B: What do we do for the anode effect?

A: The anode effect is closely related to the low concentration of alumina. The "wooden stick insertion method" is generally used to terminate the effect. First, confirm the number of the electrolyzer with anode effect, add the aluminum oxide into the electrolyzer, hold a wooden stick for terminating effect, rush to the tap brim of the electrolyzer and put it away, and check the data display on the control panel of the electrolyzer (the normal effect occurs at a voltage of 20 - 30 V). Second, check the surrounding of electrolyzer, remove the cover on the tap brim to open the aluminum outlet. Wait for the effect to occur for about 5 min and when the alumina concentration returns to the normal range, insert the wooden stick from the aluminum outlet into the molten aluminum under the bottom of anode. After confirming that the effect is terminated, pull out the wooden stick, remove the carbon slag, install the cover, clean the site, and put the waste wooden stick in the designated place.

6.2.2.1 Aluminum Reduction Cell

The industrial aluminum reduction cell (Fig. 6.6) is composed of four parts: Cathode structure, upper structure, busbar structure and electrical insulation. The cathode structure is the reduction cell body, which is composed of cell shell and lining. The cell shell is a rectangular steel body, its outer wall and the bottom are reinforced with section steel, and the cell shell is internally lined with the masonry. It is a container for lining masonry, and also used to prevent the lining materials from deformation and breakage at high temperature. Generally, a U-shaped cradle-type cell shell with great rigidity is used on large reduction cells. The cathode carbon block and cathode steel bar are arranged on the bottom lining when it is set up.

The metal structure parts above the cell body, collectively referred to as the upper structure, is composed of portal support and truss, anode lifting device, crust breaking and drainage device, anode busbar and anode set, gas collection and exhaust device. The portal support is used to support the weight of all upper parts of the cell, including the prebaked anode blocks.

The reduction cell is provided with anode busbar, cathode busbar, riser busbar and soft belt busbar. The two ends of two large anode busbars are hung on the screw rod of the screw crane, and the anode carbon block set is clamped on the large busbars through a fixture, so that the large anode busbars are used to not only transmit the electricity, but also bear the weight of the anodes. The sizes of anode carbon block are based on the current and process of the reduction cell, and its service life is generally 20 - 28 days.

The flue gas generated from the cell is collected with the gas collecting box under the upper structure into the branch flue, and then to the purifying system through the main flue outside the cell wall.

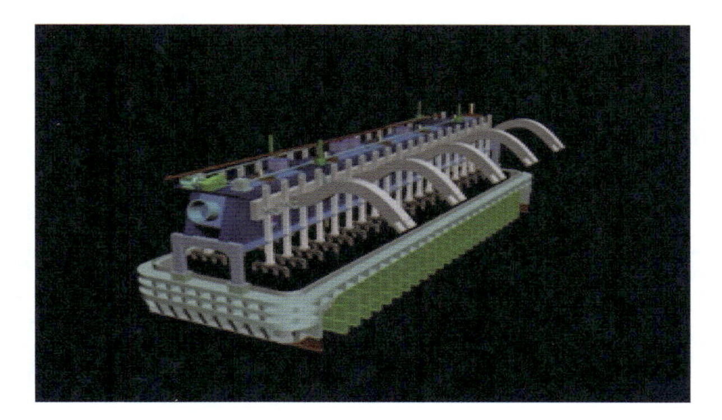

Fig. 6.6 Aluminum reduction cell

Structure

6.2.2.2 Vacuum Ladle

The vacuum ladle (Fig. 6.7) is composed of ladle body, suspender, cross beam and driving device, which is used for the temporary storage and transportation of molten aluminum.

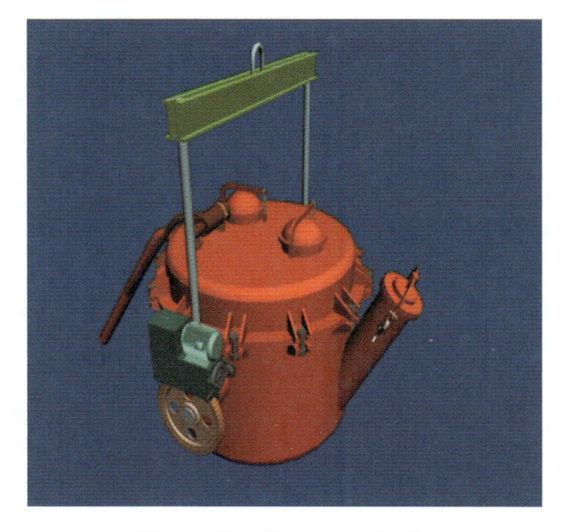

Fig. 6.7 Vacuum ladle

Vacuum ladle

6.2.2.3 Circuit Connection of Aluminum Reduction Cell

There are two kinds of arrangement modes of reduction cells in aluminum electrolysis plants as follows: Longitudinal arrangement (Fig. 6.8) and transverse arrangement (Fig. 6.9), and each arrangement mode includes single-row arrangement and double-row arrangement. The longitudinal arrangement means that the longitudinal axis of reduction cells is parallel to the longitudinal axis of electrolysis plant, while the transverse arrangement means that the longitudinal axis of reduction cells is perpendicular to the longitudinal axis of electrolysis plant. In either arrangement mode, all the reduction cells are connected in series in one system. The direct current flows from the positive electrode of the rectifier to the anode of the reduction cell through the aluminum busbar, and passes through the electrolyte layer and the molten aluminum layer to the cathode, and then is connected in series to the anode of the next reduction cell; and so on, and the current from the cathode of the last reduction cell is returned to the negative electrode of the rectifier through the aluminum busbar, so as to form a closed loop. The number of reduction cells in each system must be even.

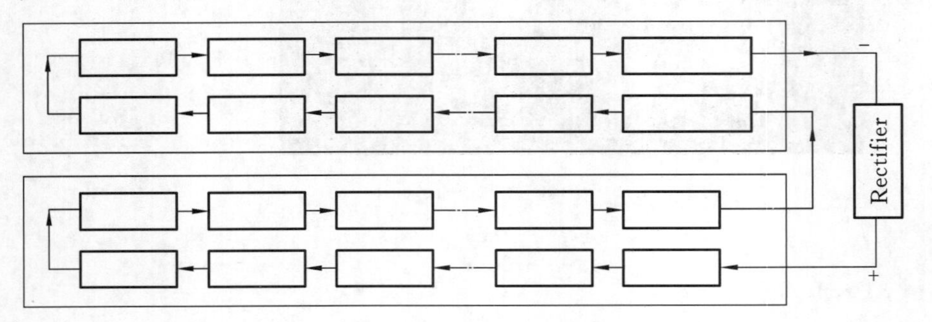

Fig. 6.8 Longitudinal arrangement

Arrangement modes of reduction cells

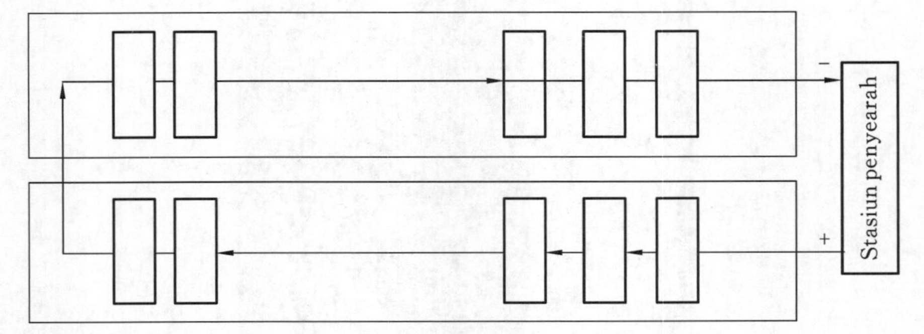

Fig. 6.9 Transverse arrangement

Tugas 6 Elektrolisis

Tugas dan persyaratan: Mempelajari pengetahuan metalurgi dasar tentang elektrolisis; mempelajari proses metalurgi dasar dan peralatan utama untuk pemurnian elektrolitik, pengendapan elektrolitik, dan elektrolisis garam cair; memahami fenomena khusus dalam pemurnian elektrolitik, pengendapan elektrolitik, dan elektrolisis garam cair.

6.1 Istilah-istilah

Reaksi elektroda: Adalah reaksi yang terjadi pada antarmuka antara elektroda dan larutan. Pada katoda, reaksi yang terjadi adalah reaksi reduksi dimana zat memperoleh elektron, yang disebut reaksi katodik. Pada anoda, reaksi yang terjadi adalah reaksi oksidasi dimana zat kehilangan elektron, yang disebut reaksi anoda.

Potensial elektroda kesetimbangan: Adalah potensial dimana elektroda dalam keadaan seimbang ketika tidak ada arus listrik melewati elektroda.

Polarisasi: Adalah fenomena dimana potensial elektroda menyimpang dari potensial elektroda kesetimbangan ketika arus searah melewati elektroda.

Potensial elektroda aktual: Adalah potensial elektroda aktual yang diakibatkan oleh fenomena polarisasi, dimana potensial elektroda aktual katoda lebih negatif daripada potensial elektroda kesetimbangan, sedangkan potensial elektroda aktual anoda lebih positif daripada potensial elektroda kesetimbangan.

Overpotensial: Polarisasi akan membuat potensial elektroda katoda lebih negatif daripada potensial elektroda kesetimbangan, dan potensial elektroda anoda lebih positif daripada potensial elektroda kesetimbangan, kami menyebut nilai absolut dari perbedaan antara potensial elektroda aktual dan potensial kesetimbangannya sebagai *overpotensial*. *Overpotensial* dipengaruhi oleh banyak faktor, terutama meliputi bahan katoda, kerapatan arus, suhu elektrolit, komposisi larutan, dll.

Leburan garam: Mengacu pada leburan yang terbentuk setelah garam melebur pada suhu tinggi, seperti leburan garam kriolit untuk elektrolisis aluminium dan leburan garam klorida untuk elektrolisis magnesium. Leburan garam umumnya tidak mengandung air dan memiliki banyak sifat yang berbeda dari larutan berair.

Efek anoda: Adalah fenomena istimewa yang terjadi dalam produksi elektrolisis aluminium.

6.2 Mengenali "Elektrolisis"

Elektrolisis adalah proses mengubah energi listrik menjadi energi kimia, yang dibagi menjadi elektrolisis larutan berair dan elektrolisis leburan garam. Elektrolisis larutan berair adalah proses ekstraksi logam yang dilakukan dalam elektrolit larutan berair yang bersuhu rendah; dan elektrolisis leburan garam adalah proses ekstraksi logam yang dilakukan dalam elektrolit leburan yang bersuhu tinggi.

Proseselektrolisis adalah proses komprehensif dari reaksi elektroda negatif dan positif. Ketika arus searah diarahkan ke dalam sel elektrolisis yang diisi dengan larutan berair (elektrolit) atau leburan garam (elektrolit) melalui katoda dan anoda, ion-ion positif dan negatif dalam elektrolit larutan berair atau elektrolit leburan garam akan masing-masing berpindah ke katoda dan anoda, secara bersamaan mengalami reaksi elektroda pada antarmuka antara kedua elektroda dan larutan, dan masing-masing menghasilkan reduzat dan oksida. Ion-ion logam direduksi pada permukaan katoda untuk menghasilkan logam murni.

Umumnya, elektrolisis larutan berair adalah unit proses produksi hidrometalurgi, dan suhu produksinya umumnya tidak melebihi 90 ℃. Elektrolisis larutan berair dibagi menjadi dua: satu adalah pemurnian elektrolisis dengan anoda yang larut, dimana logam induknya ada pada pelat anoda; yang lain adalah pengendapan elektrolisis dengan anoda yang tidak larut, dimana logam induknya ada dalam elektrolit. Sedangakn elektrolisis leburan garam adalah unit proses produksi pirometalurgi, dan suhu produksinya umumnya sekitar 960 ℃.

6.2.1 Elektrolisis Larutan Berair

6.2.1.1 Pemurnian Elektrolisis

Pemurnian elektrolisis adalah salah satu sesi dalam proses pemurnian logam wantah, biasanya diatur setelah unit pemurnian piro untuk menghilangkan pengotor dalam logam lebih lanjut sehingga mendapatkan logam yang lebih murni. Misalnya, dalam aliran proses pembuatan tembaga tradisional, logam wantah pertama-pertama dihilangkan beberapa pengotor melalui pemurnian piro, kemudian dimasukkan unit proses pemurnian elektrolisis untuk pengolahan, dan akhirnya katoda tembaga dengan kandungan tembaga 99,99% dapat diperoleh.

A: B, hari ini kita datang di bengkel pemurnian elektrolisis, kama pasti akan menemukan sesuatu yang berbeda.

B: Bagusnya, saya telah belajar sendiri pengetahuan dasar mengenai pemurnian elektrolisis, tapi masih tidak memahaminya, saya tidak dapat membayangkan adegan pengendapan logam dari katoda. Kesempatan ini saya ambil untuk memecahkan keraguan saya.

A: Peralatan utama yang digunakan dalam pemurnian elektrolisis adalah sel elektrolisis, yang mengandung elektrolit dan banyak pasangan pelat anoda dan pelat katoda, dan arus listriknya dihubungkan secara paralel. Di bengkel elektrolisis memiliki banyak sel elektrolisis, yang arus listriknya dihubungkan secara seri untuk membentuk *loop* berarus besar antara pelat-pelat anoda, pelat-pelat katoda, dan sel-sel elektrolitik, dan reaksi elektrokimia terus terjadi di dalam sel, sehingga logam secara terus menerus dilarutkan (reaksi oksidasi) dan diendapkan (reaksi reduksi).

Prinsip pemurnian elektrolisis

B: Kak, saya tahu bahwa pelat anoda yang digunakan dalam pemurnian elektrolisis bisa larut, tapi saya tidak mengerti kenapa anoda harus larut, kenapa logam bisa diendapkan pada katoda, dan bagaimana dengan logam itu setelah diendapkan?

A: Haha, kamu memang punya banyak pertanyaan, biarkan saya menjelaskannya satu demi satu. Pertama, kamu harus tahu bahan baku apa yang digunakan dalam setiap unit proses. Jadi bisakah kamu beri tahu saya bahan baku apa yang digunakan dalam pemurnian elektrolisis?

B: Bahan baku apa yang digunakan dalam pemurnian elektrolisis adalah logam halus yang masih mengandung sedikit pengotor setelah pemurnian piro, yang harus dibuat menjadi pelat anoda sebelum dapat dikirim ke bengkel pemurnian elektrolisis untuk digunakan.

A: Ya, artinya kita perlu terus menghilangkan pengotornya. Dalam proses elektrokimia, anoda dan katoda terbuat dari bahan yang berbeda. Ketika tidak terjadi fenomena elektrolisis, perbedaan potensial kesetimbangan antara anoda dan katoda disebut tegangan penguraian teoritis. Dan ketika ada arus searah eksternal melewati elektroda dan tegangan terus meningkat, fenomena elektrolisis akan mulai muncul pada waktu tertentu, tegangan eksternal minimum ini disebut tegangan penguraian aktual. Agar proses elektrolisis berjalan lancar, tegangan sel yang diberikan ke elektroliser harus lebih besar dari tegangan penguraian aktual. Agar proses elektrolisis berjalan lancar, tegangan yang dipasok ke sel elektrolisis harus lebih besar dari tegangan penguraian aktual.

Namun, pada anoda atau katoda, kita harus membandingkan potensial elektroda dari logam-logam yang kemungkinan akan mengalami reaksi elektrokimia. Misalnya, dalam pemurnian elektrolisis tembaga, perbandingan antara potensial elektroda logam lain dengan tembaga memiliki tiga keadaan, yaitu: potensial elektrodanya lebih positif daripada tembaga, potensial elektrodanya dekat dengan tembaga, dan potensial elektrodanya lebih negatif daripada tembaga.

B: Betul-betul. Agar tembaga dapat diendapkan dari katoda, tembaga pada pelat anoda harus dilarutkan ke dalam larutan.

A: Potensial elektroda ini macam "petugas keamanan" yang memenuhi syarat, tetapi tugasnya berbeda. “Petugas keamanan” di anoda hanya memungkinkan tembaga dan logam yang potensial elektrodanya lebih negatif daripada tembaga untuk larut, sedangkan “petugas keamanan” di katoda hanya memungkinkan tembaga dan logam yang potensial elektrodanya lebih positif daripada tembaga untuk diendapkan. Bisakah kamu bayangkan apa yang terjadi selama proses ini?

B: Tembaga di pelat anoda tembaga dan pengotor yang potensial elektrodanya lebih negatif daripada tembaga dapat larut ke dalam larutan, tetapi pengotor yang potensial elektrodanya lebih positif daripada tembaga tidak larut tetapi mengendap, sehingga dipisahkan dari tembaga. Ion-ion logam dalam larutan ini berpindah ke sekitar katoda, demikian tembaga dan pengotor yang potensial elektrodanya lebih positif daripada tembaga diendapkan di katoda, tetapi tidak ada ion-ion pengotor yang potensial elektrodanya lebih positif daripada tembaga dalam larutan.

A: Ya. Jadi tembaga diendapkan pada pelat katoda, sedangkan pengotor itu tetap tertinggal dalam larutan, kecuali beberapa pengotor yang potensial elektrodanya sangat dekat dengan tembaga, yang kemungkinan diendapkan dalam keadaan tertentu sehingga mempengaruhi mutu logam tembaga. Oleh karena itu, kita harus memastikan bahwa kandungan pengotor logam tersebut di pelat anoda mentah tidak terlalu tinggi.

B: Sungguh menakjubkan bahwa begitu banyak yang terjadi tanpa terlihat, yang bisa kita lihat hanyalah penipisan pelat anoda secara bertahap dan penebalan pelat katoda secara bertahap.

A: Ya. Anoda yang digunakan dalam pemurnian elektrolisis tembaga adalah pelat anoda tembaga, dan katoda yang digunakan adalah lembaran tembaga murni, yang disebut lembaran awal (*starting sheet*), dan dihasilkan dari tangki *stripper*. “Cerita” yang terjadi di tangki *stripper* sama dengan yang terjadi di sel elektrolisis normal, cuma lembaran tembaga katoda yang dihasilkan perlu dilepas, lalu diluruskan, dipasang dengan *lug*, dan dilewati batang untuk membuat pelat katoda memenuhi persyaratan, akhirnya dimasukkan ke sel elektrolisis normal untuk digunakan. Namun, kini sebagian pabrik menggunakan pelat baja nirkarat sebagai katoda, yang telah menjadi tren perkembangan.

B: Apa keuntungan dengan menggunakan katoda baja nirkarat?

A: Katoda baja nirkarat dapat digunakan berulang kali, tidak perlu diluruskan sebelum dimasukkan ke dalam sel elektrolisis, dan masa pakainya bisa mencapai lebih dari 15 tahun, yang sangat menyederhanakan pekerjaan persiapan dan mengurangi intensitas tenaga kerja.

B: Lihatlah kak, apakah yang diangkat oleh pekerja sekarang adalah elektroda pelat tembaga (Gambar 6.1, Gambar 6.2)?

A: Ya.

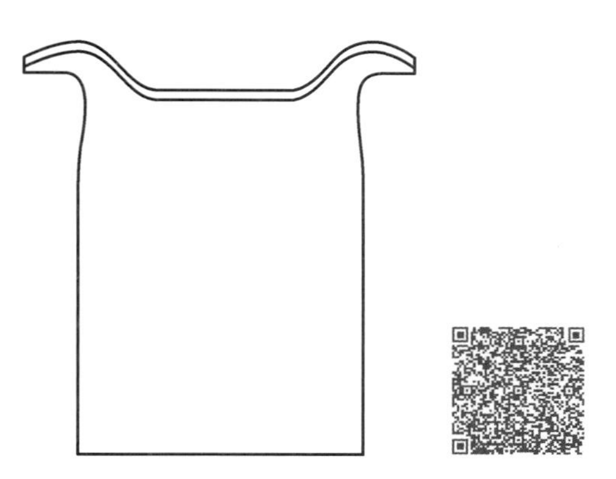

Gambar 6.1 Pelat anoda untuk elektrolisis tembaga

Anoda

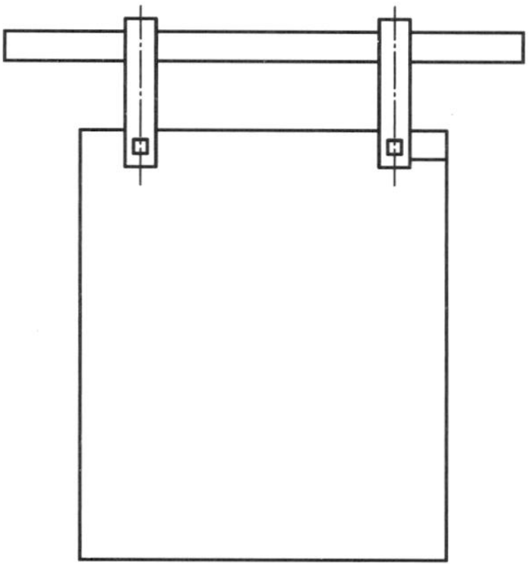

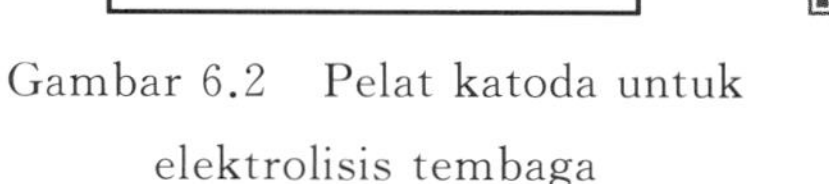

Gambar 6.2 Pelat katoda untuk elektrolisis tembaga

Katoda

6.2.1.2 Pengendapan Elektrolisis

A: Selanjutnya mari kita belajar tentang pengendapan elektrolisis. Lihat proses kerjanya, apakah mirip dengan bengkel pemurnian elektrolisis?

B: Ya. Keduanya semuanya berupa unit proses hidrometalurgi yang menghasilkan logam dengan energi elektrokimia.

A: Ya. Ambil produksi seng sebagai contoh, dimana pengendapan elektrolisis seng adalah untuk mengekstraksi logam seng dari larutan berair seng sulfat. Biasanya, larutan yang sudah dimurnikan akan terus dikirim ke sel elektrolisis secara terus-menerus, pelat paduan Pb-Ag digunakan sebagai anoda, dan lembaran aluminium yang disetrika digunakan sebagai katoda. Setelah arus searah diberikan, O_2 akan terus diendapkan pada anoda, dan logam seng akan terus diendapkan pada katoda.

Prinsip pengendapan elektrolisis seng

B: Jadi, dengan elektrolisis berlangsung dan logam seng terekstraksi, apakah kandungan ion seng dalam elektrolit akan terus berkurang?

A: Tentu saja, kandungan ion seng dalam elektrolit akan terus berkurang, sedangkan konsentrasi H_2SO_4 terus meningkat, sehingga menjadi limbah elektrolit. Limbah elektrolit ini harus terus dibuang dari sel elektrolisis sambil terus diberikan larutan pemberish yang segar agar memastikan kandungan ion seng dalam sel elektrolisis. Limbah elektrolit yang mengandung asam sulfat dapat dikirim ke proses pelindian untuk didaur ulang dalam pelindian kalsin.

B: Saya mengerti. Jadi berapa lama bisa kami mendapatkan logam seng?

A: Endapan seng pada katoda akan dikeluarkan secara berkala, umumnya 1 – 2 hari. Lembaran seng yang dikupas dapat dilebur dan dituang menjadi *ingot* seng yang sudah jadi, sedangkan pelat aluminium katoda perlu dibersihkan sebelum dimasukkan ke dalam tangki untuk terus digunakan.

B: Apakah pengendapan elektrolisis juga mengalami proses elektrokimia yang sama dengan pemurnian elektrolisis tembaga?

A: Bisa dikatakan bahwa mereka semua mengikuti teori dasar elektrokimia. Dalam pengendapan elektrolisis seng, potensial elektroda seng digunakan sebagai garis patok penelitian. Karena ion seng ada dalam elektrolit, jadi menurut pikiran yang masuk akal, pengotor yang potensial elektrodanya lebih positif daripada seng akan diendapkan ketika seng diendapkan, tapi sebenarnya, yang kami paling perhatikan adalah pengendapan hidrogen.

B: Kenapa? Saya tahu bahwa potensial elektroda seng sangat negatif, jadi banyak pengotor memiliki potensial elektroda yang lebih positif daripadanya, demikian pengotor pasti akan mengendap menurut logika.

A: Kenyataannya tak demikian. Pertama, pengotor perlu dikendalikan dalam proses pembersihan. Kedua, katoda yang digunakan dalam proses pengendapan elektrolisis seng terbuat dari aluminium, dan *overpotensial* pengendapan dari logam yang berbeda pada aluminium berbeda, yang sama berlaku untuk hidrogen. Keberadaan *overpotensial* membuat potensial elektroda aktual dari endapan hidrogen jauh lebih negatif daripada seng, sehingga umumnya endapan pada katoda didominasi oleh seng. Jika kami memastikan bahwa *overpotensial* hidrogen dapat ditingkatkan selama produksi, maka pengendapan gas hidrogen bisa ditekan dan ekstraksi seng dijaga lancar. Sebaliknya,, efisiensi arus untuk keseluruhan proses produksi akan sangat terpengaruh.

B: Apa itu efisiensi arus?

A: Efisiensi arus adalah rasio jumlah logam yang sebenarnya diendapkan pada katoda dengan jumlah logam yang harus diendapkan yang dihitung dengan rumus teori. Sebenarnya, efisiensi arus dalam praktik produksi tidak dapat mencapai 100%.

B: Karena pengendapan pengotor lain (gas) juga mengkonsumsi listrik.

A: Ya. Jika kandungan pengotor dalam elektrolit melebihi standar, itu akan juga menyebabkan fenomena "pelarutan kembali endapan pada katoda", yaitu seng yang diendapkan akan larut kembali. Fenomena ini dapat menyebabkan produksi stagnan, jadi kita harus belajar untuk mengidentifikasi penyebab fenomena ini agar mengatasinya.

B: Oh begitu. Kak, apakah elektroda pelat (Gambar 6.3, Gambar 6.4) yang digunakan dalam pengendapan elektrolisis sama dengan yang digunakan dalam pemurnian elektrolisis?

A: Mereka sedikit berbeda.

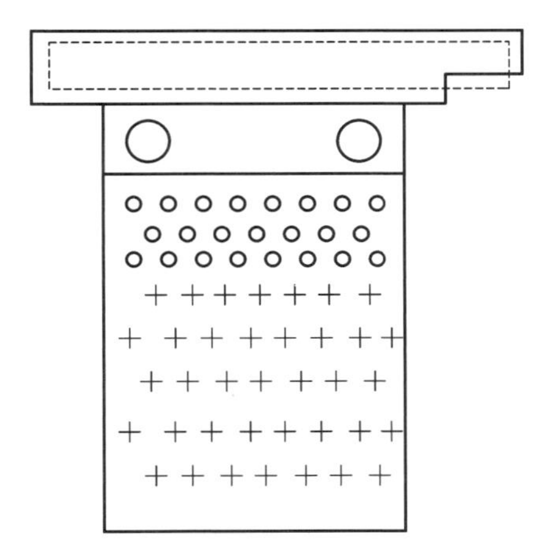

Gambar 6.3 Pelat anoda paduan Pb-Ag untuk elektrodeposisi seng

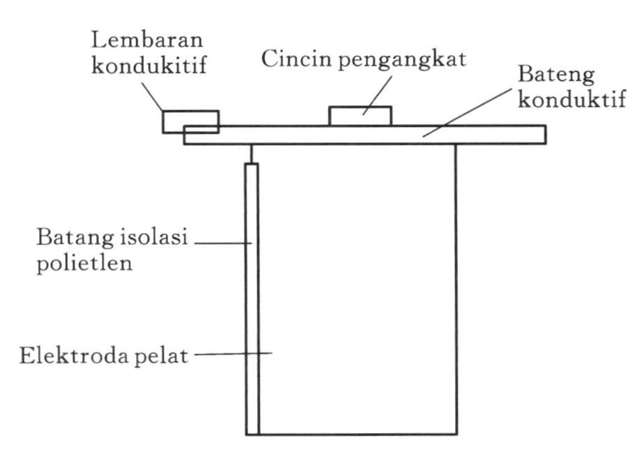

Gambar 6.4 Lembaran aluminium yang disetrika untuk elektrodeposisi (pelat katoda)

6.2.1.3 Sel Elektrolisis Larutan Berair

Sel elektrolisis untuk produksi tembaga adalah seperti yang ditunjukkan pada Gambar 6.5.

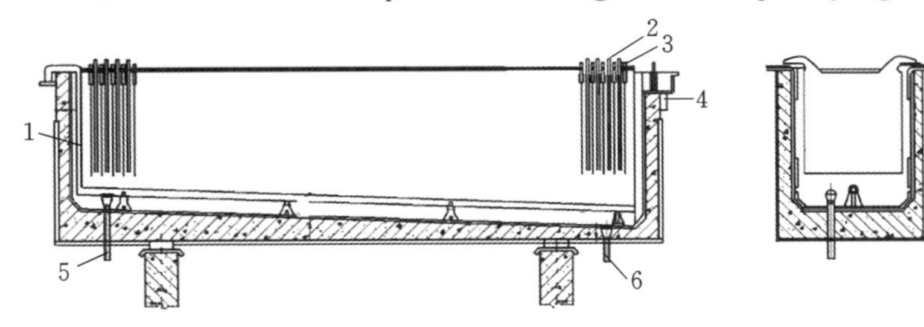

1.Pipamasuk; 2.Anoda; 3.Katoda; 4.Pipa keluar; 5.Pipa pelepas; 6.Pipa lumpur anoda.

Gambar 6.5 Diagram struktur sel elektrolisis tembaga

Sel elektrolisis

6.2.2 Elektrolisis Leburan Garam

A: B, setelah melihat elektrolisis larutan berair, sekarang mari kita belajar tentang elektrolisis leburan garam, masih ingatkah berapa tinggi suhu produksinya?

B: Ingatlah, itu sekitar 960 ℃, dan proses ini bisa dikategorikan sebagai unit proses pirometalurgi.

A: Ya. Elektrolisis leburan garam umumnya digunakan untuk produksi aluminium logam ringan, dan juga dilakukan dalam sel elektrolisis.

B: Perbedaan sel elektrolisis aluminium dan sel elektrolisis larutan berair begitu besar!

Elektrolit

A: Ya. Bahan baku untuk Elektrolisis aluminium menggunakan alumina sebagai bahan baku, leburan kriolit sebagai elektrolit, dan anoda dan katoda elektrolisisnya terbuat dari bahan karbon. Setelah arus searah diberikan, leburan aluminium diperoleh pada katoda, sedangkan CO_2 diendapkan pada anoda.

Aluminium diendapkan

Leburan aluminium akan tenggelam di bawah elektrolit karena ia lebih berat daripada leburan kriolit, jadi perlu dipompa keluar dari sel elektrolisis secara teratur dengan *ladle* vakum, dan diangkut ke bengkel pengecoran. Di sana, leburan aluminium akan dituang ke dalam tungku pencampuran untuk penyesuaian komposisi. Baik dibuat menjadi paduan, atau dilakukan operasi pembersihan seperti *degassing* dan penghilangan pengotor untuk mendapatkan produk ingot aluminium. Gas yang dibuang dari sel elektrolisis dikirim melalui sistem penangkapan untuk diolah, dan dibuang ke atmosfer setelah memenuhi persyaratan perlindungan lingkungan.

B: Kak, bagamana keseluruhan proses produksinya?

Blok karbon anoda

A: Kami menambahkan alumina padat ke leburan kriolit, kemudian reaksi elektroda terjadi pada permukaan anoda dan katoda di bawah aksi listrik, anoda dikonsumsi sambil aluminium diendapkan, sehingga menghasilkan CO_2. Selama produksi, alumina perlu ditambahkan ke sel elektrolisis secara teratur, dan anoda juga perlu diganti secara teratur.

B: Saya mengerti.

Efek anoda

A: Adasatu fenomena khusus yang disebut "efek anoda" terjadi dalam produksi elektrolisis aluminium, yang memiliki kelebihan dan juga kekurangan untuk produksi. Jadi, kita perlu memahaminya dan mampu menghilangkannya, ini merupakan salah satu operasi yang utama di lokasi.

B: Jadi bagaimana cara mengidentifikasi efek anoda?

A: Biasanya, efek anoda akan datang ketika munculnya fitur-fitur berikut. ① Diamati bahwa warna nyala api yang menonjol dari mata api sel elektrolisis berubah warna dari biru muda menjadi ungu, lalu terus berubah menjadi kuning, dan ada pelepasan busur di sekitar kontak antara elektrolit dan anoda, yang disertai dengan suara berderak. ② Diamati bahwa tekanan sel elektrolisis meningkat mendadal hingga 30 - 60 V, dan elektrolit di sekitar anoda berhenti mendidih. ③ Lampu sinyal efek yang terhubung secara paralel dengan sel elektrolisis itu berkedip.

B: Apa yang perlu dilakukan jika terjadi efek anoda?

A: Keterjadian efek anoda banyak berkaitan dengan konsentrasi alumina yang terlelu rendah, dan kami biasanya menggunakan "metode pemasukan batang" untuk menghilangkan efek ini. Prosesnya adalah: Pertama, konfirmasikan nomor sel elektrolisis tempat efek anoda terjadi, masukkan alumina ke sel, letakkan batang kayu yang bisa menghilangkan efek pada ujung keluar aluminium sel elektrolisis, dan periksa tampilan data pada panel kontrol sel (tegangan efek yang normal adalah 20 - 30 V). Kemudian, berkeliling tangki satu putaran, buka tutup tangki di ujung keluar aluminium, buka lubang keluar aluminium, dan umumnya menunggu efek berlangsung sekitar 5 menit, setelah konsentrasi alumina kembali ke kisaran normal, masukkan kayu batang dari lubang keluar aluminium ke dalam cairan aluminium di bawah telapak bawah anoda di satu sisi. Setelah mengonfirmasi bahwa efek itu sudah dihilangkan, keluarkan batang kayu dan bersihkan terak karbon. Setelah itu, pasang kembali tutup sel, bersihkan tempat kerja, dan letakkan batang kayu bekas ke tempat yang telah ditentukan.

6.2.2.1 Sel Elektrolisis Aluminium

Sel elektrolisis aluminium industri (Gambar 6.6) biasanya dibagi menjadi empat bagian: Struktur katoda, struktur atas, struktur busbar, dan isolasi listrik. Struktur katoda mengacu pada tubuh sel elektrolisis, yang terdiri dari cangkang dan lapisan dalam. Cangkangnya berupa baja persegi panjang, dinding luar dan bagian bawah cangkang diperkuat dengan baja stuktural, dan bagian dalam cangkang dilapisi dengan pasangan bata. Cangkang adalah wadah untuk menampung pasangan bata lapisan dalam, dan juga bertanggung jawab untuk mencegah bahan lapisan dalam mengalami deformasi besar dan patahan pada suhu tinggi. Sel elektrolisis besar umumnya mengadopsi cangkang buaian berbentuk "U" yang sangat kaku. Blok karbon katoda dan batang baja katoda ditempatkan pada lapisan bawah sel saat sel elektrolisis dibangun.

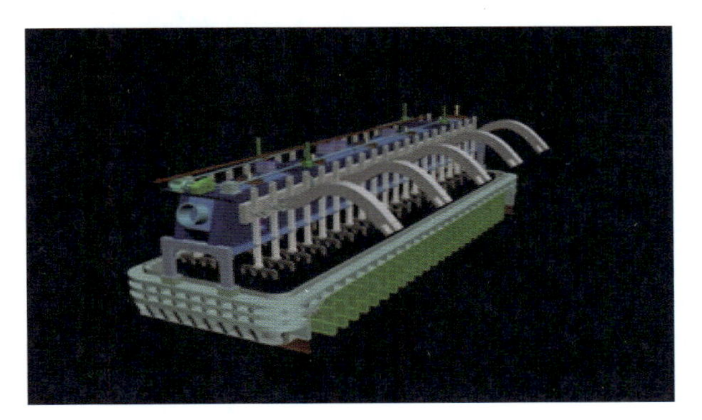

Gambar 6.6 Sel elektrolisis aluminium

Struktur

Struktur logam di atas tubuh sel secara kolektif disebut sebagai struktur atas, yang dibagi menjadi: braket portal dan rangka, perangkat pengangkat anoda, perangkat pemecah kerak & pembongkar, busbar anoda dan kelompok anoda, perangkat pengumpul gas & pembuang asap. Di antaranya, braket portal menopang berat total bagian atas tubuh sel, termasuk blok anoda *prebaked*.

Sel elektrolisis dilengkapi dengan busbar anoda, busbar katoda, busbar kolom, dan busbar sabuk lunak. Kedua ujung dari dua busbar besar anoda digantung pada batang sekrup derek spiral, dan kelompok blok karbon anoda dijepit pada busbar besar dengan klem. Busbar besar anoda tidak hanya mengalirkan listrik, tetapi juga menanggung beban anoda. Blok karbon anoda memiiki ukuran yang berbeda menurut arus dan proses sel elektrolisis yang berbeda, dan masa pakainya umumnya adalah 20 - 28 hari.

Gasbuang yang dihasilkan oleh sel dikumpulkan oleh kotak pengumpul di bawah struktur atas ke pipa cabang, kemudian dimasukkan ke pipa induk di luar dinding dan akhirnya ke sistem pembersihan.

6.2.2.2 *Ladle* Vakum

Ladle vakum (Gambar 6.7) terdiri dari tubuh ladle, batang gantungan, balok dan perangkat transmisi, dll., dan berperan dalam penyimpanan sementara dan pengangkutan aluminium cair.

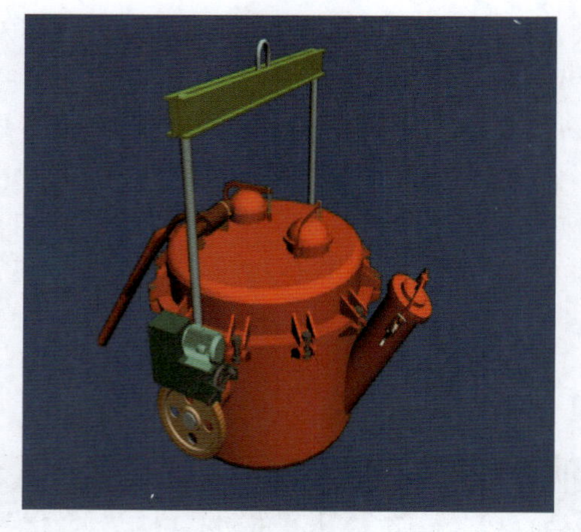

Gambar 6.7 *Ladle* vakum

Ladle vakum

6.2.2.3 Koneksi Sirkuit Sel Elektrolisis Aluminium

Adadua jenis susunan sel elektrolisis di pabrik elektrolisis aluminium, yaitu: Susunan vertikal (Gambar 6.8) dan susunan horizontal (Gambar 6.9), dan setiap cara susunan memiliki dibagi lagi menjadi dua jenis: susunan baris tunggal dan susunan baris ganda. Susunan vertikal adalah bahwa sumbu longitudinal sel elektrolisis sejajar dengan sumbu vertikal pabrik elektrolisis, sedangkan susunan horizontal adalah bahwa sumbu vertikal sel elektrolisis tegak lurus terhadap sumbu vertikal pabrik elektrolisis. Terlepas dari apa pun cara susunannya, sel-sel dalam rangkaian terhubung secara seri. Arus searah dikirim dari kutub positif stasiun penyearah ke anoda sel elektrolisis melalui busbar aluminium, dan kemudian dialirkan ke katoda sel elektrolisis melalui lapisan elektrolit dan lapisan aluminium cair, dan dihubungkan secara seri ke anoda sel elektrolisis berikutnya, dan seterusnya, sampai arus yang mengalir keluar dari katoda sel elektrolisis terakhir dikirim kembali ke kutub negatif stasiun penyearah melalui busbar aluminium, sehingga membentuk loop tertutup. Jumlah sel elektrolisis di setiap rangkaian harus adalah bilangan genap.

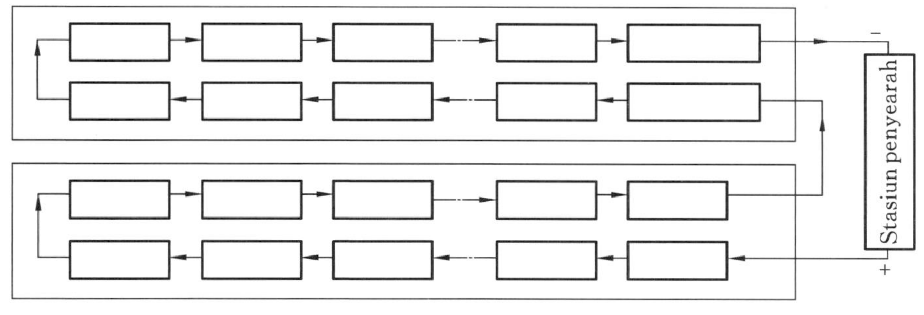

Gambar 6.8 Susunan vertikal

Jenis susunan sel elektrolisis

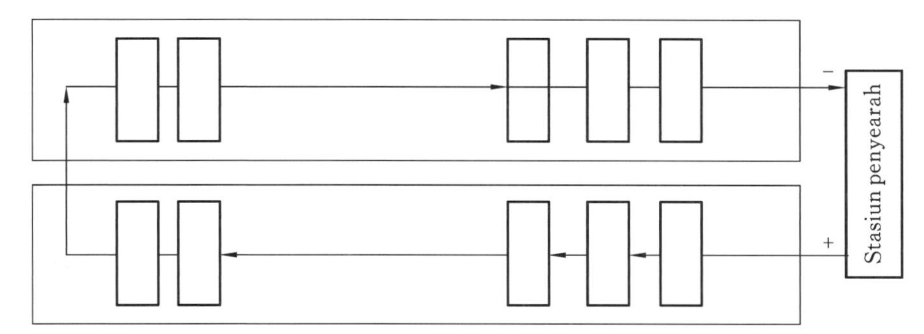

Gambar 6.9 Susunan horizontal

任务7　典型金属生产

任务及要求：学习和理解重金属生产、轻金属生产、钢铁生产、贵金属生产的典型工艺流程。

7.1 重金属生产

重金属生产包括生产铜、铅、锡、锌生产等(图7.1—图7.4)。

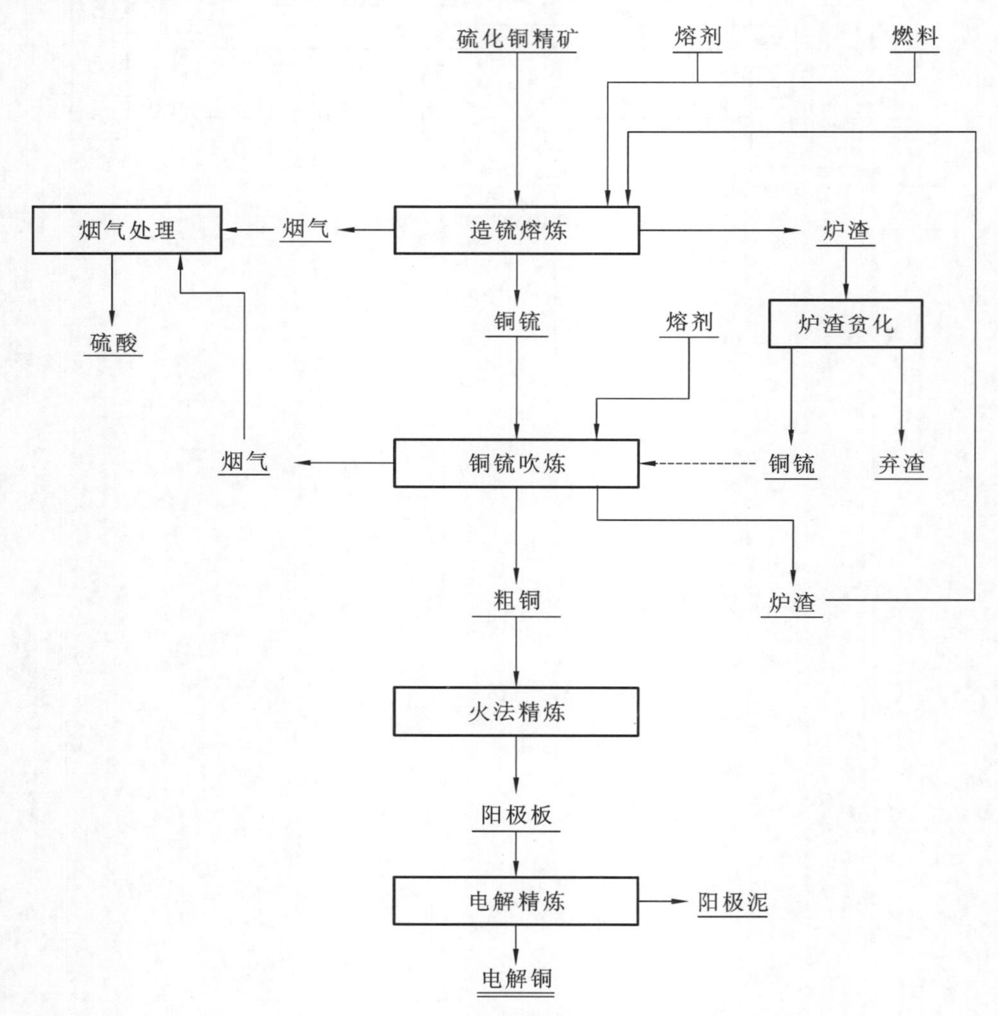

图7.1　铜火法冶炼工艺流程

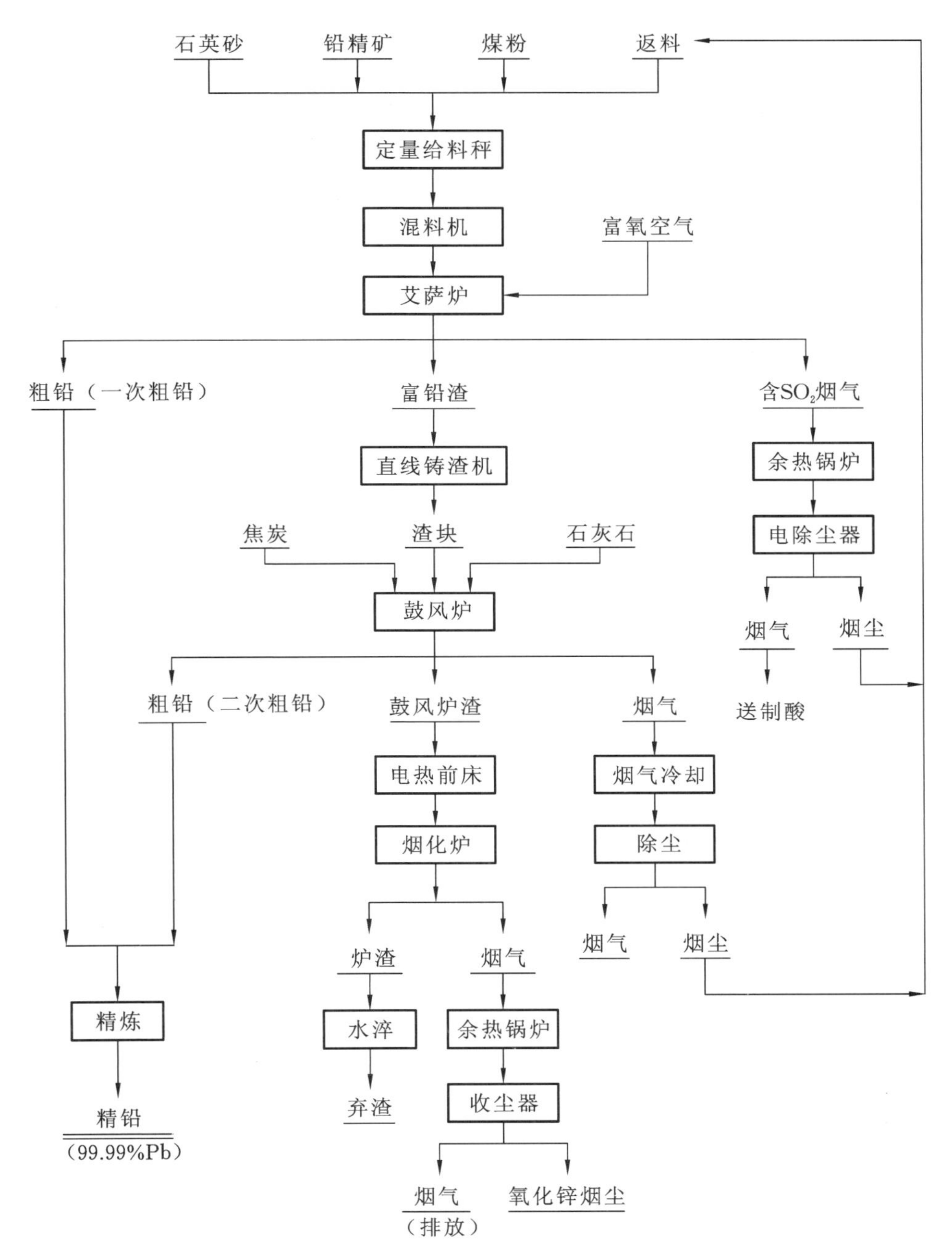

图 7.2　艾萨炉顶吹富氧熔炼—富铅渣鼓风炉还原炼铅工艺流程

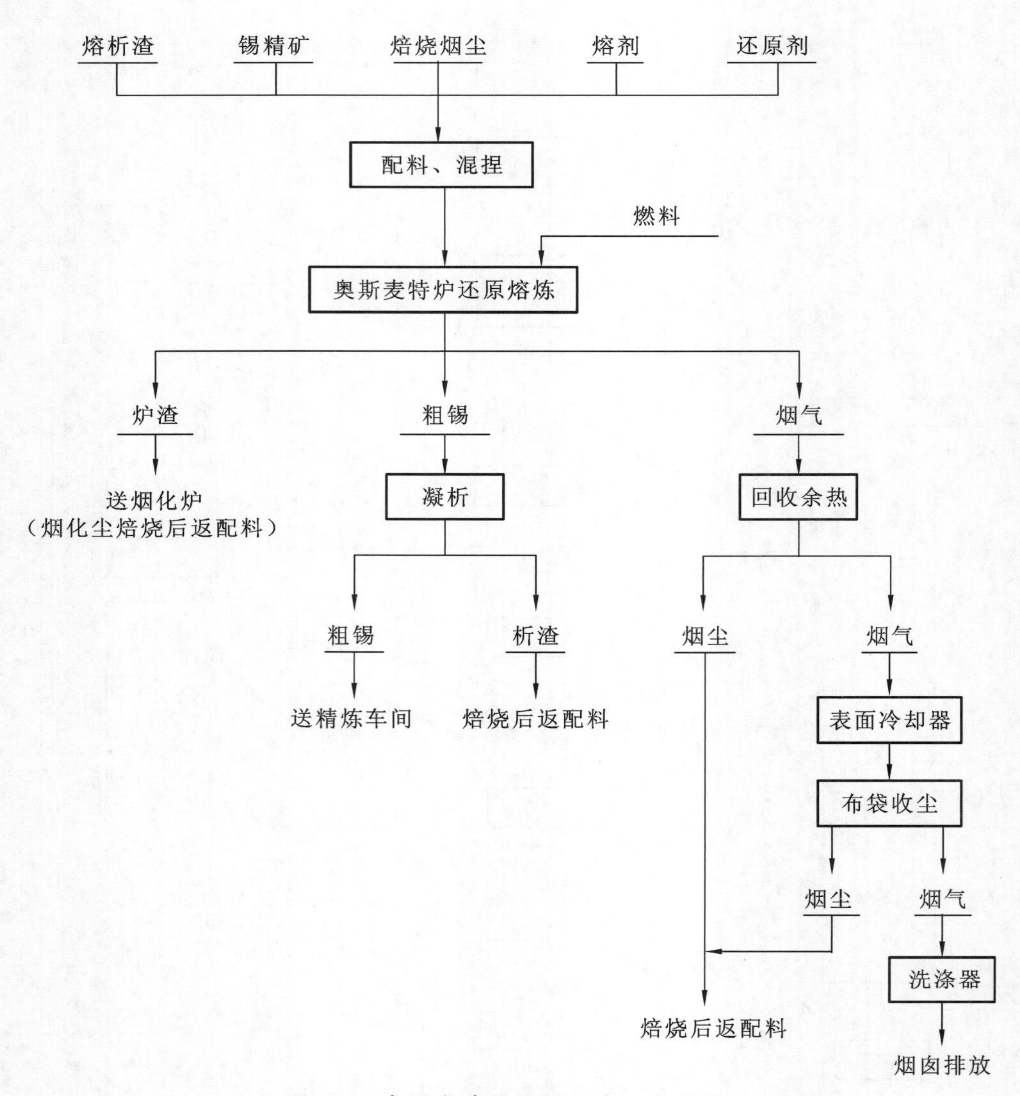

图 7.3　奥斯麦特炉炼锡生产工艺流程

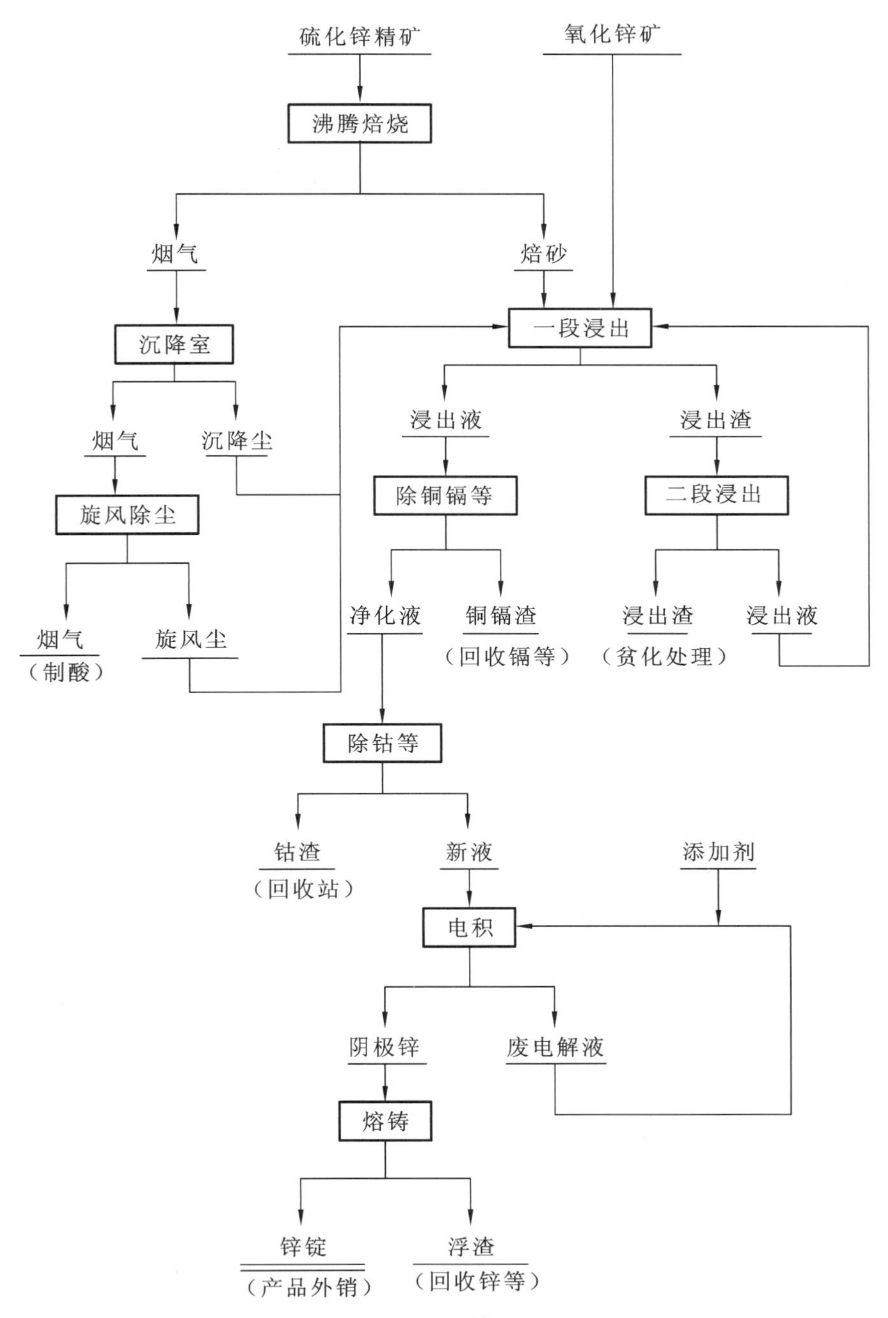

图 7.4　湿法炼锌工艺流程

7.2 铝的生产

铝的生产工艺流程如图 7.5、图 7.6 所示。

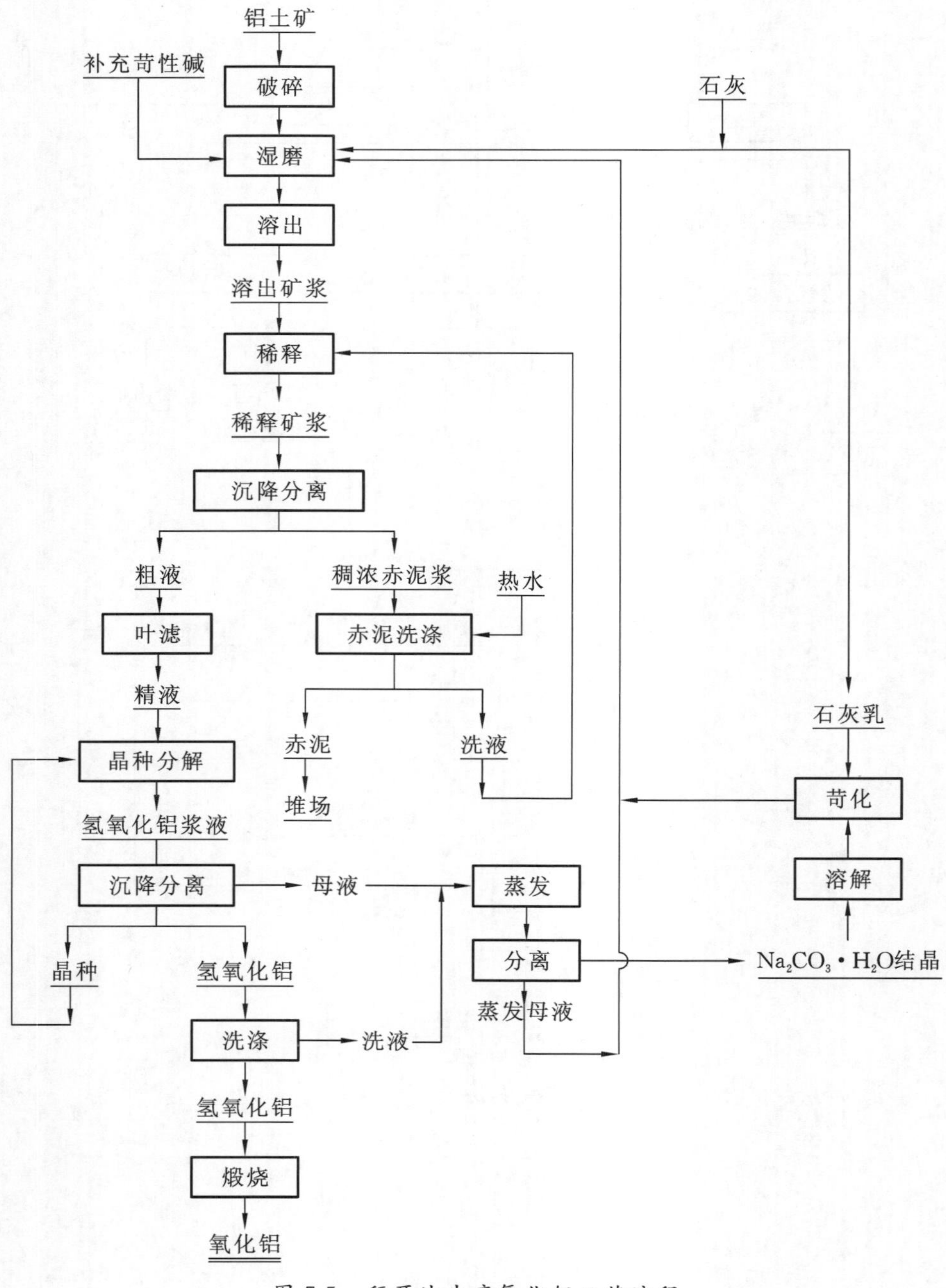

图 7.5 拜耳法生产氧化铝工艺流程

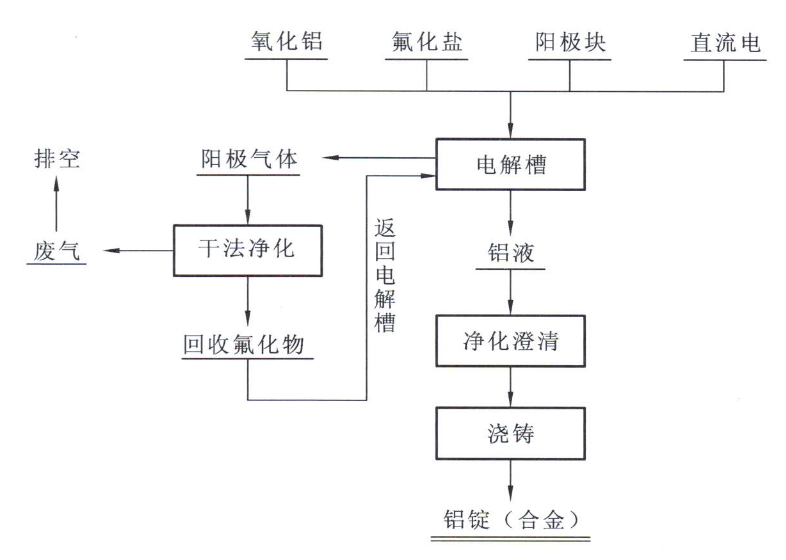

图 7.6　铝电解生产工艺流程

7.3 钢铁生产

钢铁的生产全流程见图 7.7。

7.3.1　炼铁生产

高炉炼铁生产工艺流程见图 7.8。

7.3.2　铁合金生产

铁合金生产的基本任务是把合金元素从矿石或氧化物中提取出来，绝大多数铁合金都是通过还原剂还原的方法来进行制取。常见铁合金牌号及用途见表 7.1，硅铁冶炼工艺流程见图 7.9。

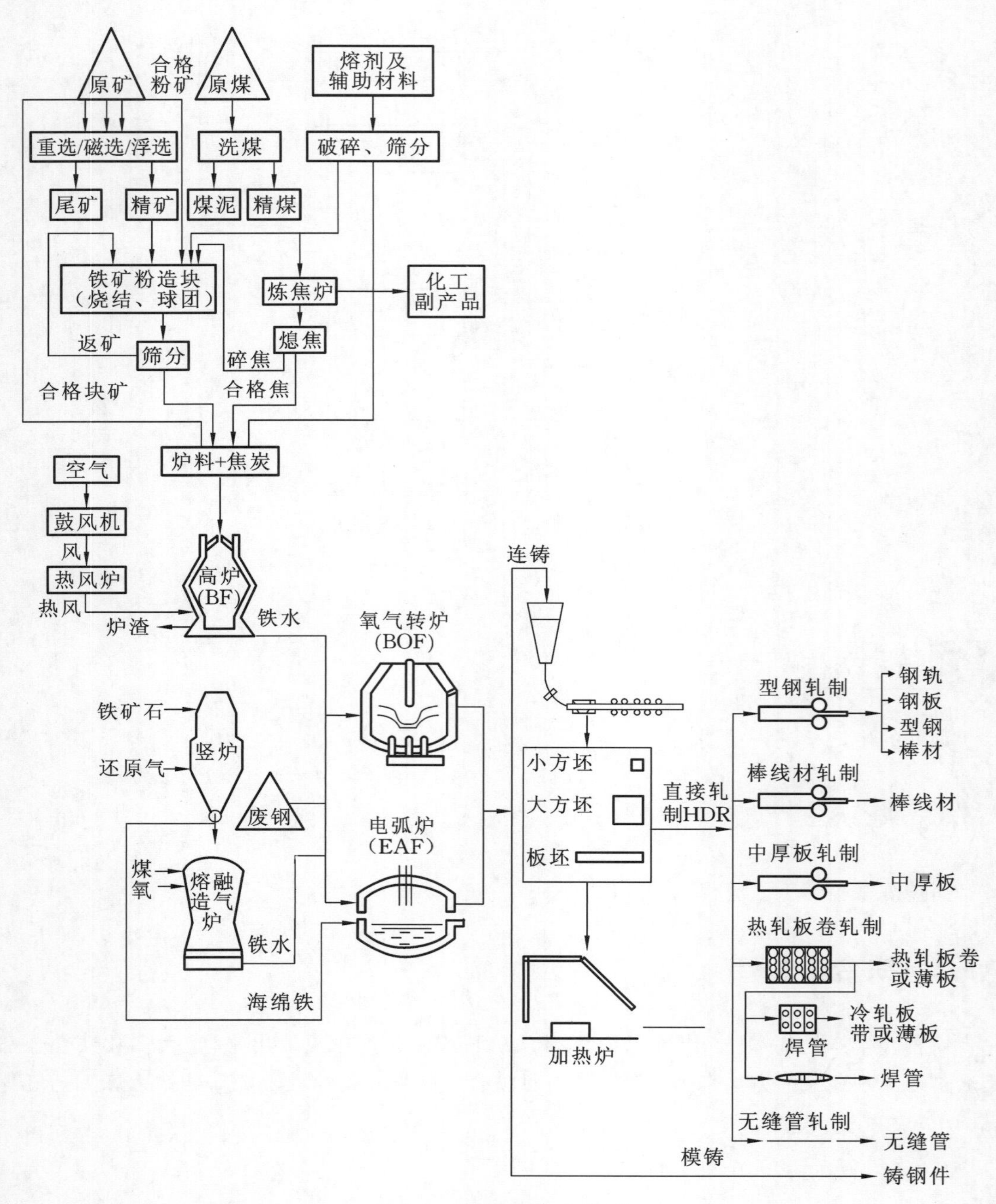
原矿
合格
粉矿
原煤
熔剂及
辅助材料
重选/磁选/浮选
洗煤
破碎、筛分
尾矿
精矿
煤泥
精煤
铁矿粉造块
（烧结、球团）
炼焦炉
化工
副产品
返矿
筛分
碎焦
熄焦
合格块矿
合格焦
炉料+焦炭
空气
鼓风机
风
热风炉
热风
高炉
(BF)
炉渣
铁水
氧气转炉
(BOF)
铁矿石
竖炉
还原气
废钢
电弧炉
(EAF)
煤
氧
熔融
造气
炉
铁水
海绵铁
连铸
小方坯
大方坯
板坯
直接轧
制HDR
加热炉
型钢轧制
钢轨
钢板
型钢
棒材
棒线材轧制
棒线材
中厚板轧制
中厚板
热轧板卷轧制
热轧板卷
或薄板
冷轧板
带或薄板
焊管
焊管
无缝管轧制
无缝管
模铸
铸钢件

图 7.7　钢铁生产全流程

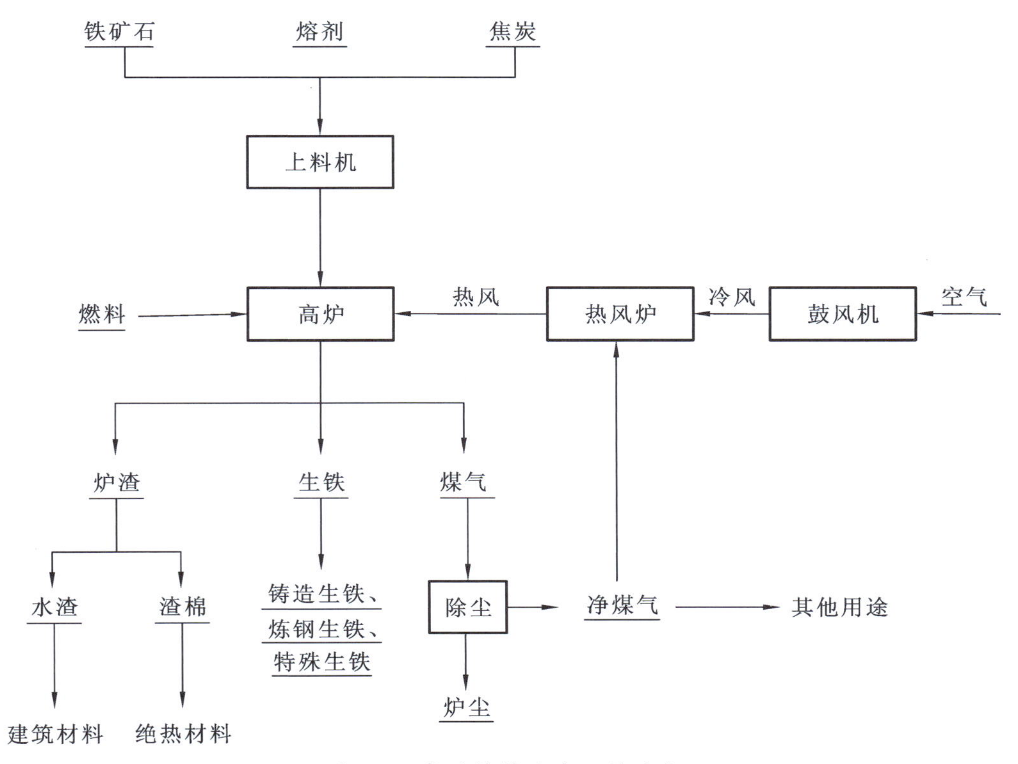

图 7.8 高炉炼铁生产工艺流程

表 7.1 常见铁合金牌号及用途

种类		常用牌号	用途
硅系合金	硅铁	FeSi75 FeSi65 FeSi45	作为生产结构钢、工具钢、弹簧钢等钢种的合金剂，作为球墨铸铁的孕育剂，硅热法铁合金冶炼中的还原剂，选矿中作为悬浮相等
锰系合金	低碳锰铁	FeMn88C0.2 FeMn84C0.4 FeMn84C0.7	作为炼钢的脱氧剂、脱硫剂、合金剂，用于电焊条的生产
	中碳锰铁	FeMn82C1.0 FeMn82C1.5 FeMn78C2.0	
	高碳锰铁	FeMn78C8.0 FeMn74C7.5 FeMn68C7.0	

续表 7-1

种类		常用牌号	用途
锰系合金	锰硅合金	FeMn64Si27 FeMn67Si23 FeMn68Si22	作为炼钢的负荷脱氧剂，作为生产中低碳锰铁和金属锰的原料
铬系合金	高碳铬铁	FeCr67C6.0 FeCr55C6.0 FeCr67C9.5 FeCr55C10.0	用作含碳量较高的滚珠钢、工具钢和高速钢的合金剂，用作铸铁的添加剂，用作无渣法生产硅铬合金和中碳、低碳、微碳铬铁的含铬原料，用作电解法生产金属铬的含铬原料，用作吹氧法冶炼不锈钢的原料
	硅铬合金	FeCr30Si40 FeCr32Si35	90%用作电硅热法冶炼中碳、低碳、微碳铬铁的还原剂，用作炼钢的脱氧剂与合金剂
	中低碳铬铁	FeCr65C0.25 FeCr55C0.25 FeCr65C2.0 FeCr55C2.0	用于生产中低碳结构钢、铬钢、合金结构钢
	微碳铬铁	FeCr65C0.03 FeCr55C0.03 FeCr69C0.15 FeCr55C0.15	主要用于生产不锈钢、耐酸钢和耐热钢
	金属铬	JCr99.2 JCr99 JCr98.5 JCr98	用于生产高温合金、电热合金、精度合金
钼铁		FeMo70 FeMo60 FeMo50	作为炼钢及铸铁的添加剂
钛铁		FeTi30 FeTi40 FeTi70	在冶金生产中作为脱氧剂、合金添加剂和脱氮剂，作为钛钙型电焊条的涂料
钒铁		FeV40 FeV50 FeV60 FeV80	是炼钢重要的合金剂，用于铸铁的合金化
钨铁		FeW80 FeW70	作为炼制高速工具钢、合金工具钢、合金结构钢、磁性钢、耐热钢和不锈钢的主要合金剂

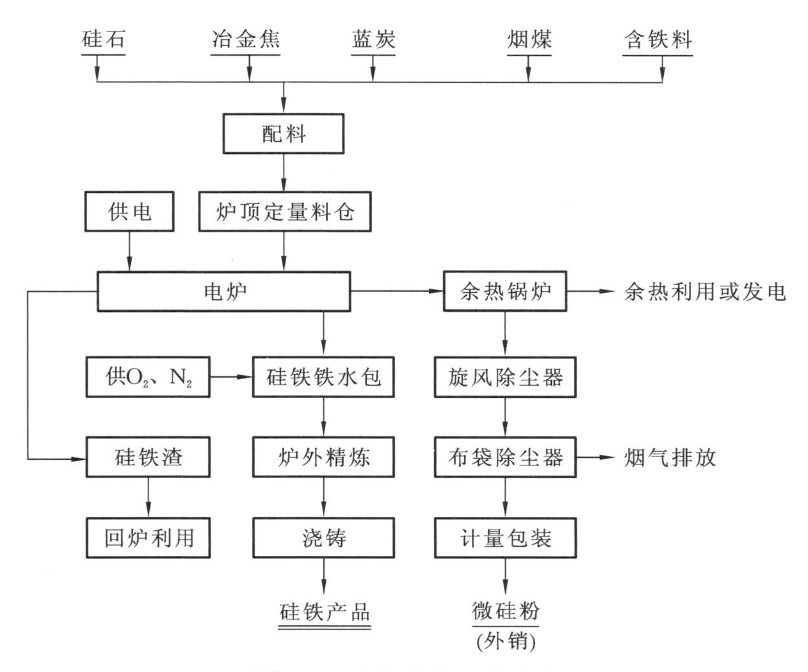

图7.9 硅铁冶炼工艺流程

7.3.3 炼钢生产

炼钢生产工艺流程见图7.10。

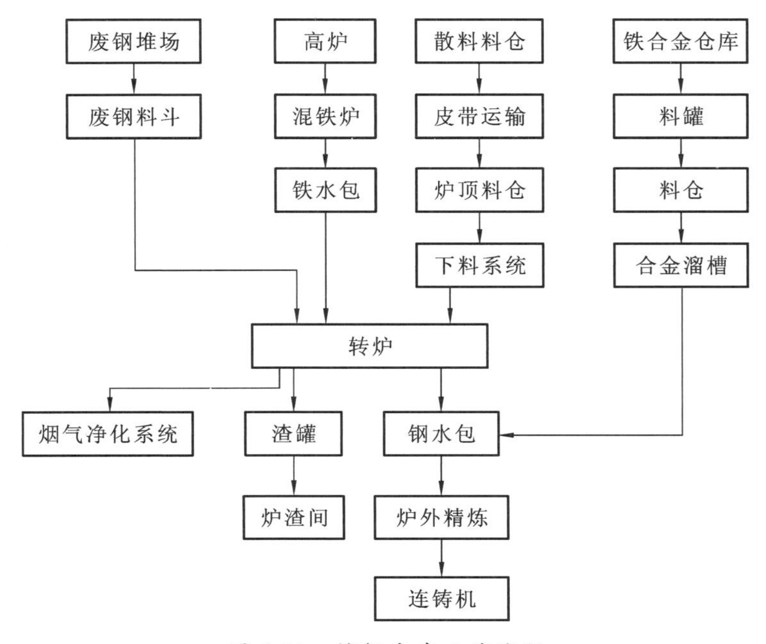

图7.10 炼钢生产工艺流程

7.3.4 不锈钢生产

不锈钢生产工艺可分为一步法、二步法和三步法,应根据操作成本、生产规模、产品大纲、原料供应、后续工艺、现有车间状况和动力供应情况等因素进行选择。

二步法即电弧炉[EAF(electric arc furnace)炉]→AOD(argon-oxygen decarburization)炉[或 VOD(vaccum oxygen decarburization)炉]法。三步法即电弧炉(EAF 炉)→转炉(或 AOD 炉)→VOD 炉法。目前二步法和三步法的不锈钢产量分别占世界不锈钢总产量的 70%和 20%。不锈钢冶炼工艺一步法、二步法和三步法工艺流程示意图见图 7.11。

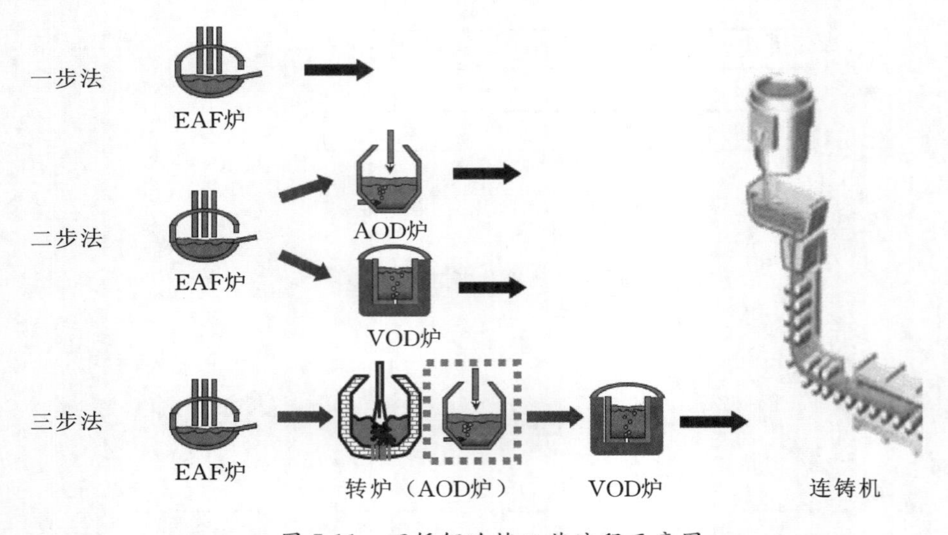

图 7.11 不锈钢冶炼工艺流程示意图

一步法指在一座电弧炉内完成废钢熔化、脱碳、还原和精炼等工序,将炉料一步冶炼成不锈钢。

二步法主要是以电弧炉为初炼炉熔化废钢及合金料,生产不锈钢初炼钢水,然后在不同的精炼炉中进行精炼,生成合格的不锈钢钢水。精炼炉一般指以脱碳为主要功能的装备,例如 AOD 炉、VOD 炉等。而其他不以脱碳为主要功能的装备,例如 LF 钢包炉、钢包吹氩等,在划分二步法或三步法时则不算作其中的一步。

三步法的电弧炉仍为初炼炉,起熔化和合金化作用,为第二步的转炉冶炼提供初炼钢水。第二步可采用转炉或 AOD 炉,其功能主要是快速脱碳,并避免铬的氧化。第三步采用真空吹氧精炼炉(VOD 炉)对钢水进行进一步脱碳、最终成分的微调、纯净度的控制。

7.4 贵金属生产

金银生产流程见图 7.12。

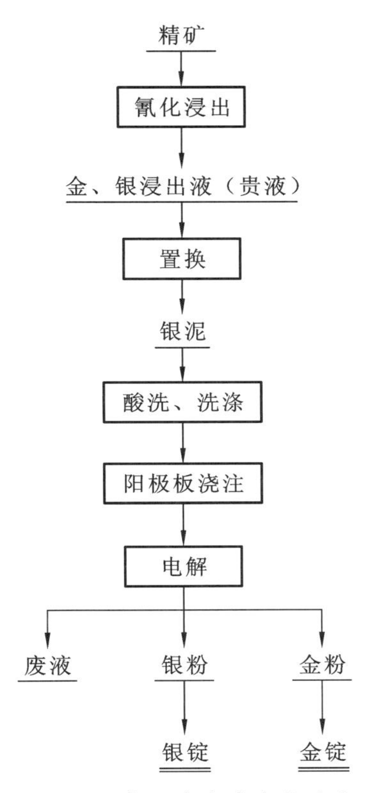

图 7.12 氰化法生产金银流程

Task 7 Production of Typical Metals

Tasks and requirements: Learn and understand the typical processes of heavy metal production, light metal production, steel production and precious metal production.

7.1 Production of Heavy Metals

The production of Heavy metals includes copper, lead, tin and zinc production (Fig. 7.1 - Fig. 7.4).

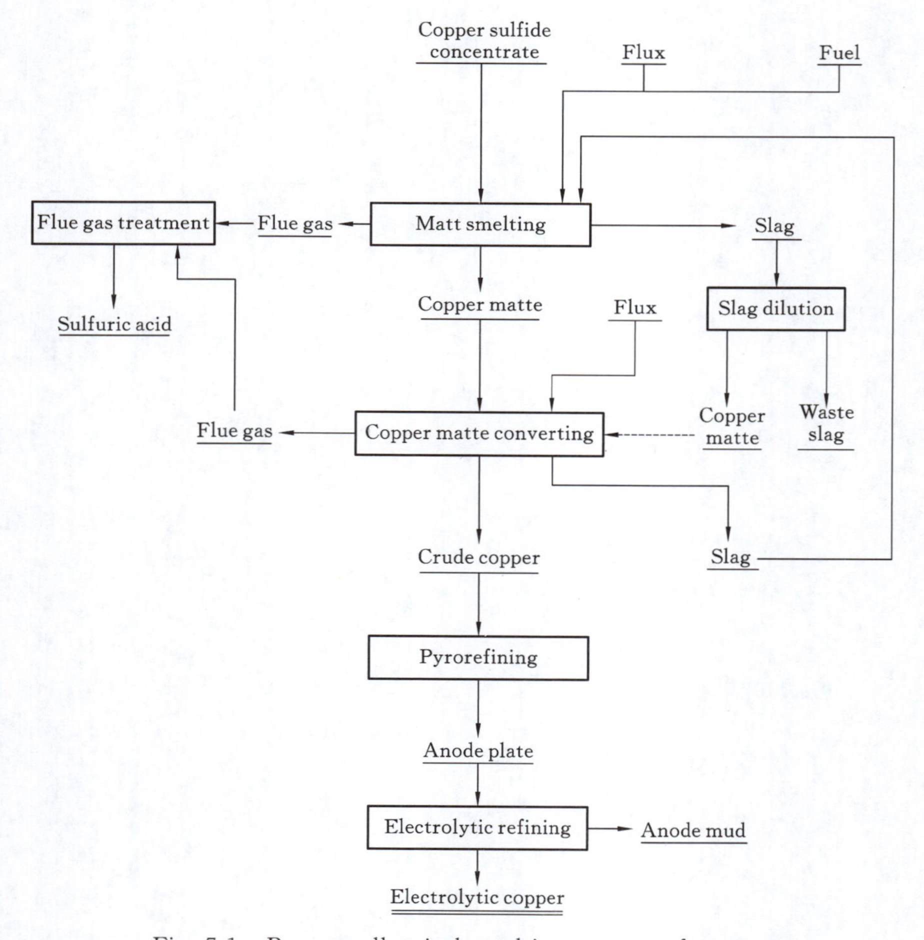

Fig. 7.1 Pyrometallurgical smelting process of copper

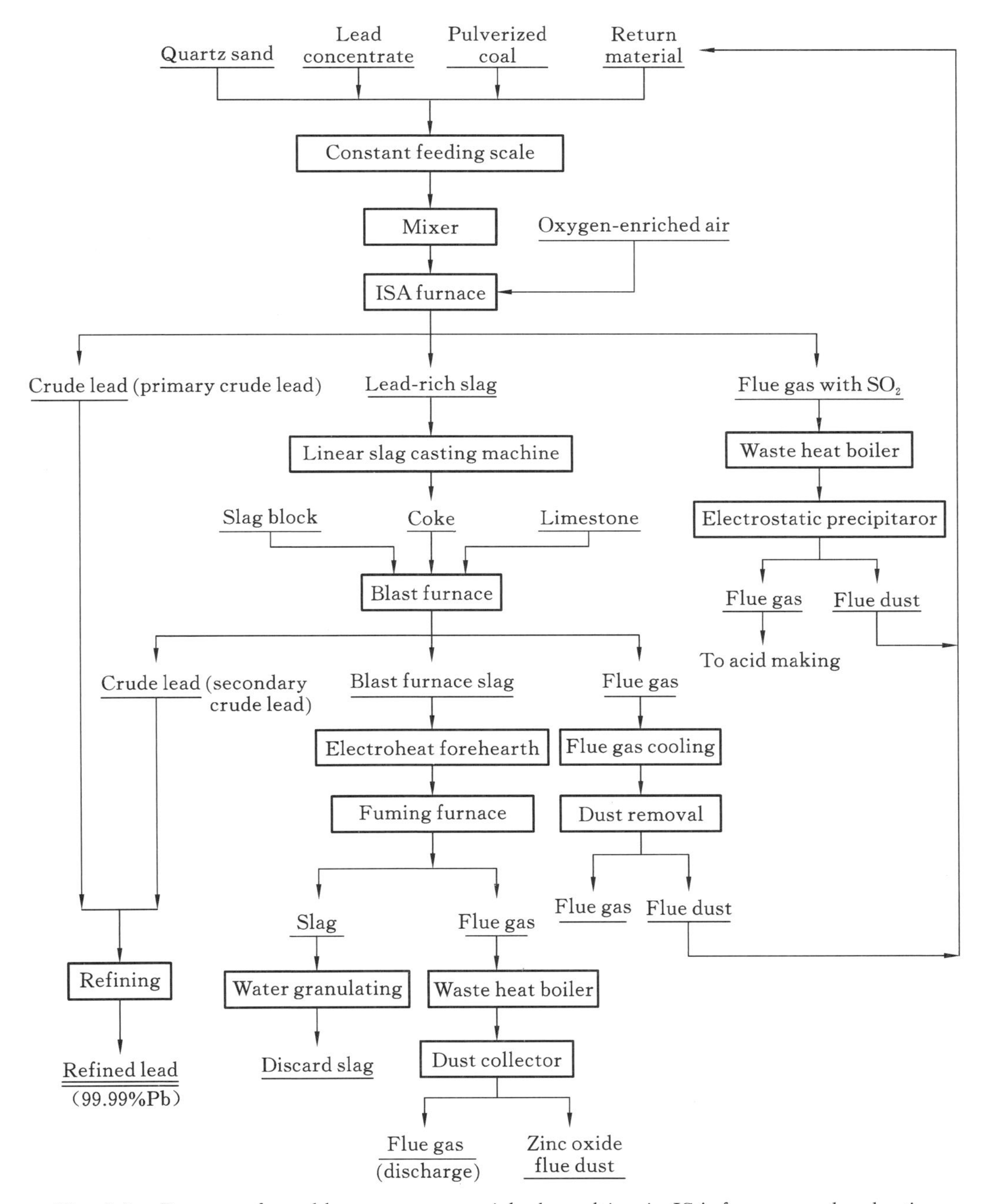

Fig. 7.2 Process of top-blown oxygen-enriched smelting in ISA furnace and reduction smelting of lead with lead-enriched slag in blast furnace

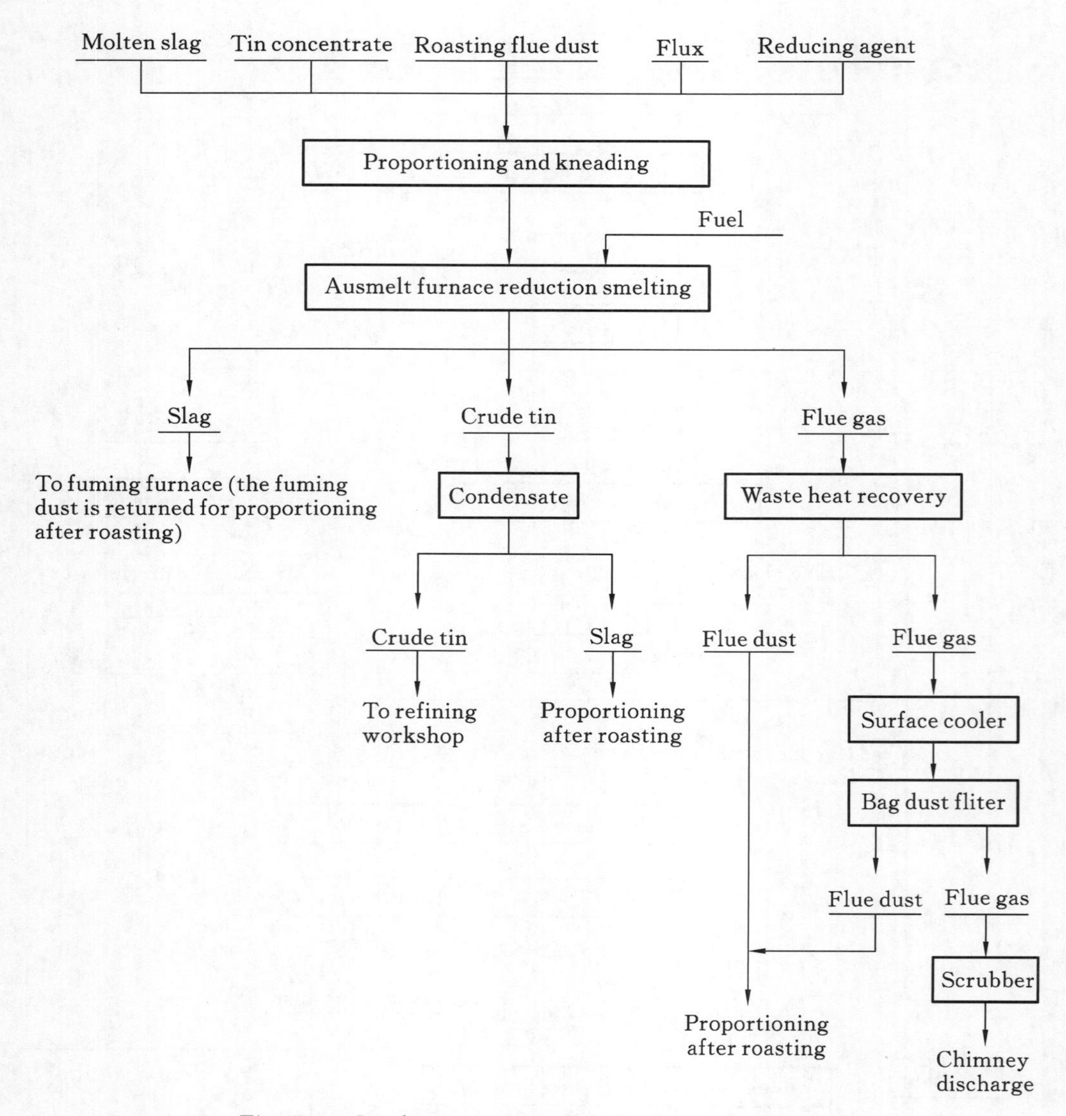

Fig. 7.3 Smelting process of tin in Ausmelt furnace

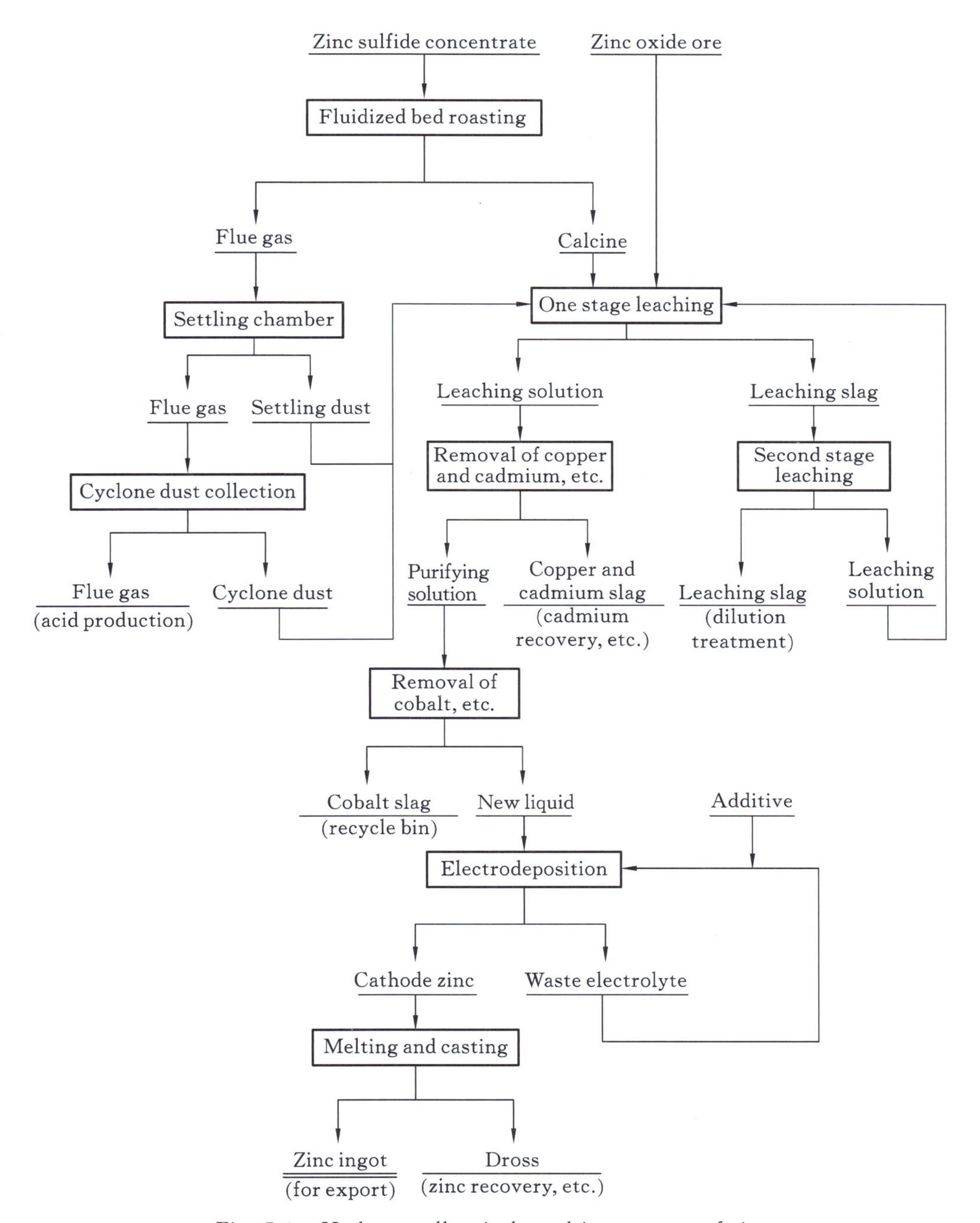

Fig. 7.4 Hydrometallurgical smelting process of zinc

7.2 Production of Aluminum

The production processes of aluminum are shown in Fig. 7.5 and Fig. 7.6.

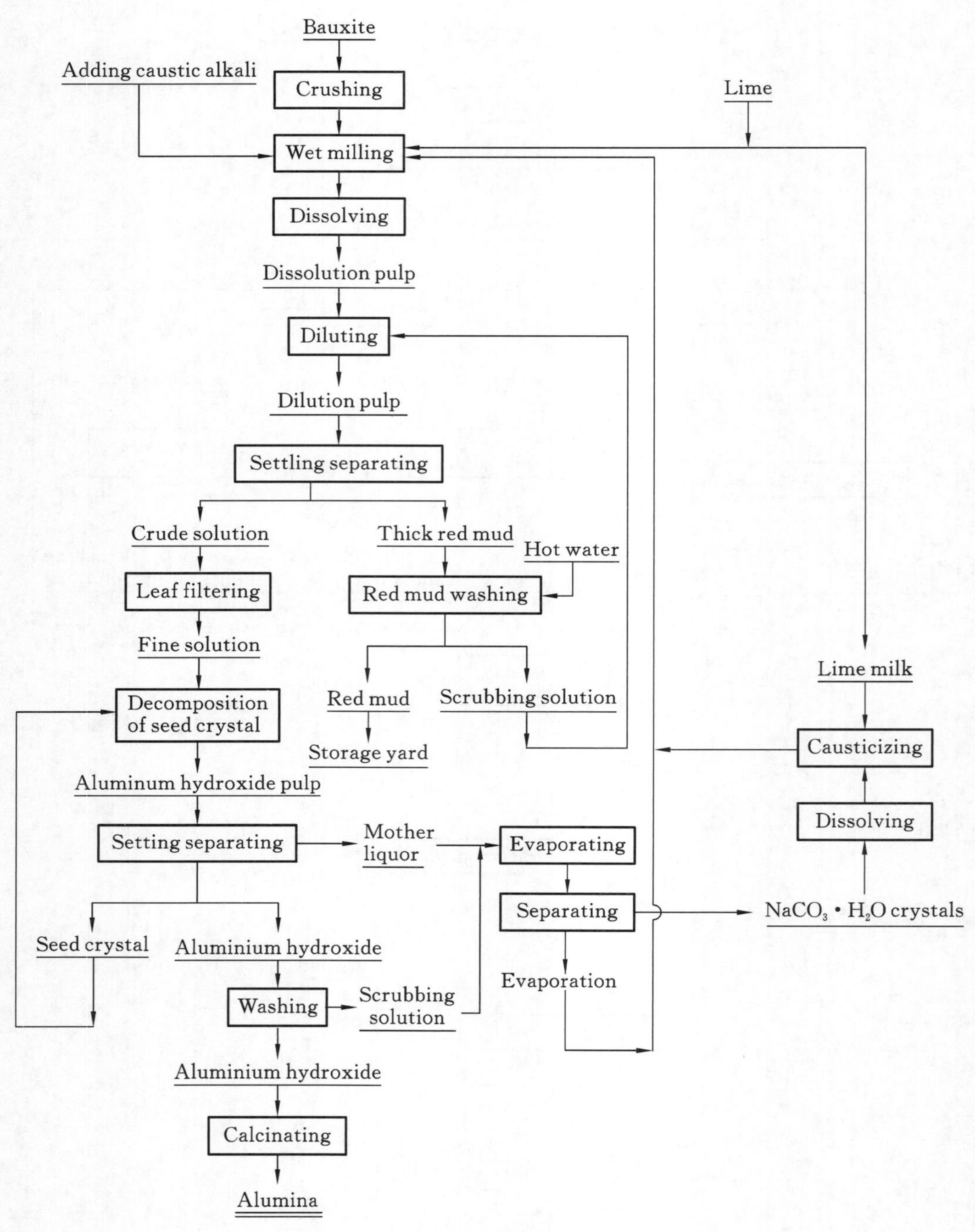

Fig. 7.5　Bayer production process of alumina

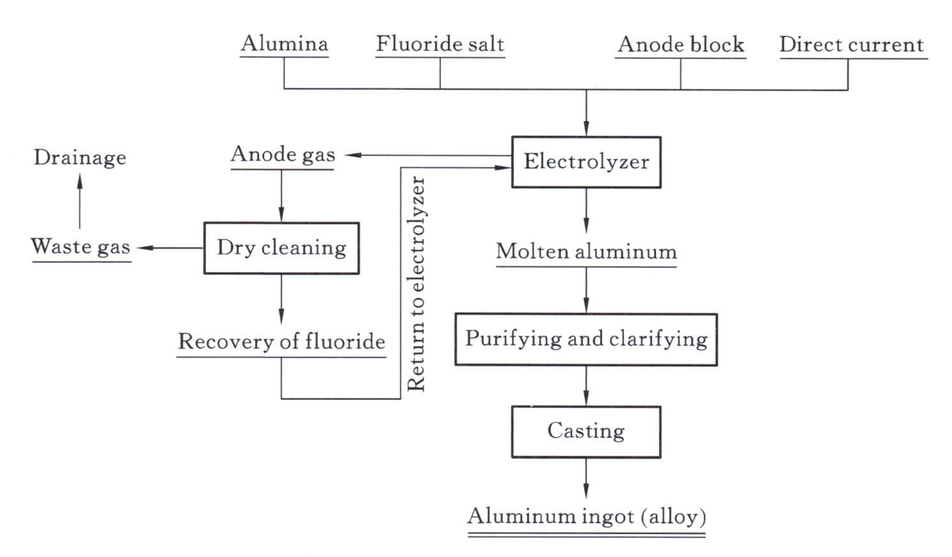

Fig. 7.6 Electrolysis production process of aluminum

7.3 Production of Steel and Iron

The whole production process of steel and iron is shown in Fig. 7.7.

7.3.1 Ironmaking Production

The production process of blast furnace ironmaking is shown in Fig. 7.8.

7.3.2 Ferroalloy Production

The ferroalloy production is designed to extract alloy elements from ores or oxides, and most ferroalloys are extracted with reductants. The common grades and usages of ferroalloys are shown in Table 7.1 and the smelting process of ferrosilicon is shown in Fig. 7.9.

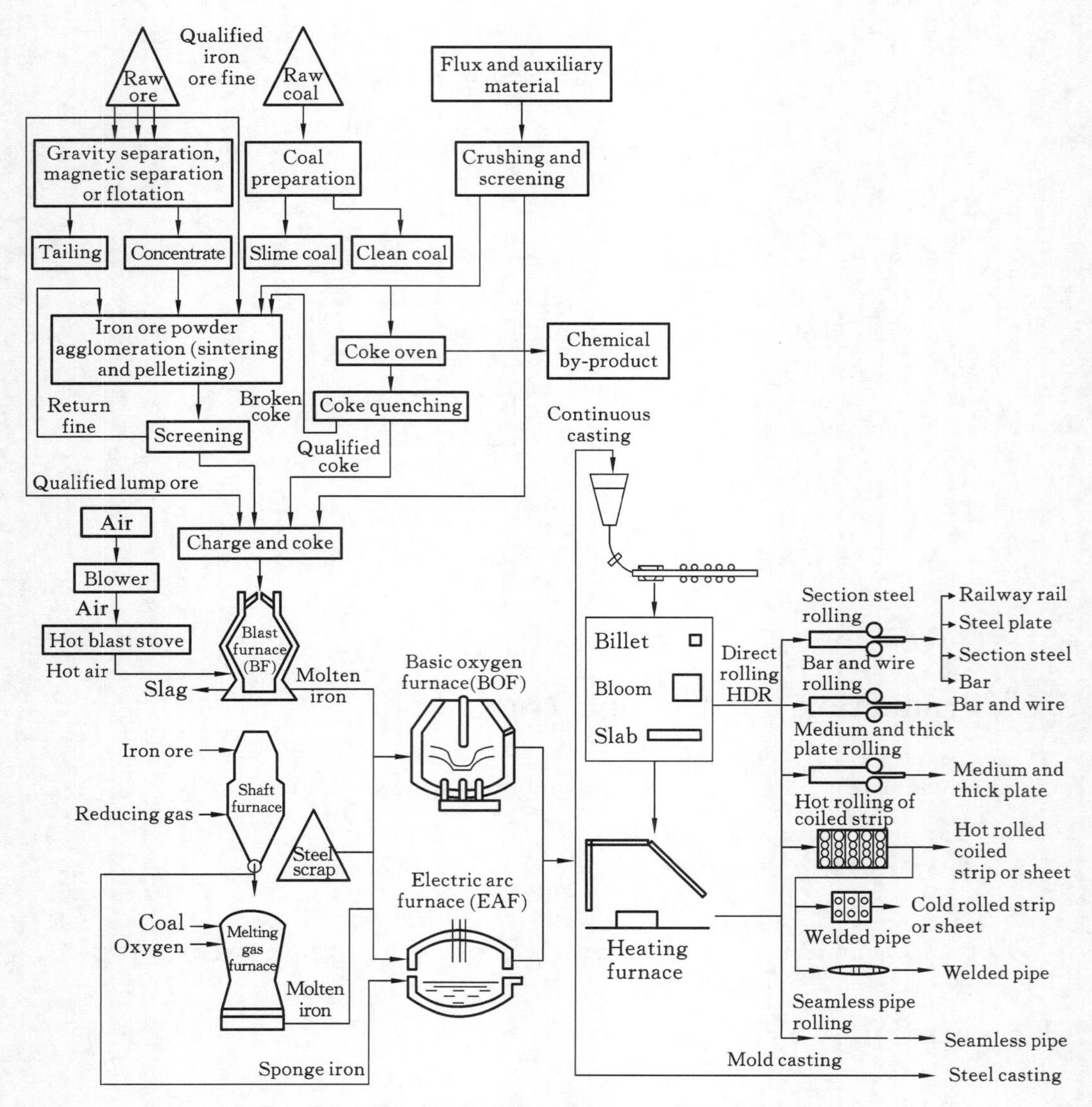

Fig. 7.7 Whole production process of iron and steel

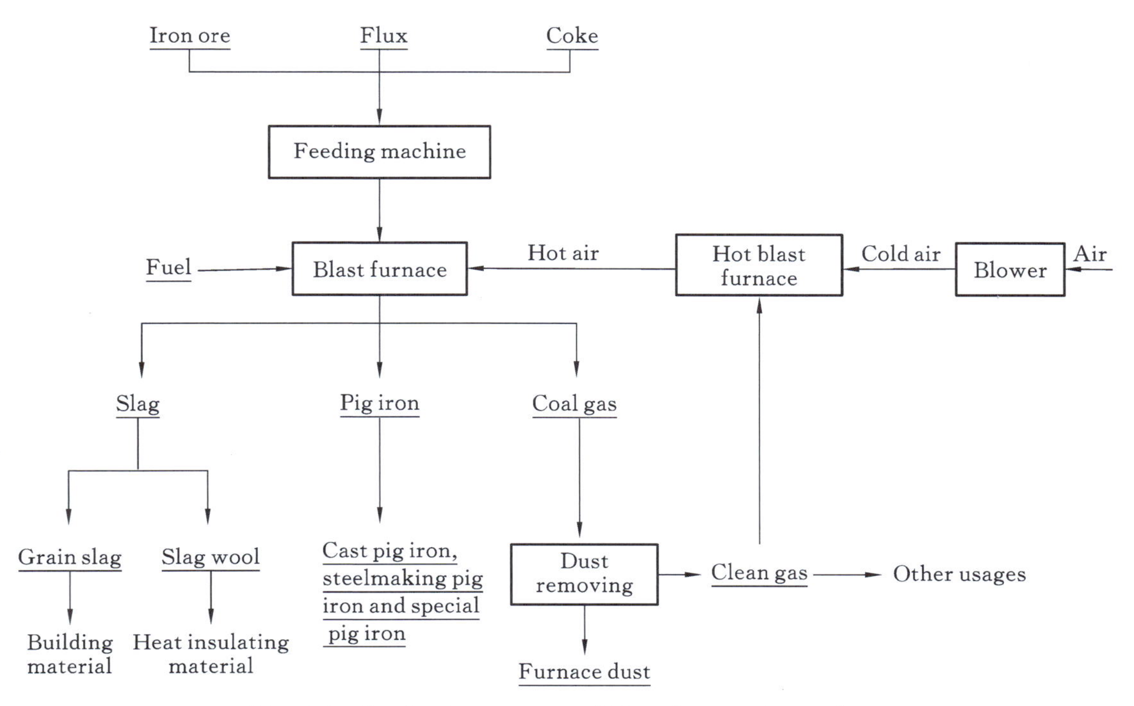

Fig. 7.8 Production process of blast furnace ironmaking

Table 7.1 Grades and usage of common ferroalloys

Type		Common grades	Usages
Silicon alloy	Ferrosilicon	FeSi75 FeSi65 FeSi45	They are used as alloying agents for producing structural steel, tool steel, spring steel and other steels, inoculants for nodular cast iron, reductants in ferroalloy smelting with silicothermic method and suspended phase in mineral processing
Manganese alloy	Low carbon ferromanganese	FeMn88C0.2 FeMn84C0.4 FeMn84C0.7	They are used as deoxidants, desulfurizers and alloying agents in steelmaking and the production of electrodes
	Medium carbon ferromanganese	FeMn82C1.0 FeMn82C1.5 FeMn78C2.0	
	High carbon ferromanganese	FeMn78C8.0 FeMn74C7.5 FeMn68C7.0	
	Silicomanganese alloy	FeMn64Si27 FeMn67Si23 FeMn68Si22	They are used as load deoxidants for steelmaking and raw materials for producing medium and low carbon ferromanganese and metal manganese

Table 7.1（contiued）

Type		Common grade	Usage
Chromium alloy	High carbon ferrochromium	FeCr67C6.0 FeCr55C6.0 FeCr67C9.5 FeCr55C10.0	They are used as alloying agents for bearing steel, tool steel and high speed steel with high carbon content, additives for cast iron, chromium-containing raw materials for producing ferrosilicomanganese and medium-carbon, low-carbon and micro-carbon ferrochromium with slag-free method, chromium-containing raw materials for producing metallic chromium with electrolysis method and raw materials for smelting stainless steel with oxygen blowing method
	Ferrosilicochromium	FeCr30Si40 FeCr32Si35	They are used as reductants for smelting medium-carbon, low-carbon and micro-carbon ferrochromium with electro-silicothermic method (accounting for 90%), and deoxidants and alloying agents for steelmaking
	Medium and low carbon ferrochromium	FeCr65C0.25 FeCr55C0.25 FeCr65C2.0 FeCr55C2.0	They are used for producing low-carbon structural steel, chromium steel and alloy structural steel
	Extra low carbon ferrochromium	FeCr65C0.03 FeCr55C0.03 FeCr69C0.15 FeCr55C0.15	They are mainly used for producing stainless steel, acid-resistant steel and heat-resistant steel
	Metallic chromium	JCr99.2 JCr99 JCr98.5 JCr98	They are used for producing superalloys, electrical thermal alloys and precision alloys
Ferromolybdenum		FeMo70 FeMo60 FeMo50	They are used as additives for steelmaking and producing cast iron
Ferrotitanium		FeTi30 FeTi40 FeTi70	They are used as deoxidants, alloy additives and denitrogenation agents in metallurgical production and the coatings for titania calcium electrodes
Ferrovanadium		FeV40 FeV50 FeV60 FeV80	They are used as one of the important alloying agents in steelmaking and for alloying cast iron
Ferrotungsten		FeW80 FeW70	They are used as main alloying agents for refining high speed tool steel, alloy tool steel, alloy structural steel, magnetic steel, heat-resistant steel and stainless steel

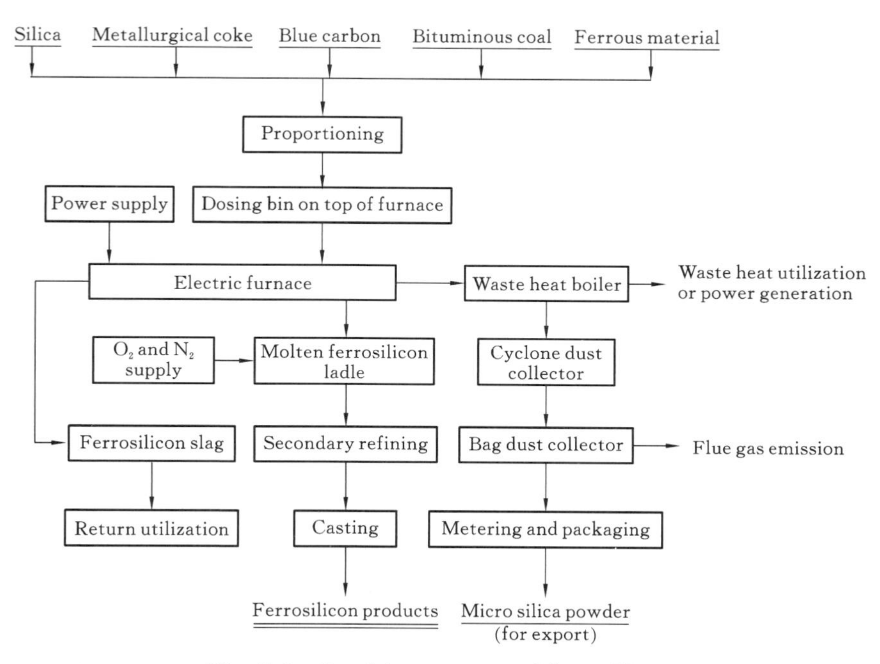

Fig. 7.9 Smelting process of ferrosilicon

7.3.3 Steelmaking Production

The production process of steelmaking is shown in Fig. 7.10.

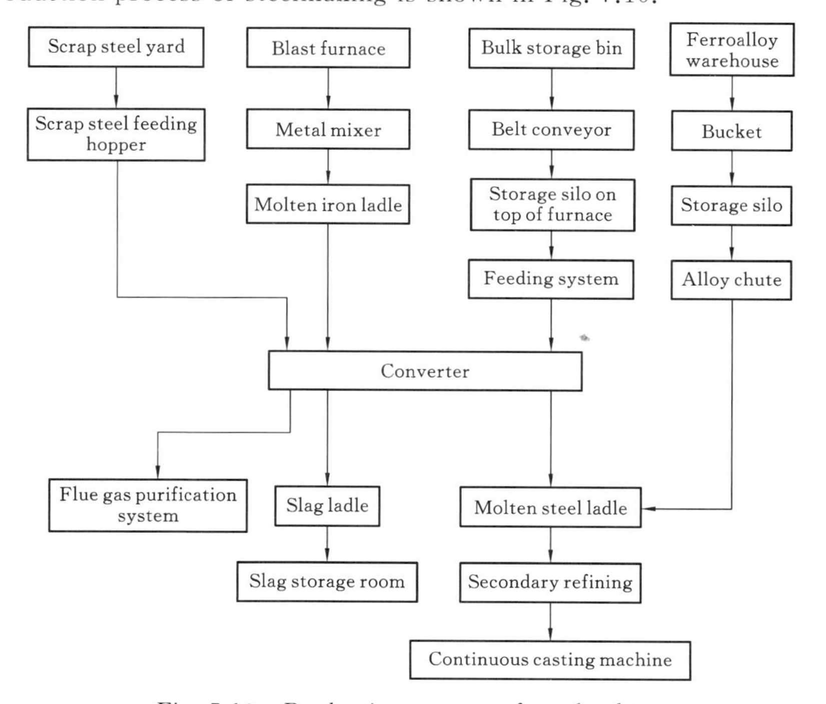

Fig. 7.10 Production process of steelmaking

7.3.4 Production of Stainless Steel

The stainless steel production includes one-step, two-step and three-step processes, and the selection shall be based on operating costs, production capacity, product outline, supply of raw materials, subsequent processes, existing workshop conditions and power supply.

The two-step process is from the electric arc furnace (EAF) to AOD furnace (or VOD furnace) process, and the three-step process is from the electric arc furnace to the converter (or AOD furnace) and to VOD furnace process. At present, the stainless steel production with two-step and three-step processes accounts for 70% and 20% of the total stainless steel output in the world, respectively. The one-step, two-step and three-step smelting processes of stainless steel are shown in Fig. 7.11.

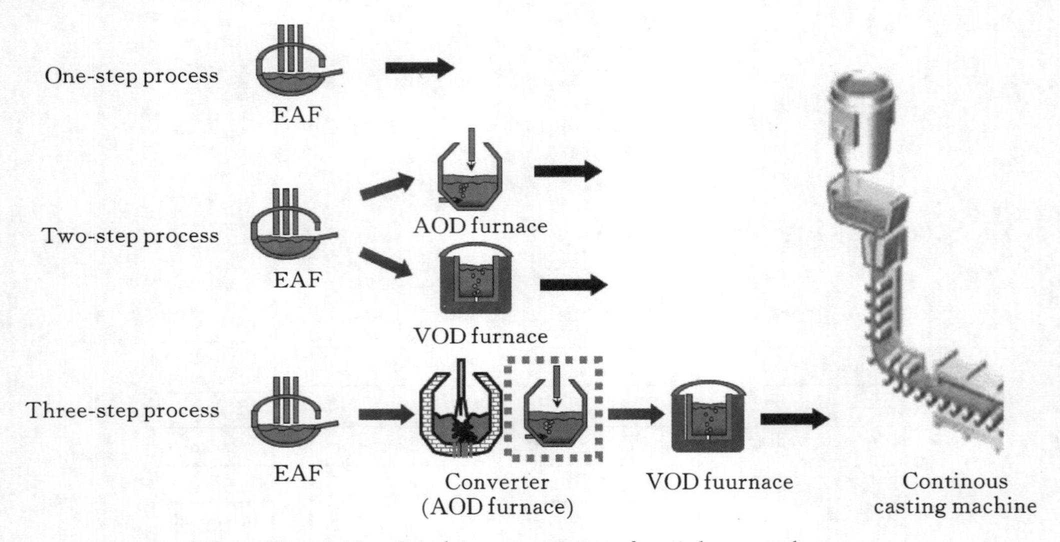

Fig. 7.11 Smelting processes of stainless steel

The one-step process refers to the processes of melting, decarburization, reduction and refining of scrap steel carried out in an electric arc furnace, to smelt the charge into the stainless steel in one step.

The two-step process is mainly to melt the scrap steel and alloy materials with electric arc furnace as primary smelting furnace to produce the primary molten stainless steel, and then refine it in different refining furnaces to produce qualified molten stainless. The refining furnace generally refers to the equipment with decarbonization as its main function, such as AOD furnace and VOD furnace. However, other equipment that does not take decarbonization as its main function, such as ladle furnace and argon blowing ladle, is not considered as one part of the two-step or three-step process.

In three-step process, the electric arc furnace is still a primary smelting furnace for melting and alloying and used to provide the primary molten steel for the converter smelting in the second step. In the second step, converter or AOD furnace can be used for quick decarbonization and to prevent oxidation of chromium. In the third step, vacuum oxygen blowing refining furnace (VOD furnace) is used to further decarbonize the molten steel, fine-tune the final composition and control the purity.

7.4 Production of Precious Metals

The production process of gold and silver is shown in Fig. 7.12.

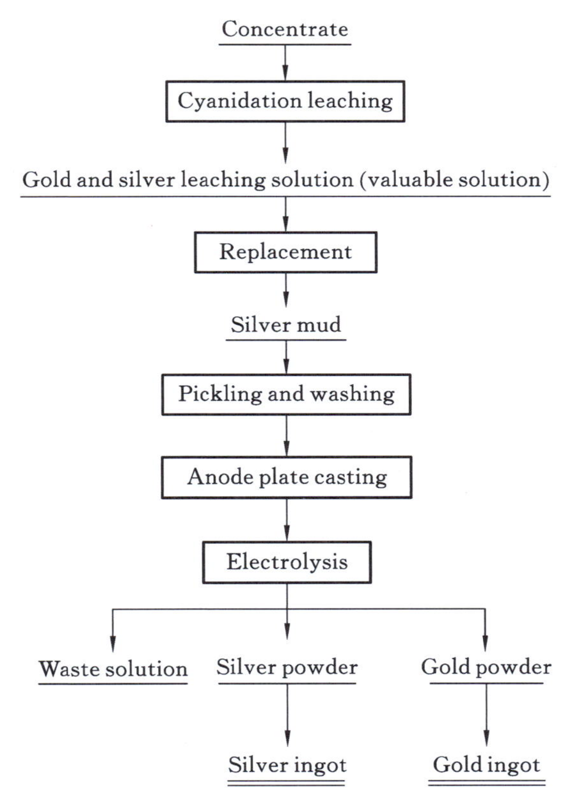

Fig. 7.12 Cyanidation production process for gold and silver

Tugas 7　Produksi Logam Tipikal

Tugas dan persyaratan: Mempelajari dan memahami proses-proses umum untuk produksi logam berat, logam ringan, besi dan baja, serta logam mulia.

7.1 Produksi Logam Berat

Produksi logam berat meliputi produksi tembaga, timbel, timah, seng, dll. (Gambar 7.1 – Gambar 7.4).

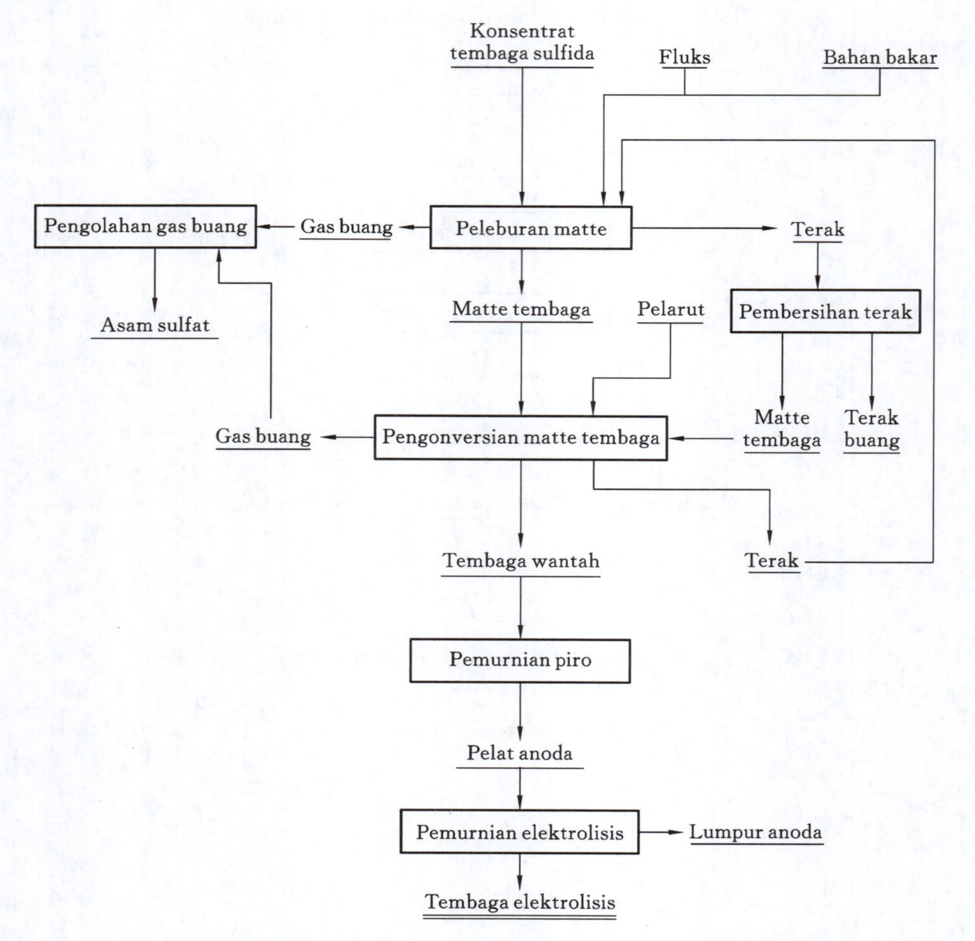

Gambar 7.1　Aliran proses pirometalurgi tembaga

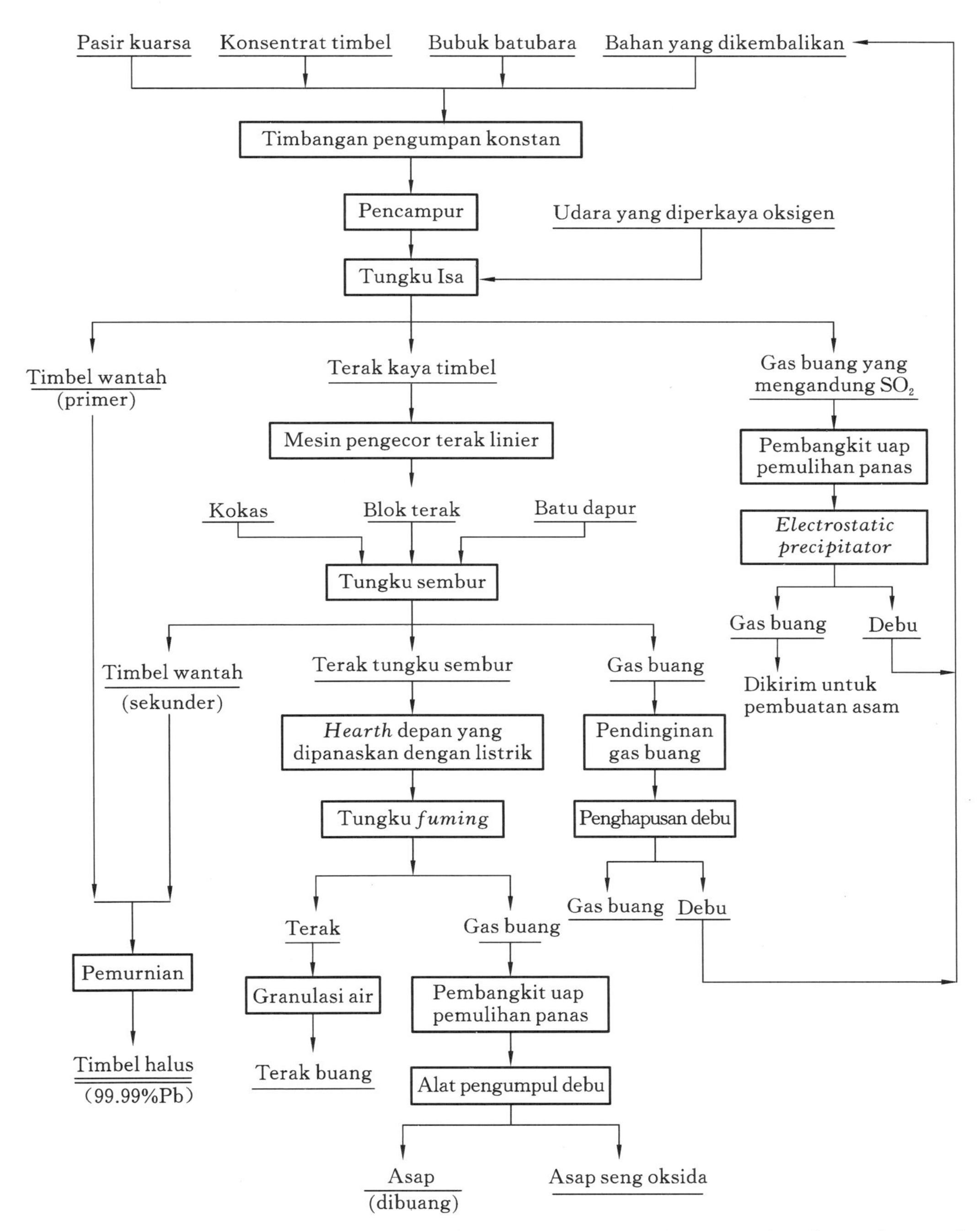

Gambar 7.2 Aliran proses peleburan timbel dengan peniupan udara yang diperkaya oksigen dari atas tungku isa & pembuatan timbel dengan reduksi terak kaya timbel di tungku sembur

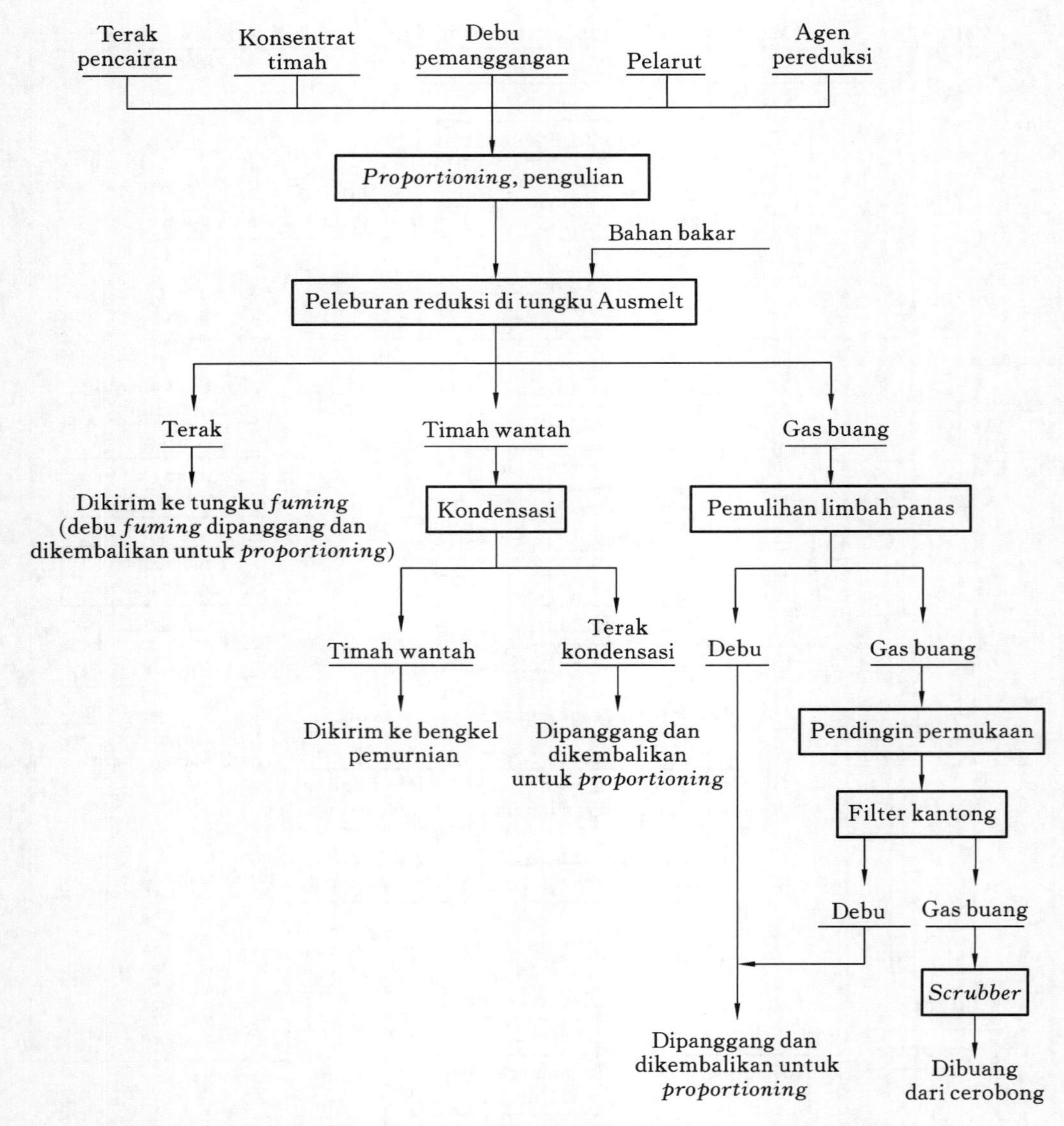

Gambar 7.3　Aliran proses pembuatan timah dengan tungku ausmelt

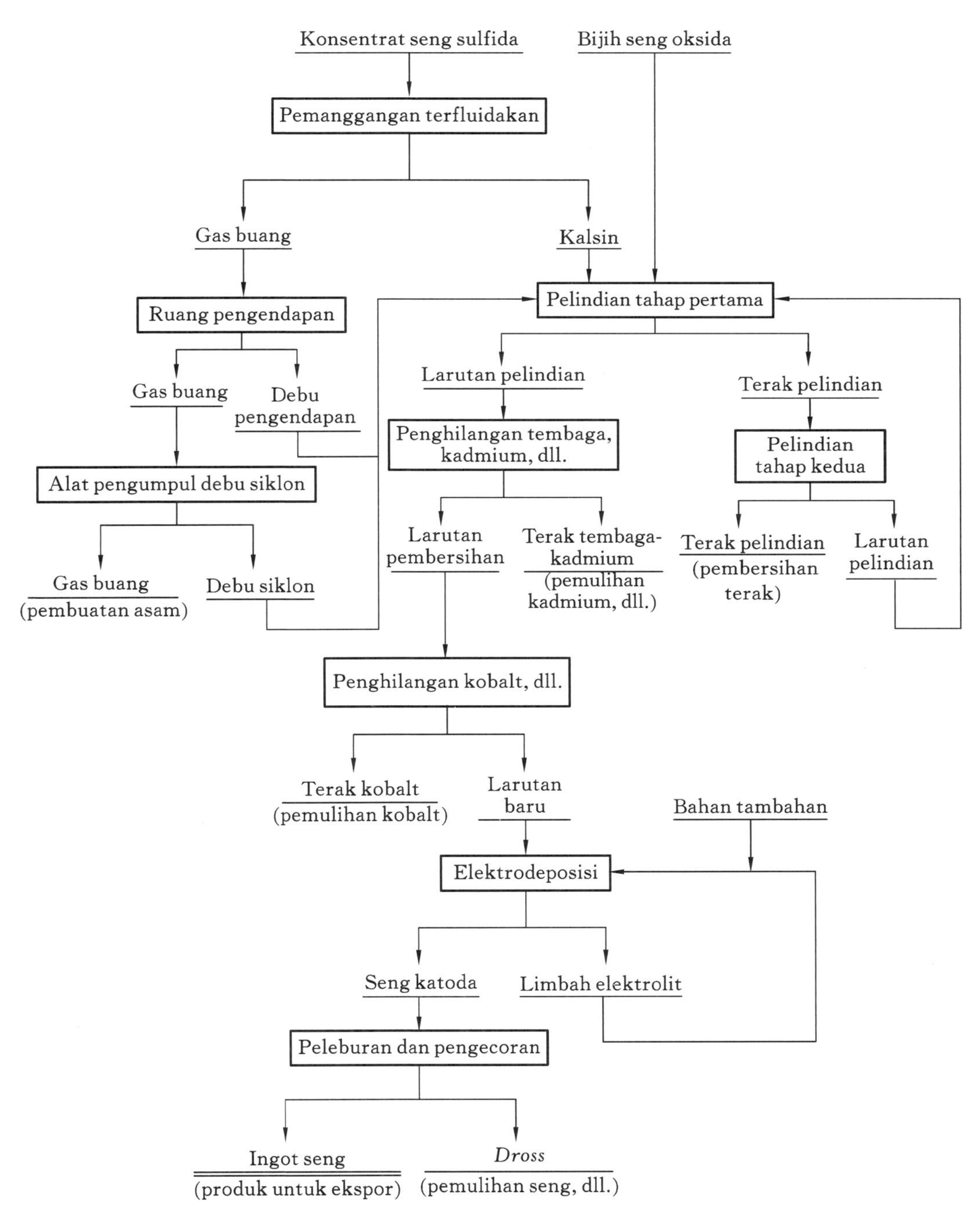

Gambar 7.4 Aliran proses hidrometalurgi seng

7.2 Produksi Aluminium

Aliran proses produksi aluminium adalah seperti yang ditunjukkan pada Gambar 7.5 dan Gambar 7.6.

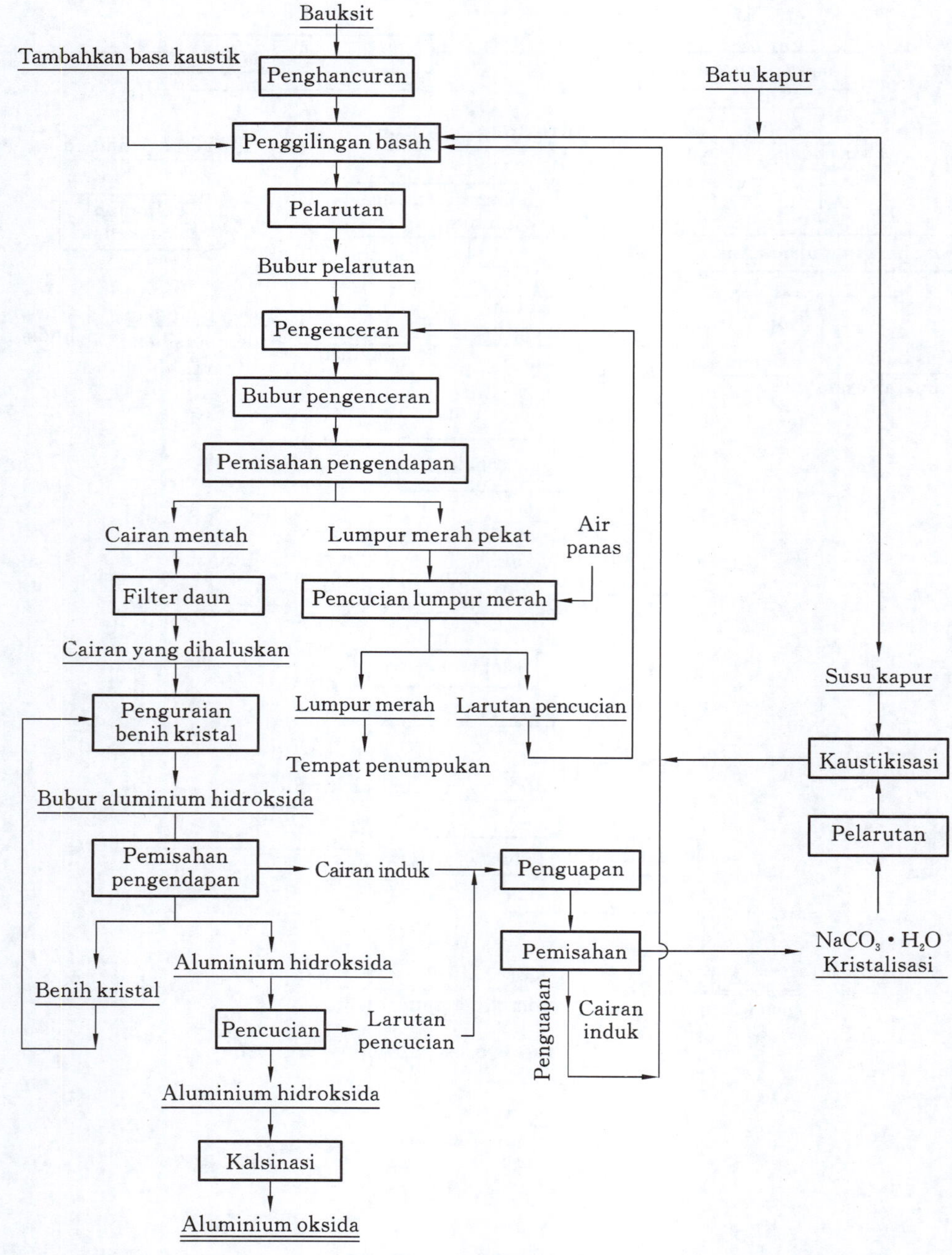

Gambar 7.5 Aliran proses produksi aluminium oksida dengan proses bayer

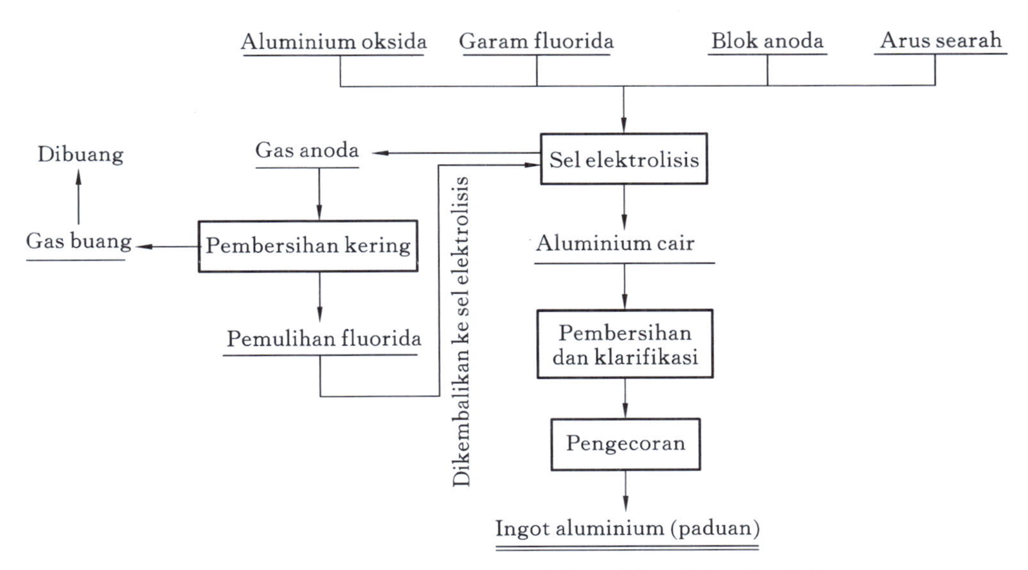

Gambar 7.6 Aliran proses produksi elektrolisis aluminium

7.3 Produksi Baja

Proses produksi baja lengkap adalah seperti yang ditunjukkan pada Gambar 7.7.

7.3.1 Produksi Pembuatan Besi

Aliran proses produksi pembuatan besi dengan tanur tinggi adalah seperti yang ditunjukkan pada Gambar 7.8.

7.3.2 Produksi Paduan Besi

Tugas dasar produksi paduan besi adalah untuk mengekstrak unsur paduan dari bijih atau oksida, dan kebanyakan paduan besi diproduksi melalui proses reduksi dengan agen pereduksi. Kelas umum dan penggunaan paduan besi ditunjukkan pada Tabel 7.1, dan aliran proses peleburan ferosilikon ditunjukkan pada Gambar 7.9.

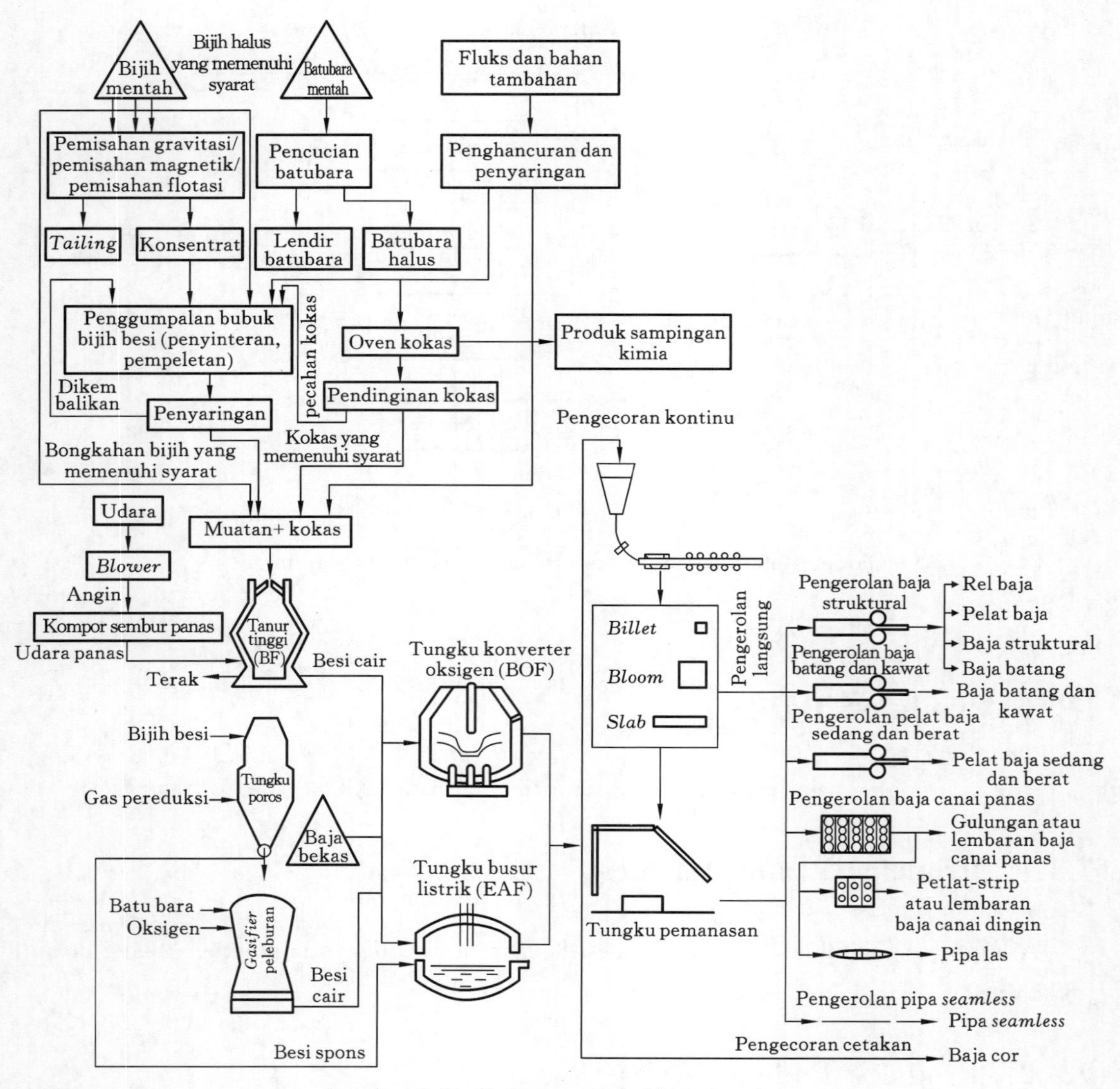

Gambar 7.7　Proses produksi baja lengkap

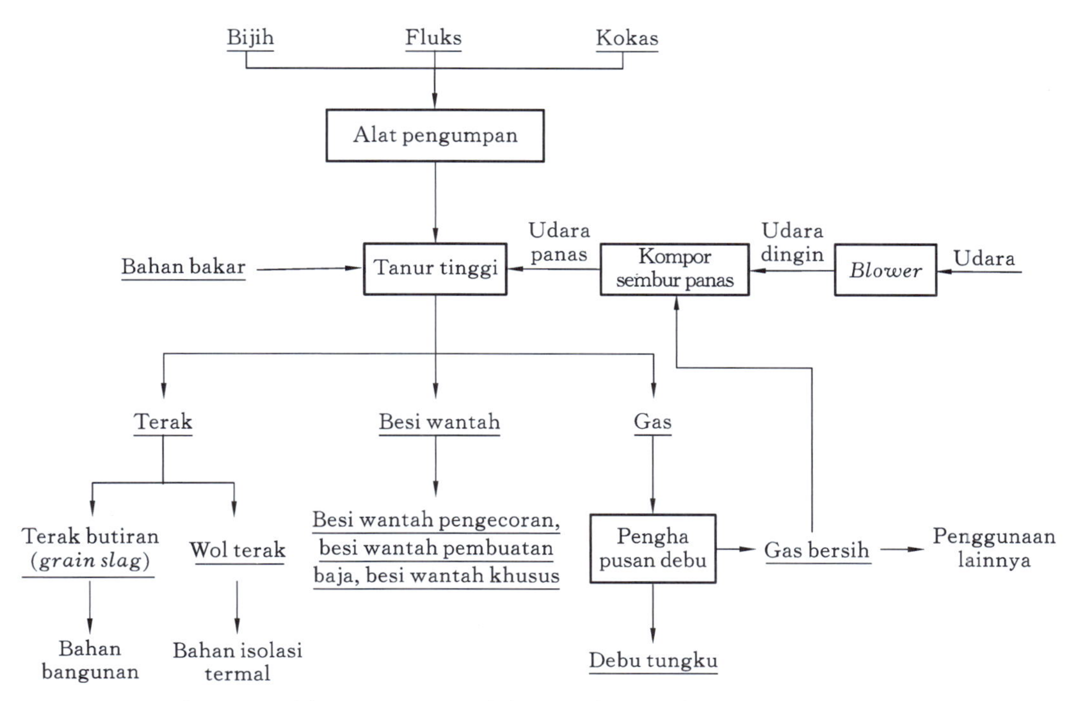

Gambar 7.8 Aliran proses produksi pembuatan besi dengan tanur tinggi

Tabel 7.1 Kelas umum dan penggunaan paduan besi

Jenis		Kelas Umum	Pengunaan
Paduan silikon	Ferosilikon	FeSi75 FeSi65 FeSi45	Sebagai agen pemaduan (*alloying*) untuk produksi baja struktural, baja perkakas, baja pegas dan jenis baja lainnya; sebagai inokulan untuk besi ulet; sebagai agen pereduksi untuk peleburan paduan besi dengan proses silikotermik; sebagai fase tersuspensi dalam proses pengolahan bijih, dll
Paduan mangan	Feromangan karbon rendah	FeMn88C0.2 FeMn84C0.4 FeMn84C0.7	Sebagai *deoxidizer*, *desulfurizer*, dan agen pemaduan untuk pembuatan baja, digunakan untuk produksi elektroda berlapis
	Feromangan karbon sedang	FeMn82C1.0 FeMn82C1.5 FeMn78C2.0	
	Feromangan karbon tinggi	FeMn78C8.0 FeMn74C7.5 FeMn68C7.0	
	Paduan feromangan	FeMn64Si27 FeMn67Si23 FeMn68Si22	Sebagai *deoxidizer* kompleks untuk pembuatan baja, dan sebagai bahan baku untuk produksi feromangan karbon sedang dan rendah

Table 7.1(Lember lanjutan)

Jenis		Kelas Umum	Pengunaan
Paduan kromium	Ferokrom karbon tinggi	FeCr67C6.0 FeCr55C6.0 FeCr67C9.5 FeCr55C10.0	Sebagai agen pemaduan untuk baja bola, baja perkakas dan baja kecepatan tinggi yang dengan kandungan karbon tinggi; sebagai bahan tambahan untuk besi cor; sebagai bahan baku yang mengandung kromium untuk produksi paduan kromium-silikon dan ferokrom karbon sedang, rendah, serta ekstra rendah dengan metode bebas terak (*slag-free/slagless*); sebagai bahan baku yang mengandung kromium untuk produksi logam kromium secara elektrolisis; dan sebagai bahan baku baku untuk peleburan baja nirkarat dengan metode peniupan oksigen
	Paduan kromium-silikon	FeCr30Si40 FeCr32Si35	90%digunakan sebagai agen pereduksi untuk peleburan ferokrom karbon sedang, rendah, serta ekstra rendah dengan proses elektro-silikotermik, dan sebagai *deoxidizer* dan agen pemaduan untuk pembuatan baja
	Ferokrom karbon sedang dan rendah	FeCr65C0.25 FeCr55C0.25 FeCr65C2.0 FeCr55C2.0	Digunakan untuk produksi baja struktural karbon sedang dan rendah, baja krom, dan baja struktural paduan
	Ferokrom karbon ekstra rendah	FeCr65C0.03 FeCr55C0.03 FeCr69C0.15 FeCr55C0.15	Terutama digunakan untuk produksi baja nirkarat, baja tahan asam dan baja tahan panas
	Logam kromium	JCr99.2 JCr99 JCr98.5 JCr98	Digunakan untuk produksi paduan super (*superalloy*), paduan elektrotermal, dan paduan presisi
Feromolibdenum		FeMo70 FeMo60 FeMo50	Sebagai bahan tambahan untuk pembuatan baja dan pengecoran besi
Ferotitanium		FeTi30 FeTi40 FeTi70	Sebagai *deoxidizer*, bahan tambahan paduan dan agen denitrogenasi dalam produksi metalurgi, dan sebagai salah satu pelapis elektroda berlapis titania-kalsium
Ferovanadium		FeV40 FeV50 FeV60 FeV80	Sebagai salah satu agen pemaduan yang penting untuk pembuatan baja, digunakan untuk pemaduan besi cor
Ferotungsten		FeW80 FeW70	Sebagai agen pemaduan utama untuk membuat baja perkakas kecepatan tinggi, baja perkakas paduan, baja struktural paduan, baja magnetik, baja tahan panas, dan baja nirkarat

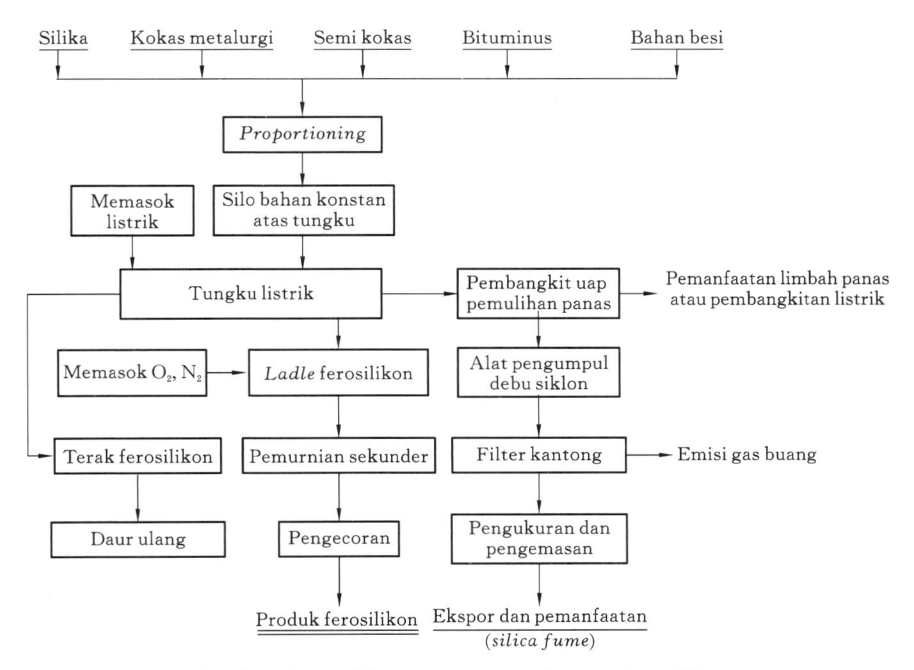

Gambar 7.9 Aliran proses peleburan ferosilikon

7.3.3 Produksi Pembuatan Baja

Aliran proses produksi pembuatan baja adalah seperti yang ditunjukkan pada Gambar 7.10.

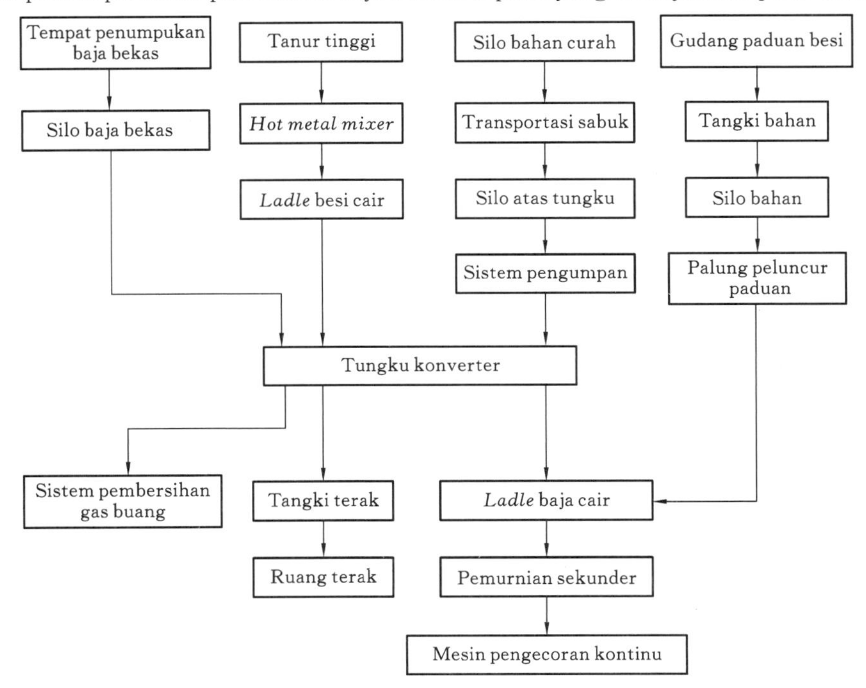

Gambar 7.10 Aliran proses produksi pembuatan baja

7.3.4 Produksi Baja Nirkarat

Proses produksi baja nirkarat dapat dibagi menjadi tiga, yaitu: proses satu langkah, proses dua langkah dan proses tiga langkah, yang harus dipilih sesuai dengan faktor-faktor seperti biaya operasi, skala produksi, garis besar produk, pasokan bahan baku, proses tindak lanjut, kondisi bengkel yang ada, dan pasokan daya.

Proses dua langkah adalah proses "tungku busur listrik→tungku AOD (atau tungku VOD)", dan proses tiga langkah adalah proses "tungku busur listrik→tungku konverter (atau tungku AOD)→tungku VOD". Kini jumlah produksi baja nirkarat melalui proses dua langkah dan proses tiga langkah masing-masing menyumbang 70% dan 20% dari total produksi baja nirkarat di dunia. Diagram skema proses satu langkah, dua langkah, dan tiga langkah untuk peleburan baja nirkarat adalah seperti yang ditunjukkan pada Gambar 7.11.

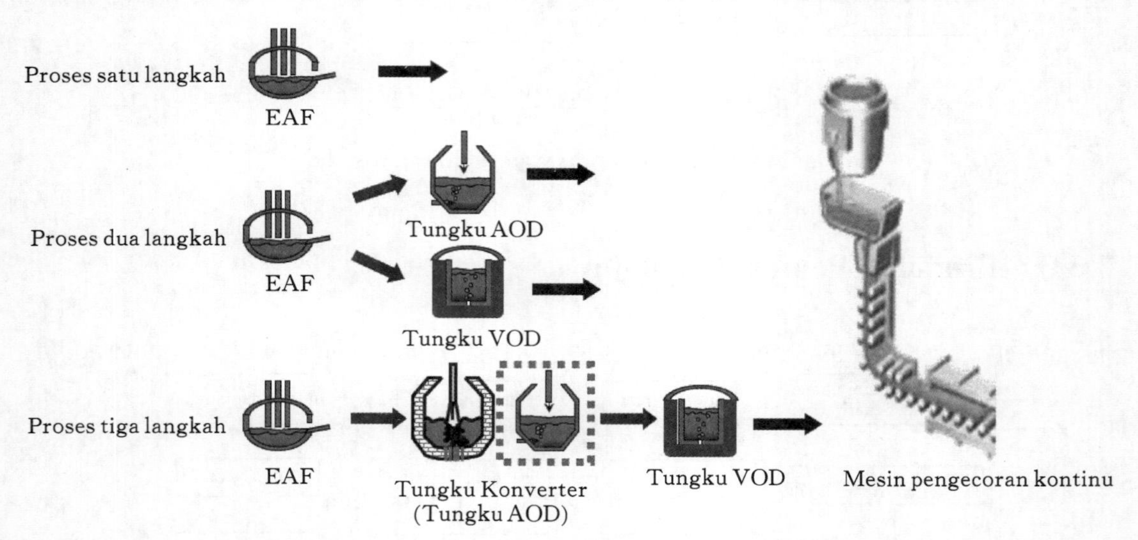

Gambar 7.11 Diagram skema proses peleburan baja nirkarat

Proses satu langkah mengacu pada penyelesaian proses-proses seperti peleburan baja bekas, dekarburisasi, reduksi dan pemurnian dalam satu tungku listrik sehingga melebur muatan menjadi baja nirkarat dalam satu langkah.

Proses dua langkah terutama menggunakan tungku busur listrik atau tungku konverter sebagai tungku peleburan primer untuk melebur baja bekas dan bahan paduan sehingga menghasilkan baja cair untuk peleburan primer baja nirkarat, yang kemudian dimurnikan dalam berbagai tungku pemurnian untuk menghasilkan baja nirkarat cair yang memenuhi syarat. Tungku pemurnian umumnya mengacu pada peralatan yang fungsi utamanya adalah dekarburisasi, seperti tungku AOD, tungku VOD, dll. Sedangkan peralatan lain yang fungsi utamanya bukan dekarburisasi, seperti tungku *ladle*, tungku *ladle* peniupan argon, dll., tidak akan dihitung sebagai satu langkah dalam pembagian proses dua langkah atau tiga langkah.

Untuk proses tiga langkah, tungku busur listrik masih digunakan sebagai tungku peleburan primer (pada langkah pertama), yang memainkan peran peleburan dan pemaduan agar menyediakan baja cair primer untuk peleburan di tungku konverter pada langkah kedua. Tungku konverter atau tungku AOD bisa digunakan pada Langkah kedua, yang fungsi utamanya adalah mencapai dekarburasi cepat dan menghindari oksidasi kromium. Dan tungku pemurnian jenis peniupan oksigen vakum (atau tungku VOD) digunakan pada langkah ketiga untuk mendekarburasi lebih lanjut baja cair, sedikit menyesuaikan komposisi akhirnya dan mengontrol kemurniannya.

7.4 Produksi Logam Mulia

Aliran proses produksi emas dan perak adalah seperti yang ditunjukkan pada Gambar 7.12.

Gambar 7.12 Aliran proses produksi emas dan perak dengan sianidasi

主要参考文献

陈利生,余宇楠,2011.火法冶金:备料与焙烧技术[M].北京:冶金工业出版社.
陈利生,余宇楠,2011.湿法冶金:电解技术[M].北京:冶金工业出版社.
华一新,2014.有色冶金概论[M].3 版.北京:冶金工业出版社.
刘洪萍,杨志鸿,2016.湿法冶金:浸出技术[M].2 版.北京:冶金工业出版社.
刘自力,陈利生,2011.火法冶金:粗金属精炼技术[M].北京:冶金工业出版社.
卢宇飞,黄卉,2018.冶金原理[M].2 版.北京:冶金工业出版社.
卢宇飞,杨桂生,2010.炼铁技术[M].北京:冶金工业出版社.
彭容秋,2004.铜冶金[M].长沙:中南大学出版社.
彭容秋,2005.锌冶金[M].长沙:中南大学出版社.
徐征,陈利生,2011.火法冶金:熔炼技术[M].北京:冶金工业出版社.
杨桂生,全红,2016.炼钢技术[M].北京:冶金工业出版社.
张士宪,赵晓萍,关昕,2022.炉外精炼技术[M].2 版.北京:冶金工业出版社.
赵俊学等,2002.冶金原理[M].西安:西北工业大学出版社.